Deepen Your Mind

序言 1

隨著數位時代的來臨，資料身為新型的生產要素開始逐漸步入經濟系統。資料經濟時代不僅促進了科技的變革，同時也是對企業社會責任感的再次檢查。在數位經濟的大環境下，資料孤島問題近年來受到了學術界、工業界，以及政府的廣泛關注。為解決資料孤島、數位鴻溝、資料隱私和資料安全等諸多挑戰，本書對隱私保護機器學習領域的多方安全計算技術及可信執行環境技術做了系統的介紹，不僅包含了學術界的前端研究進展，還結合了工業界的豐富演算法案例。內容涵蓋了線性模型、樹模型、神經網路等機器學習演算法基礎，不經意傳輸、混淆電路、秘密分享、同態加密、差分隱私等安全計算協定，以及在隱私求交、機器學習模型、推薦系統等領域的應用案例。本書為隱私計算領域的初學者和從業者提供了系統的知識梳理，適合在校師生、研究機構人員、機器學習演算法研發人員等閱讀。

Alex X. Liu

首席科學家

IEEE Fellow, ACM Distinguished Scientist

序言 2

隨著電腦技術的高速發展，當今社會已經開始逐漸從資訊時代向智慧時代邁進。在資訊時代，整個世界上的行為和活動被數位化，人們透過各種電腦應用，能夠越來越方便地使用數位化的資訊，獲得知識，享受娛樂。但是，在資訊時代，資料主要是為人服務的，隨著資訊化的深入，人們對四面八方湧來的數位資訊應接不暇，這就造成了所謂的「資訊爆炸」。為了解決這一問題，以機器學習和人工智慧作為基礎技術的智慧時代漸漸拉開了序幕。

在智慧時代，大部分的資料是為演算法服務的。機器學習和資料分析演算法自動處理大量的資料，從中獲得洞見和知識，指導人們的行為，幫助人們決策。而在這個過程中又會產生更多的資料，可以被用來提高演算法的性能，形成一個正向回饋。資料作為智慧時代最重要的生產要素，能夠在這個過程中產生巨大價值，推動整個社會的進步。

但是，如何用好資料，讓資料創造最大價值，是一個非常複雜的課題。從經濟學角度上來講，與傳統生產要素（如土地）不同，資料具有非排他性。資料可以被非常容易地複製多份，每一份都和原來的內容一模一樣，這就容易造成資產的流失。同時，為了保護個人隱私，國內外很多法律法規對資料，特別是與個人隱私相關的資料的傳播和流通做了很多限制。這些特性使得很多敏感性資料（如公司的財務資料）及和個人相關的資料（如個人的消費資料）非常難以被使用起來，而恰恰是這些類型的資料往往具有非常高的價值。一個典型的例子是在醫療領域，近年來透過醫療資訊化，醫院和衛生機構累積了大量的診療資料。如果能夠在保護資料安全和個人隱私的前提下使用這些診療資料，訓練機器學習模型，輔助醫生提高治療效率和治療效果，會具有極大的社會效益和經濟價值。另外，在金融、保險、政務、行銷等各個領域，類似的例子也比比皆是。可以毫不誇張地說，在智慧時代，誰能夠用好資料，能夠在保護資料安全和個人隱私的前提下從資料中獲得最大價值，誰就能夠在競爭中獲得優勢，在市場上獲得最大回報。

正是在這樣一個背景下，這本系統性介紹隱私保護與機器學習的專著應運而生。隱私計算是數種基於嚴格的信任假設下對原始資料實現安全和隱私保護下的計算與處理的電腦技術的統稱。本書系統介紹了隱私計算的基本理論，以及這些技術在機器學習中的應用。隱私計算作為一個新興的技術領域，在還沒有太多相關的書籍，本書是一本這個領域難得的參考文獻。本書的作者都是在隱私計算研究和應用方面具有豐富經驗的專家學者，並在多年商業化實際落地應用中驗證了各種演算法的有效性。相信本書對推動隱私計算技術和隱私保護下的機器學習會產生非常積極的推動作用。

張霖濤

翼方健數首席科學家

序言 3

隨著數位化社會、巨量資料時代的到來，機器學習被廣泛應用於金融、保險、教育、醫療等領域。然而，隨著人們對隱私保護的重視程度的提高及法律和監管機構對資料安全的要求逐漸提高，「資料孤島」現象成為了現在面臨的阻礙機器學習大規模推廣的重要問題。當資料被隔離在多個不同機構時，如何保護各自的資料隱私，同時能夠協作使用資料的價值，即實現資料的可用不可見，成為了國家法律與政策層面上特別注意的問題。因此，如何建立機器學習與隱私保護兩者之間的連接與平衡，是當前的研究熱點和重點。

人工智慧安全是國家人工智慧戰略背景下的長期命題，推動人工智慧安全技術的切實發展，需要學術界和工業界的緊密合作與長期推動。本書是一個很好的開始，希望對學界、各行各業的人工智慧安全工作都能有借鏡意義。

本書全面系統地介紹了隱私保護機器學習技術。從機器學習角度來講，書中介紹了線性模型、樹模型、神經網路、圖神經網路、遷移學習和推薦系統。從隱私計算角度來講，書中涵蓋了不經意傳輸、混淆電路、秘密分享、同態加密、差分隱私和可信執行環境等技術。一方面，本書對機器學習和隱私計算技術做了詳細介紹，因此適合作為電腦科學和資訊安全等專業的大學生及所究所學生教材。另一方面，本書的內容大多來自螞蟻集團的實際業務場景中，因此也非常適合作為隱私計算領域的從業者的讀本。

山東大學網路空間安全學院常務副院長

序言 4

資料符合規範給數位化轉型中的企業帶來了嚴峻的技術和法律挑戰，使得原先可以方便獲取的資料由於潛在的符合規範風險而不能共用。由此帶來的資料孤島效應，對資料流通帶來了巨大障礙。資料作為生產要素透過市場進行設定，已成為國家的一項政策。為平衡資料共用和隱私保護這兩個相互對立的需求，改善當前的資料孤島現象，隱私計算應運而生。隱私計算可以實現資料可用不可見，從而為充分採擷利用更多的敏感性資料提供了可能。隱私計算技術通常基於密碼學，對敏感性資料進行加密混淆，在保障資料安全的同時實現聯合機器學習。越來越多的企業將在不受信任的環境中使用隱私計算技術處理資料。這對各種資料驅動的模型演算法來說無疑是雪中送炭，有可能是數位化時代的下一個技術領先。

本書以當前流行的資料驅動的機器學習作為切入點，深入淺出地介紹了主流的機器學習演算法和隱私計算相關協定（如秘密分享等），並介紹了常用的線性模型、樹模型及神經網路模型等。這為機器學習領域的專家提供了一個新的視野，同時也為大專院校的學者系統地學習此項技術提供了途徑。推薦廣大非相關學者們閱讀本書的前幾個章節，可作為了解隱私保護機器學習的入門書籍；有興趣的讀者也可以進一步深入閱讀本書。當前隱私計算技術尚不成熟，其性能表現使其較難在產業界實際應用中落地，有待進一步最佳化。本書的出版必將推動隱私保護機器學習技術研究的進一步深入發展。

韓偉力 教授
復旦大學

前言

....

本書說明的是如何應用隱私保護技術來解決機器學習中的隱私問題。我們常常可以聽到，如今這個時代是「巨量資料」的時代，而「巨量資料」正是人工智慧、機器學習得以茁壯成長的原料。但是，我們又常常面對這樣一個現實：資料是分散的、碎片化的，它們分散在使用者的各個終端，如手機、平板電腦等。傳統的方法是將這些資料集中到一個中心伺服器，然後在該伺服器上進行集中式訓練。然而，這樣的方法會引起嚴重的隱私洩露問題，引發使用者對個人隱私被侵犯的擔憂。隨著各國相繼宣佈隱私保護的相關法律法規，這樣的做法也越發變得不可行。

為了保護隱私的安全，越來越多的隱私保護機器學習方法正在被提出，也有很多隱私保護機器學習系統在工業界落地，如 Google 的聯邦學習，這些方案在某些特定的領域中能夠解決對應的隱私保護問題，但也面臨著很多挑戰。舉例來說，以密碼學為基礎的隱私保護方法，通常可以在不怎麼犧牲正確性的情況下，達到隱私保護的效果，但常常面臨嚴重的效率問題；基於擾動、加入雜訊的方法，可能需要在準確性和隱私性之間取得平衡；以可信執行環境為基礎的方法，具有高效率的優點，但需要所有使用者都信任 TEE 的可信根，從而限制了其使用場景。

在這樣的背景下，本書將詳細介紹隱私保護機器學習的原理、方法和應用。本書的第 1 章是引言部分，介紹了人工智慧的發展歷程、相關背景。第 2～4 章是機器學習和隱私保護技術相關基礎知識的介紹，以及對隱私保護機器學習所面對的場景的定義。第 5～12 章則是隱私保護機器學習的具體應用，我們將說明隱私求交技術、安全多方計算平台，以及如何將隱私保護技術應用於線性模型、樹模型和神經網路，還會介紹推薦系統、可信執行環境和 MPC 編譯最佳化方法。第 13 章是全書的複習和展望。

處於這個時代的演算法工程師和科學研究人員，見證著機器學習帶來的最深刻、最迅速的變革，也面臨著人工智慧帶來的種種問題和擔憂。希望本書能為對該領域感興趣的讀者提供相關知識的概述，也能幫助相關領域的從業人員建構隱私保護機器學習的框架。

♣ 本書特色

本書所涵蓋的範圍很廣，基本包括了隱私保護機器學習的各方面，可以為讀者提供一個全面的概覽。在內容深度方面，本書不僅是一本「概況書」。自然，書中會包含隱私保護機器學習的概況，但是在每一章裡，都會深入講解技術原理，可以作為大專院校相關專業的大學生、所究所學生的學習參考資料。在新穎度方面，筆者在寫作每一個章節時都查閱了相關領域的最新進展，希望能將最新的研究成果呈現給讀者。

♣ 本書讀者

（1）工業界的相關從業者。本書涵蓋了隱私保護機器學習的各方面，希望可以給從業者提供一個了解相關技術的途徑，進而在工作中選擇合適的方案，揚長避短，不斷改進技術點。

（2）有一定電腦基礎，該領域的同好、大專院校的學生。本書在保證深度的同時，用盡量易於了解的方式講解原理，可以作為大學生、所究所學生的參考資料。

♣ 歡迎交流

機器學習的發展日新月異，而我知識有限，難免有疏漏之處。歡迎讀者將閱讀時發現的問題回饋給我，或與我討論相關技術，可至深智數位的官網讀者信箱留言。

♣ 致謝

本書的寫作並不輕鬆，由於時間倉促，在寫作過程中幾乎擠出了所有時間查閱相關文獻、梳理技術框架、構思寫作順序，希望能以儘量通俗易懂的語言將相關內容呈現給讀者。限於時間緊迫和本人的知識水準有限，書中的疏漏不當之處懇請各位讀者批評指正。

在此，感謝參與編寫人員：陳超超、方文靜、季珂宇、盧天培、盧益彪、欒明學、王磊、王力、王志高、徐又任、殷澤原、餘超凡、袁鵬程、張秉晟、張心語、張興盟、周愛輝、周俊、周哲磊。

著者
2021 年 3 月

目錄

....

01 引言

02 機器學習簡介

03 安全計算技術原理

引言

本章將介紹隱私保護機器學習技術所處的時代背景、研究和應用現狀、相關法律法規和面臨的主要問題,並在第二小節帶領讀者簡要概覽本書將介紹的主要內容。

1.1 背景

2017 年 5 月,《經濟學人》(*The Economist*)發表封面文章,將資料比作「這個時代最寶貴的資源」[1]。網際網路時代,一切以資料為基礎。人們在日常生活的各個環節中,無時無刻不在產生資料,同時也在消費資料。隨著人工智慧的興起,資料的巨大價值被前所未有地發掘出來。2019 年9 月,在杭州召開的雲棲大會上,阿里巴巴董事局主席張勇表示:「如果說巨量資料是石油,算力就是引擎,它們共同組成針對數位經濟時代的核心能力。」當忙碌的白領在午間打開外賣 App,挑選著平台推薦的美食的時候,當辛苦經營的小商戶透過網上銀行,享受著安全快捷便利的金融服務的時候，當計程車司機根據導航軟體挑選最佳駕駛路線的時候，巨量資料和人工智慧都在這些場景的背後具有關鍵的作用。

隨著巨量資料與人工智慧全面和深入的發展，資料孤島成為一個橫亙在前進道路上的巨大障礙。舉例來説，當一個醫學研究者試圖透過人工智慧的方式來攻克一個疑難雜症的智慧診療方案時，他需要大量的詳盡的該病症的病例資訊，但是這些資訊散落在各個醫院和醫療機構之中，由於該病症的稀有性，任何一家醫院或機構都無法憑藉自身的資料單獨完成該項工作的研究。很顯然，如果各家醫院可以打破資料孤島，共用資料，共同來完成這項研究，將是該病症患者的一大福音。除此之外，資料共用還擴大了訓練樣本的規模，提高了人工智慧模型的預測準確度和泛化能力，從而達到 "1+1>2" 的效果。總之，多方之間的資料共用已經成為使得資料價值能夠得到更加充分發揮的非常重要的一環。

然而，越來越多的事實資料顯示，資料共用在產生巨大經濟價值與社會價值的同時，也帶來了個人隱私洩露與資料濫用等巨大的風險。資訊時代，個人資訊洩露事件時有發生：2006 年，美國線上（American Online，AOL）公開了包括 65 萬使用者資料的匿名搜索記錄以用於學術研究。雖然出於保護使用者隱私的需要，該公司在公佈資料時將使用者的姓名替換成了匿名 ID，但是後續研究發現，事實上，無須使用者姓名也能透過搜索關鍵字將匿名 ID 符合到真實使用者。最終，AOL 為此受到起訴並付出了高達 500 萬美金的賠償；2018 年 3 月，英美媒體曝出美國社交媒體臉書（Facebook）多達 5000 萬使用者資訊洩露；2019 年 12 月，Elastic-search 資料庫洩露，包括 27 億個電子郵件位址，其中 10 億個密碼都是以簡單的明文儲存的；2020 年 2 月，米高梅公司超過 1060 萬酒店客人的個人資訊洩露，包括客人的姓名、家庭地址、電話號碼、電子郵件和出生日期等。這些隱私洩露的惡性事件在給受害者本身造成傷害的同時，也引發了普通民眾對於資訊社會中個人資料安全的擔憂。從長遠來看，對於資料隱私的保護不但使人們應有的隱私權益免受侵害，也有利於整個巨量資料和人工智慧產業的健康平穩發展。

因此，如何在保護隱私的情況下，進行資料共用，完成多方聯合智慧計算，成為當前學術界與工業界的熱門課題。我們把在有多方參與且各方互相不信任的場景下，能夠聚合多方資訊，並保護資料隱私的智慧計算範式，稱為隱私保護機器學習。可共用與安全性是隱私保護機器學習的重要特點。

1.2 章節概覽

本書對於當前隱私保護機器學習領域中用到的基本演算法和主流實現方案進行了介紹，旨在服務於具有電腦專業相關背景並且想對隱私保護機器學習領域進行更加了解的讀者。對於書中提到的演算法和應用框架，本書列出了參考文獻，以供有意於對其來源進行更加深入細緻了解的讀者參考。

本書共包括 13 個章節，第 1 章「引言」簡要概述了隱私保護機器學習的背景和現狀，強調了針對人工智慧中隱私保護問題的法律規範；第 2 章「機器學習簡介」說明了當前機器學習演算法的分類和主流演算法的基本原理，包括線性模型、樹模型和類神經網路和圖神經網路等；第 3 章「安全計算技術原理」中我們重點介紹了當前主流安全計算技術原理，包括不經意傳輸、混淆電路、秘密分享、同態加密、可信執行環境和差分隱私等方法，它們組成了隱私保護機器學習演算法的基礎。

在第 4 章「場景定義」中，我們列出了以資料切分和安全模型劃分為基礎的不同隱私保護機器學習場景。其中包括了以資料切分為基礎的資料水平切分和資料垂直切分的兩種場景，以及以安全模型劃分為基礎的半誠實模型和惡意模型的兩種安全模型。另外，我們還列出了幾種不同的多方聯合計算模式。在這一章中我們還列出了從攻擊後果和防禦強度兩方面評估的計算協定或可信執行環境的安全等級。在第 5 章「私有集合交集」中，我們介紹了私有集合交集的概念、應用及以密碼學實現為基礎的技術方案，它主要解決的是多方集合相交集，但只洩露最終交集結果而不洩露各方集合中的非交集元素這一經典問題。

在第 6 章「MPC 計算框架」中，我們對安全多方計算框架進行了重點分析，在這一部分，我們首先介紹了一般安全多方計算框架自底向上的層級和架構，然後介紹了當前流行的安全多方計算框架，如 Sharemind、ABY、SPDZ、BMR 等框架的主要功能及基本執行原理。在第 7 章「線性模型」中，我們以邏輯回歸模型為例，介紹了在多方聯合計算的場景下建立保護隱私的線性模型的兩種方案，分別是以秘密分享為基礎的方案及以秘密分享和同態加密混合協定（HESS）為基礎的方案。接下來，在第 8 章「共用樹模型」中我們介紹了安全樹模型的相關內容，這其中包含傳統的以 MPC 為基礎的決策樹演算法原理、Secure Boost 演算法和螞蟻金服自研的可證安全 HESS-XGB。在第 9 章「共用神經網路」中，我們介紹了聯邦學習、拆分學習、以密碼學方法為基礎的神經網路和伺服器輔助的隱私保護機器學習這幾種隱私保護共用神經網路實現方法。

在第 10 章「推薦系統」中，我們從實用的角度出發，首先介紹了不考慮隱私保護的常見推薦演算法，然後以隱私保護矩陣分解、隱私保護因數分解機和 SeSoRec 為例，詳細介紹了隱私保護推薦演算法。在第 11 章「以 TEE 為基礎的機器學習系統」中，我們介紹了可信執行環境 Intel

SGX 的相關特性和開發方法，並對實際應用中 SGX 的叢集化和側通道加固方法進行了說明；在第 12 章「安全多方計算編譯最佳化方法」中，我們介紹了安全多方計算編譯器的現狀及主要的編譯最佳化方案。

最後，我們在第 13 章「複習與展望」中對本書內容進行了複習，並且從技術和社會兩個層面說明了隱私保護機器學習的挑戰與展望。

1.3 人工智慧與機器學習

1.3.1 人工智慧發展歷程

人工智慧，顧名思義，它致力於解析人類本身的智慧並將這種智慧指定造物，從而創造出能夠容納並運用人類智慧的機器。機器學習則是目前人們實現人工智慧的核心方法，它主要研究機器如何透過演算法效仿人類的學習行為，從而能夠從巨量的資料樣本中學習到有價值的資訊，進而完成設定的任務。人工智慧的發展歷程可以分為推理期（20 世紀 50 年代到 70 年代）、知識期（20 世紀 70 年代中期到 20 世紀 80 年代）和學習期（20 世紀 80 年代至今）三個主要階段。

1950 年，艾倫·圖靈提出了著名的「圖靈測試」：讓一台機器回答由人類提出的一系列問題，如果機器的回答能夠以至少 30% 的機率使人類誤判其為人類，則這台機器就通過了測試並可以認為具有人類的智慧。之後的 1956 年，「人工智慧」這一概念在美國達特茅斯大學一場為期兩個月的討論會上被提出，這也標誌著「人工智慧」這門學科的正式誕生。在這一最初時期，邏輯推理是機器實現智慧的主流研究方向，這一階段的代表性工作有 A. Newell 和 H. Simon 的「邏輯理論家」程式 [2] 及此後的

「一般問題解決器」程式等。由於對機器邏輯推理能力的強化,這一時期的工作在數學問題的證明和求解方面的表現令人驚訝。除此之外,這一時期也出現了「連接主義」機器學習的萌芽。1957 年,F. Rosenblatt 提出了第一個電腦神經網絡數學模型——感知機,該感知機能夠透過迭代校正解決線性分類問題 [3]。

在那之後,以邏輯推理為基礎的人工智慧研究漸漸沉寂,因為人們逐漸意識到,真正的智慧不僅是邏輯推理,機器更無法僅憑藉邏輯推理能力實現人工智慧。與之相對地,人們開始嘗試直接將人類所能認知的各種知識直接指定機器。20 世紀 70 年代左右,人工智慧進入「知識期」,這一階段的代表性工作是大量應用各領域專業知識的專家系統。1968 年,美國科學家 Feigenbaum 等研製出化學分析專家系統程式 DENDRAL,它能夠分析實驗資料來判斷未知化合物的分子結構。1976 年,美國史丹佛大學 Edward Shortliffe 等人發佈了醫療諮詢系統 MYCIN[4],可運用醫療專家知識幫助醫生對患有血液感染疾病的患者進行診斷。這一時期被研製出的專家系統涵蓋了生產製造、財務會計、金融等多個領域。1984 年,大百科全書(CYC)專案成立,該專案試圖將人類當時的所有常識都輸入電腦並建立一個巨型資料庫以進行知識推理。

但是,專家系統面臨著「知識工程瓶頸」,將人類知識尤其是巨量龐雜的專業知識資料整理並指定機器,這本身就是一個艱鉅的挑戰。一個自然的想法是,相比把所有知識教給機器,能否讓機器自身具有學習知識的能力呢?這就是機器學習。機器學習可以分為有監督學習和無監督學習,上面提到的感知機就是有監督學習的早期嘗試之一。20 世紀 80 年代是機器學習技術發展的重要階段,這一時期各種機器學習技術百花齊放,以「符號主義」與「連接主義」為基礎的機器學習都獲得了重大進展。決策樹學習(Decision Tree)就是這一階段的重要成果之一。1984

年，Breiman 等提出分類回歸決策樹（CART）[5]；1993 年，Quinlan 提出 C.45 決策樹 [6]。「連接主義」機器學習方面，1986 年，Rumelhart 等在 Nature 上發表了著名的反向傳播（BP）演算法 [7]；1989 年，Yann LeCun 提出了著名的卷積神經網路（CNN）模型 [8] 並將其與反向傳播演算法結合，成功進行了英文手寫體辨識。

20 世紀 90 年代，統計學習正式登上歷史舞台，統計機器學習是近年來被廣泛應用的機器學習方法。由於現實世界問題的複雜性和多樣性，對於某些問題我們並不能完全根據其背後的科學原理進行精確建模分析，但是當我們獲得對其足夠多的觀測資料，就沒有必要對其建立嚴格的物理模型——我們可以使用數學統計的方法利用這些資料進行建模，這類模型雖然解釋性欠佳，但是在龐大資料量的支撐下，不但易於建構並且往往能夠取得不錯的表現，統計學習就是這種以資料和統計為基礎的「黑箱」方法。

統計機器學習中最具代表性的是支持向量機（SVM）和深度學習（Deep Learning）。支持向量機在 1995 年由 Vapnik 和 Cortes 提出 [9]，直到今天，以核心函數為基礎的支持向量機仍然是解決非線性分類問題的重要方案之一。而 2006 年，Hinton 等人整合了神經網路機器學習研究領域的諸多進展並提出了深度學習演算法 [10]，大大提高了神經網路的能力。深度神經網路能夠高效進行音訊、圖型等複雜物件的處理，使機器學習的性能邁上了一個新的台階。

得益於機器學習演算法性能的不斷進步，2010 年以來，人工智慧的進步日新月異，巨量智慧應用出現在我們的日常生活當中。直到今天，以深度神經網路為代表的人工智慧演算法獲得了爆發式發展，在學術研究領域和工業應用領域一次次取得嶄新突破，成為了當代電腦應用領域當之無愧的閃耀明星。

1.3.2 人工智慧應用現狀

人工智慧經過長達近 70 年的發展在今天已經在社會的各方面獲得了廣泛應用，帶來了諸多技術變革，其中具有代表性的技術包括知識圖譜、自然語言處理、計算機視覺、生物特徵辨識等。

知識圖譜：知識圖譜與專家系統具有相似性，它本質上是結構化的人類語義知識庫。對於知識庫中的項目，我們不但要描述它的文字屬性，還要豐富它的其他屬性，拓展它與其他事物的關聯。這樣機器儲存的就不只是某件事物本身，還包括了與之相關的先驗知識，這樣做的意義在於機器能夠記住。

自然語言處理：自然語言處理致力於使得使用者能夠用自然語言與機器進行交流，從而使人免於付出更多的時間成本學習機器語言，降低人與機器的溝通成本。當前深度神經網路技術在自然語言處理領域發揮著重要作用。2018 年，Google 發佈了 Bert 預訓練模型 [11]，將當前自然語言處理水準提高到了一個嶄新的高度。

電腦視覺：電腦視覺是指使電腦透過模仿人類視覺系統從而獲得類似的能力。該問題的焦點在於如何使機器與人類一樣能夠辨識並了解甚至學習圖型及視訊中的關鍵資訊。深度神經網路的面世極大地促進了電腦視覺領域的發展。當前深度神經網路已經成為機器認知了解圖型或視訊的重要工具，在人臉辨識、目標檢測等與我們日常生活關係緊密的領域中發揮著舉足輕重的作用。

生物特徵辨識：生物特徵辨識指利用個體獨特的生理或行為特徵進行身份辨識與認證。個體生物特徵辨識具有安全、便捷、有代表性、不易偽造等多重優點，能夠滿足多種場合的身份認證需要，在安保、交通、辦公、智慧產品等領域已經廣泛投入使用。當然，選擇合適的生物特徵作為辨識物件對於現實應用十分重要，目前適合用於生物特徵辨識的個體症狀包括指紋、虹膜、人臉、步態等。

1.4 隱私保護相關法律與標準

近年來，使用者隱私洩露問題層出不窮，人們對於隱私保護的需求也日漸高漲。與之相對地，如何建構人工智慧與隱私保護兩者之間的平衡關係，也成為國家法律與政策層面上特別注意的問題。事實證明，野蠻粗獷式的盲目發展既不利於人們享受資訊技術的美妙成果，更不利於產業的長遠發展。從根源上講，在法律和政策的層面上規範個人或企業對於使用者資料的擷取和使用，是為新時代巨量資料與人工智慧產業健康發展保駕護航的重要保障。

國際上個人資訊與隱私保護典型的法律模式以歐盟和美國為代表。歐盟模式以統一立法為主，全面考慮全產業領域情況制定綜合性的隱私保護法律，以架設對個人隱私多角度、全方位的制度框架。歐盟於 2016 年通過了《通用資料保護規範（》General Data Protection Regulation，GDPR）用於取代 1995 年發佈的資料保護指令（DPD），該規範所涵蓋的隱私資料包括使用者的身份資訊、網路資料、生物資料、種族、政治觀點等全方位資訊，並且制定了從使用者個人資訊擷取，到資訊的傳輸和使用直到銷毀的條例，對資訊的全週期隱私防護提出了明確的行為規範，被認為是當前網際網路環境下個人資訊隱私安全最嚴格、最全面的監管條例。該規範規定，對個人資訊擷取時，應使用「簡明語言」並且遵循「最少擷取」原則，不能非法擷取資料，而且當完成擷取資訊的必要目的後，需在一定期限之內予以銷毀。如果違反該規範，公司或機構可能受到高達 2000 萬歐元的高額罰款，甚至承擔刑事責任。

而美國模式以分散立法為主，以國家憲法規定的隱私權為基礎，不同地區與產業對隱私安全防護進行針對性的逐一立法。舉例來說，《金融服務現代化法案》《健康保險可行動性和責任法案》《兒童網上隱私保護法》等一些法案都是針對某一領域或群體的針對性立法。美國 2020 年生效的《加州消費者隱私法案》（California Consumer Privacy Act，CCPA）是美國目前為止最嚴厲、最全面的個人隱私保護法案，該法案為消費者宣告了存取權、刪除權、知情權等一系列消費者隱私權利，並要求企業必須遵循相關義務。對違反隱私保護要求的企業，政府有權進行處罰。除此之外，在私人領域，美國一些產業的行為準則和民間自發機制也在隱私保護方面發揮著重要作用。

要在巨量資料產業實現對個人隱私全方位的保護，不但需要法律和政策的強制規定與限制，國際標準對產業的引導也必不可少。2019 年 8 月 6 日，國際標準組織 ISO 和國際電子電機委員會 IEC 正式對外發佈 ISO/IEC 27701 隱私資訊管理系統標準，這一標準作為 ISO/IEC 27001 與 ISO/IEC 27002 的延伸標準，不但新增了特定的隱私管理要求，還為應用該標準的企業或機構提供了滿足不同國家和地區的隱私保護法律法規的操作指引，幫助使用者更全面地覆蓋 GDPR 的要求。

隨著巨量資料和資訊技術的進一步發展，世界各國對於個人資訊和隱私保護立法層面上的重視程度也將進一步加大，這也表現了隱私保護對於新時代和諧資訊社會建設的重要意義。

1.5 現狀與不足

1.5.1 隱私保護機器學習現狀

機器學習在便利我們生活的同時也引入了隱私洩露的安全風險。同時，資料安全與隱私保護技術作為電腦安全領域一個獨特的學科門類，發展到今天，已經有差分隱私、同態加密、混淆電路、秘密分享、私有集合交集、安全多方計算等各種各樣的隱私保護技術。當我們在享受機器學習帶來的種種便利時，隱私是如何被洩露的呢？上述提到的各種隱私保護技術又是怎樣拓展並應用到機器學習中的？這裡將從機器學習面臨的現實威脅與隱私保護技術在其中發揮的作用這兩個角度出發，對隱私保護機器學習的現狀進行簡要的介紹。至於這些隱私保護技術的詳細原理和部署方案，我們將在後續的章節中進行更為詳細的說明。

1. 機器學習中的隱私洩露風險

對於一個具體的機器學習任務而言，參加者可以按照任務分配分為三方：資料提供方、算力提供方、模型使用方。資料提供方負責提供機器學習演算法所需要的訓練樣本資料，算力提供方接收資料提供方的資料並在其基礎上進行訓練並得到機器學習模型，模型使用方申請使用算力提供方執行得到的模型，並使用其進行預測，這是一個機器學習演算法從訓練到應用的全過程，當參與執行演算法中的三方由同一實體承擔時，顯然不存在隱私洩露的問題，但是當三方由兩個或更多的實體承擔時，例如在現實中，資料提供方往往是網際網路上的大量使用者個人，而算力提供方可能是多方來共同承擔運算消耗，在這種情況下，就會出現隱私洩露的風險。

一種最顯而易見的風險是,資料提供方的完整資料被以一種不經任何加密或轉化的原始形式儲存在算力提供方的伺服器中,這表示將使用者的隱私資料完全不加防備地曝露在各種可能的攻擊中,這種風險在現實中是最應該避免的。

如果算力提供方不儲存完整的樣本資料而只儲存從樣本中提取的特徵呢?這已經被證實也是不安全的,因為攻擊方可能會具有根據特徵向量重建原始隱私資料的能力,從而可能導致重構攻擊(Reconstruction Attacks):當攻擊方成功竊取到伺服器中的特徵向量並重建了其對應的原始資料,就能夠透過原始資料欺騙機器學習模型從而達成目的。舉例來說,J. Feng 等人 [14] 提出的針對指紋辨識的重構攻擊和 M. Al- Rubaie 等人 [15] 提出的透過重建行動裝置觸控手勢實施的重構攻擊,這一類攻擊能夠進一步地破解由機器學習模型建構的身份辨識系統,從而造成裝置使用者隱私洩露的危險。因此明文下的資料特徵也不應被認為是安全的,從而應避免顯性地儲存特徵向量等可能洩露原始資料資訊的資料。

當攻擊者無法從算力提供方竊取特徵資訊時,還可能導致其他的攻擊。舉例來說,攻擊者可以透過重複詢問機器學習模型來根據模型的回答重建特徵向量從而實施上面提到的重構攻擊。想要避免這一攻擊,模型使用方就應當對模型進行存取和輸出的限制,從而避免攻擊者的重複詢問。

攻擊者除了想要或許對模型有貢獻的資料或特徵之外,還可能想要了解某一資料是否用於建構該機器學習模型,這一攻擊稱為成員推理攻擊(Membership Inference Attacks)。這種攻擊利用了模型預測結果由於訓練集包括或未包括某樣本而產生的差異。舉例來說,對於一個訓練資料包括個人醫療記錄的分類模型,攻擊者可以透過成員推理攻擊了解某個人的醫療記錄是否被用於訓練這一模型。Shokri 等人 [16] 研究了這類攻擊,並且訓練了一個攻擊模型，該模型的輸入為攻擊者想要推理的資料和目的機器學習模型，輸出的是該資料是否在目的機器學習模型的訓練集中。

一個保護使用者隱私資料的自然手段是將準備揭露的資料中個人辨識標籤刪除或掩蓋，從而實現資料匿名化，但事實上，攻擊者仍然能從這些資料中推斷出一些使用者的資料資訊。2006 年，Netflix 舉辦了一個關於預測演算法的比賽 Netflix Prize，該比賽為參賽者提供了匿名的公開資料並要求參賽者在此基礎上推測匿名使用者的電影評分。Netflix 起初認為僅將資料中使用者個人身份標識資訊抹去就能保證使用者的隱私。但是有研究人員表示，透過對照 Netflix 公開資料集和 IMDb 網站上公開的記錄就能夠辨識出匿名後使用者的身份。因此事實告訴我們，簡單的資料匿名化並不能真正地保護使用者的隱私。

2. 機器學習中的隱私保護技術

面對以上機器學習中隱私洩露的風險與挑戰，差分隱私、同態加密、混淆電路、秘密分享等隱私保護技術可以被廣泛地應用於機器學習當中。

在實際中，當機器學習演算法需要多個資料提供方聯合提供資料進行訓練時，可以使用加密協定對原始資料進行加密，並在加密的資料上進行機器學習的訓練和預測。這表示，資料提供方將加密資料傳輸給算力提供方，因此隱私保護機器學習問題實際上轉化成了一個安全的兩方或多方安全計算問題。

全同態加密：全同態加密使得在加密資料上進行計算成為可能，全同態加密是指能夠在加密資料上進行正確的加法和乘法運算。而實際用於隱私保護機器學習的往往是只支持加法同態的半同態加密，這一方案中，機器學習演算法的加法運算在加密狀態下進行，而乘法運算則在明文狀態下進行。Erkin 等人 [17] 設計的協作過濾系統（Collaborative Filtering System）是一個代表性的同態加密機器學習方案。該方案中除了同一實體的資料提供方和模型使用方，以及外部負責計算和儲存加密資料的運算方，還引入了隱私加密服務的提供方。資料提供方使用隱私加密服務方的服務對資料進行加密並將加密發送給計算方。顯然，這一方案的關鍵在於計算方和隱私加密服務的提供方之間不能串通，事實上，由於現實中提供這兩種服務的公司往往不會存在交集，因此可以認為這個假設是合理的。

混淆電路協定：假設 Alice 和 Bob 兩方希望獲取在其私密輸入上計算的函數結果，同時又不想洩露自己的輸入給對方，Alice 可以將該函數轉變為混淆電路並將自己的輸入加密後發送給 Bob，Bob 則透過自己和 Alice 的秘密輸入在混淆電路表上計算得到函數的輸出，更加具體的協定實現過程將在後續章節仲介紹。一些隱私保護機器學習的方案將同態加密和混淆電路結合起來，Nikolaenko 等人 [18] 提出了一種以半同態加密和混淆電路協定為基礎的嶺回歸隱私保護機器學習方案。在這一方案中，私密輸入的加密由半同態加密完成，算力提供方使用加密的輸入和混淆電路進行模型的計算。Bost 等人 [19] 提出了以同態加密和混淆電路協定模組建構隱私保護決策樹為基礎分類模型的方法。

秘密分享：以秘密分享為基礎的安全多方計算協定能夠使用不洩露任何一方隱私的秘密分享進行運算，並在最終將其合併以輸出最終的結果。一種以秘密分享為基礎的機器學習方案如下：參與運算的由多個資料提供方和多個計算伺服器，每個資料提供方都把自己的輸入進行拆分並分發給所有伺服器，這些伺服器分別根據自己的收到的百分比進行計算，最終所有伺服器的計算結果會集中到一個負責整理並輸出最終結果的伺服器上，這一方案的要點在於伺服器相互之間不會串通。一般來說，秘密分享方案比其他方案更加實用，因此已有多個商業產品應用秘密分享。舉例來說，Cybernetica 網路所研發以秘密分享為基礎的安全多方計算框架 ShareMind。

可信硬體：Intel SGX 可信執行環境的設計目的是確保敏感程式執行的機密性和完整性，因此同樣可以用於隱私保護計算。Ohrimenko 等人 [20] 開發了一種基於可信硬體的，可用於神經網路、支援向量機、k-means 聚類、決策樹等演算法的隱私保護機器學習演算法。其主要思想在於資料提供方透過獨立的秘密頻道向算力提供方提供資料，算力提供方在 SGX 環境中安全地執行機器學習演算法。

差分隱私：差分隱私技術可以透過向輸入資料或演算法輸出結果增加隨機雜訊來防備成員推理攻擊。對分散式運算的機器學習演算法，差分隱私還可以用來保護多個輸入方的原始資料。根據雜訊擾動增加的階段和方式，差分隱私可以分成輸入擾動、演算法擾動、輸出擾動、目標擾動等。差分隱私在機器學習中的應用廣泛，舉例來說，Hardt 和 Price[21] 提出的一種以差分隱私為基礎的主成分分析方法（DP-PCA）和 Abadi 等人 [22] 提出的以差分隱私為基礎的深度學習演算法等。

1.5.2 當前存在的不足

既能享受機器學習演算法帶來的便捷生活，又能保證隱私不受侵害，這聽起來十分美好，但現實是我們往往需要在這機器學習演算法的性能與隱私資料的安全性之間不斷權衡與取捨，從而寄希望於達到一個我們能夠接受的平衡。這一方面是由於硬體性能的限制，使我們無法在追求當前能達到的極致安全性的同時，保證機器學習演算法的速度和準確程度；另一方面是由於理論上現有的隱私保護方案確實需要犧牲一部分演算法的性能來增強其安全性。這也導致了應用隱私保護方案的機器學習系統目前在商用領域難以普及。因此，可以認為該領域目前主要存在以下幾點侷限。

第一，算力侷限。電腦的算力問題是隱私保護機器學習的根本問題，算力的進一步提升也將成為解決這一問題的最終解。只有不斷突破算力瓶頸，才能給機器學習中的隱私保護方案提供源源不斷的動力。

第二，理論侷限。這也是當前學術界正不斷努力解決的重點問題，如何提高隱私保護技術的安全性，如何降低隱私保護方案的性能負擔，機器學習演算法的性能與安全性的平衡點在哪裡，這些都是需要不斷探索的難題。

第三，制度侷限。近年來，關於隱私與個人資訊保護的制度愈發全面與完善，但是隨著技術的進步，威脅到資訊安全的手段也愈發多樣，因此制度層面也要充分結合技術理論，與時俱進。當然，在現有制度和法律框架之下根據不同產業，如大資料和人工智慧產業，對不同目標群眾進一步細化深化規定，也是當前極為迫切的工作。

第四，意識侷限。雖然不斷有隱私洩露事件的發生為人們敲響警鐘，但是在日常生活中，人們總是或多或少地有意或無意地，主動或被動地洩露自己的隱私來交換更加舒適的生活體驗。甚至有時隱私洩露已經對自身造成不良後果，也礙於維權的複雜與煩瑣不能及時進行申訴。因此，提升公眾隱私防範意識和維權能力，也能為促進產業的健康發展提供助力。

1.6 本章小結

本章首先介紹了隱私保護機器學習所處的時代背景，然後對全書章節內容進行了簡介，接下來還分別介紹了當前人工智慧的發展情況、隱私保護機器學習相關法律法規和研究的進展與不足。希望讀者在閱讀完本章後，能夠對隱私保護機器學習的背景、現狀、研究進展、法律規範等內容有較為全面的了解，從而在更直觀地了解本書接下來內容的同時，意識到目前開展隱私保護機器學習理論和應用研究的重要性與迫切性。

● 1.6 本章小結

機器學習簡介

本章將對機器學習相關知識進行簡單介紹。卡內基美隆大學的 Mitchell 教授列出的機器學習的定義是:假設用 P 來評估電腦程式在某個任務 T 上的性能,如果一個程式透過利用經驗 E 使得在任務 T 上的性能獲得了提升,則我們可以說關於 T 和 P,該程式對 E 進行了學習。簡單而言,機器學習是一門研究學習演算法的學科,透過某種學習演算法,電腦從已有的經驗或資料中學習,得到對應的規則,使得電腦程式的性能得到提升。這個學習過程也稱為訓練過程。

2.1 有監督和無監督學習

機器學習的演算法可以大致分為三類,即有監督學習、無監督學習和強化學習。有監督學習是從大量帶有標籤的資料中進行的學習,而無監督學習是從不帶有標籤的資料中進行的學習,強化學習是根據環境和獎懲,透過不斷嘗試,從錯誤中學習到規律。

有監督學習是機器透過某種學習演算法,從大量帶有標籤的資料中學習到某種規則,訓練出一個模型,在面對新資料的時候,該模型可以根據輸入得到對應的輸出結果。有監督學習常用於分類和回歸任務,其資料由輸入(屬性)和輸出(標籤)兩部分組成,如果輸出結果是離散值,則為分類任務,如果輸出結果是連續值,則為回歸任務。

無監督學習是機器在大量沒有標籤的資料中進行的學習,讓一些具有共同特徵的資料聚在一起,常用於聚類、離群點檢測和降維等任務。常用的無監督演算法有 k 平均、譜聚類等。

有監督學習和無監督學習有不同的應用條件和場景。有監督學習需要帶有標籤的訓練集和測試樣本集,在訓練集中尋找規律,得到模型,再透過測試樣本集檢測該模型是否可用。無監督學習沒有訓練集,在整個資料集中尋找規律。從應用層面來說,有監督學習是具有更好正確性的學習方法,但是對資料的要求較高,需要大量帶有標籤的資料,而給資料打標籤是一個效率比較低的過程,因此在更多難以獲得符合要求資料的場景下,無監督學習是更好的方法,並且無監督學習還有其他用途,如主成分分析有資料降維的作用。但是由於無監督學習沒有標籤,其正確性往往較低。具體應用的時候應當根據具體情況選擇合適的學習方法。

2.2 線性模型

2.2.1 基本形式

假設指定包含 n 個資料的資料集 $D=\{X, Y\}$,其中 $X=\{x_1, x_2, \cdots, x_n\}$,$Y=\{y_1, y_2, \cdots, y_n\}$,每個資料有 d 個屬性 $x_i=\{x_i^{(1)}, x_i^{(2)}, \cdots, x_i^{(d)}\}$,線性模型試

圖從已知資料集中學習到一個透過資料屬性線性組合的預測函數，即：

$$f(x)=\boldsymbol{\omega}_1 \cdot x^{(1)}+\boldsymbol{\omega}_2 x^{(2)}+\cdots+\boldsymbol{\omega}_d x^{(d)}+b \tag{2.1}$$

將 b 擴充到參數 ω 中，同時輸入資料 x^i 擴充為 $d+1$ 維向量，即令 $\boldsymbol{\omega}=\{\omega_1,\omega_2,\cdots,\omega_d,b\}$，$x_i=\{x_i^{(1)},\ x_i^{(2)},\cdots,\ x_i^{(d)},1\}$，式 (2.1) 可簡寫成以下向量形式：

$$f(x) = \boldsymbol{\omega}^{\mathrm{T}} X \tag{2.2}$$

線性模型的學習過程就是對參數 ω 的求解過程，從已有的資料中尋找一組合適的參數，使得線性模型具有良好的泛化能力。線性模型的形式非常簡單，並且易於實現，是一種簡單樸素的學習演算法，但是這種簡單的模型可以透過引入層級機構或高維映射來實現更為複雜的非線性模型。並且由於參數 ω 直觀地顯示了各個屬性在預測過程的權重，因此線性模型具有非常好的可解釋性。

2.2.2 線性回歸

線性回歸模型是一種以線性模型為基礎的回歸預測模型，對於指定的資料集 $D=\{X,\ Y\}$，$X=\{x_1,\ x_2,\ \cdots,\ x_n\}$，$Y=\{y_1,\ y_2,\ \cdots,\ y_n\}$，$x_i=\{x_i^{(1)},\ x_i^{(2)},\cdots,\ x_i^{(d)}\}$，線性回歸模型試圖尋找一組參數 $\boldsymbol{\omega}=(\omega_1,\ \omega_2,\ \cdots,\ \omega_d)$ 和 b，使得在 $f(\boldsymbol{x})=\boldsymbol{\omega}^{\mathrm{T}}\boldsymbol{x}+b$ 盡可能準確地描述所有資料。

考慮最簡單的情況，當 x 只有一個屬性，如圖 2.1 所示，我們很難找到一條完美的直線能透過所有資料點，因此只能退而求其次，找到一條盡可能準確的直線，使得所有資料在模型的預測下，真值和預測值的誤差之和達到最小，即線性回歸試圖學得 $f(x_i)=\omega x_i+b$，使得 $f(x_i)$ 儘量接近 y_i。

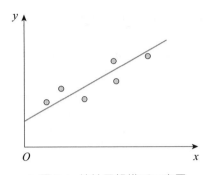

▲ 圖 2.1　線性回歸模型示意圖

顯然，衡量 $f(x_i)$ 與 y_i 之間的差別是關鍵，這裡採用的是均方誤差。均方誤差具有很好的幾何意義，對應了幾何裡的歐氏距離，並且在隨機雜訊符合高斯分佈的假設下，均方誤差與最大似然等值。機器學習模型的輸出和目標值之間的差距稱為代價，把資料集中所有資料點的代價加起來就是代價函數，運算式如下：

$$C(\omega, b) = \frac{1}{n} \sum_{i=1}^{n} (f(x_i) - y_i)^2 \tag{2.3}$$

機器學習的過程就是對於使得代價函數最小化的參數的求解，常用的方法有逆矩陣計演算法和梯度下降法。

將輸出值 x 看作一個列向量，n 個輸入向量則組成一個 $m \times n$ 維的矩陣，根據矩陣運演算法則，可以寫成以下式子：

$$\begin{aligned} C(\omega, b) &= (\omega^{\mathrm{T}} X - y)^2 \\ &= (\omega^{\mathrm{T}} X - y)^{\mathrm{T}} (\omega^{\mathrm{T}} X - y) \end{aligned} \tag{2.4}$$

當 X 為滿秩矩陣或正定矩陣，並且訓練集 X 中資料量不大的情況下，可以直接對代價函數求導後等於零，從而得到參數 ω 的解析解，即：

$$\frac{\partial C}{\partial \omega} = 2X^{\mathrm{T}}(X\omega - y)$$

$$\omega = (X^{\mathrm{T}}X)^{-1}X^{\mathrm{T}}y \tag{2.5}$$

當 X 不是滿秩矩陣時，上式求矩陣的逆運算無法實現，或當訓練集資料量太多，統一計算將帶來極大的計算負擔，這兩種情況下，可採用梯度下降法來求解最佳參數。在多元微積分中，把目標函數對各個參數求偏導數，然後把偏導數以向量的形式寫出來，就是梯度。從幾何意義上來說，沿梯度向量的方向就是目標函數增大最快的方向，反之，沿梯度向量的反方向，目標函數減小得最快，也就更容易找到目標函數的最小值。

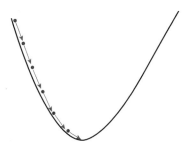

▲ 圖 2.2　梯度下降法示意圖

如圖 2.2 所示，梯度下降法就是沿著目標函數梯度的反方向移動，直到目標函數達到最小值。舉例來說，對於目標函數 $C(\omega,b) = \frac{1}{n}\sum_{i=1}^{n}(f(x_i) - y_i)^2$，在使用梯度下降進行最佳化時，先將參數隨機初始化，然後不斷更新參數，直到達到要求：

$$\omega_i = \omega_i - \alpha \frac{\partial}{\partial \omega_i} C(\omega_1, \omega_2, \cdots, \omega_n) \tag{2.6}$$

α 是迭代的步進值，也稱為學習率，目標函數的梯度一般是變化的，因此需要一個學習率控制每次下降的距離。如果學習率太大，會導致迭代過快，甚至有可能錯過最佳解；反之如果步進值太小，迭代速度太慢，很長時間演算法都不能結束。

根據計算梯度所使用的資料量不同，可以將梯度下降法分為以下三種基本方法。

- 批次梯度下降法（Batch Gradient Descent，BGD）：是梯度下降法最常用的形式，在計算梯度時使用全部樣本資料，分別計算梯度後取平均值作為迭代值。

- 隨機梯度下降法（Stochastic Gradient Descent, SGD）：SGD 只是用一個隨機樣本資料參與梯度計算，因此省略了求和及求平均的過程，降低了計算複雜度，大大提升了計算速度，但同時由於只是用一個樣本決定梯度方向，導致最終解可能不是最佳的。

- 小量梯度下降法（Mini-Batch Gradient Descent, MBGD）：小量梯度下降法介於隨機梯度下降法和批次梯度下降法之間，在計算最佳化函數的梯度時隨機選擇一部分樣本資料進行計算。這樣在提高計算速度的同時保留了一定的準確度。

對於線性模型，目標函數為凸函數的模型，使用梯度下降法找到的局部最佳解是全域最佳解。而其他目標函數不是凸函數的模型，可能存在多個局部最佳解。

線性回歸模型是一種非常簡單的模型，但是可以透過引入非線性函數映射產生許多變化，從而可以用線性關係描述非線性關係。舉例來說，考慮將模型輸出結果的對數作為線性逼近的目標，即：

$$\ln y = \boldsymbol{\omega}^{\mathrm{T}} X \tag{2.7}$$

這就是對數線性回歸,在加入對數函數之後,雖然形式上仍然是線性回歸,但實質上已經是在求解輸入到輸出的非線性映射,如圖 2.3 所示。

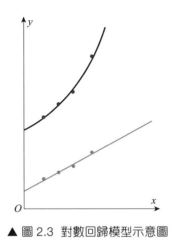

▲ 圖 2.3 對數回歸模型示意圖

這裡的對數函數起到了將預測值與真實標記值關聯起來的作用,類似的關聯函數還有很多。一般地,考慮單調可微函數 g,若將 g 作為關聯函數,這樣得到的模型稱為廣義線性模型,即:

$$y = g^{-1}(\boldsymbol{\omega}^{\mathrm{T}} \boldsymbol{X}) \tag{2.8}$$

2.2.3 對數機率回歸

上述的線性回歸模型解決的是回歸問題,即模型最後輸出的是一個連續值,如果想要用這種類似的方法解決分類問題,只需要找到一個單調可微的關聯函數,將真實標記值與模型預測值關聯起來。

考慮最簡單的二分類任務,$y \in \{0,1\}$,要找到一個將實數轉化為 0/1 值的關聯函數,一個比較理想的函數就是「單位步階函數」,即:

$$y = \begin{cases} 0, & z < 0 \\ 0.5, & z = 0 \\ 1, & z > 0 \end{cases} \tag{2.9}$$

但是該函數為分段函數，不連續，無法求導，最後求解的過程會十分困難，因此無法作為關聯函數，另一個近似的對數機率函數，如圖 2.4 所示，具有相似的變化曲線，同時也有更好的微分性質。

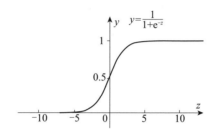

▲ 圖 2.4 對數機率函數示意圖

令 z 等於線性回歸模型的輸出，代入對數機率函數，可以得到：

$$y = \frac{1}{1 + e^{-\omega^{\mathrm{T}}X}} \tag{2.10}$$

該式子可變形為以下式子，$\ln \dfrac{y}{1-y}$ 稱為 y 的對數機率，分子中的 y 表示樣本所得輸出結果為正的可能性，分母 $1-y$ 表示輸出結果為負的可能性，兩者的比值為「機率」，反映了樣本結果為正的相對可能性，再取對數就可以由對數機率的正負判斷樣本輸出結果的正負。

$$\ln \frac{y}{1-y} = \omega^{\mathrm{T}}X \tag{2.11}$$

因此，對數回歸模型可以看作是，用線性回歸模型的預測值取逼近分類設定值的對數機率，因此稱為對數機率回歸模型，雖然叫作回歸，但其實解決的是分類問題。另外，由於對數機率函數也是凸函數，因此線性對數模型求解的梯度下降等方法，對數機率模型也可直接使用。

2.2.4 多分類問題

上述的對數機率回歸模型可以極佳地解決二分類問題，但是現實中更經常遇到的是多分類問題。指定資料集資料集 $D=\{X,Y\}$，其中 $X=\{x_1, x_2, \cdots, x_n\}$，$Y=\{y_1, y_2, \cdots, y_n\}$，$x_i=\{x_i^{(1)}, x_i^{(2)}, \cdots, x_i^{(d)}\}$，$y_i=\{C_1, C_2, \cdots, C_N\}$，輸出有 N 種可能的結果。解決的想法是將多分類問題拆解成許多個二分類問題，再利用許多個二分類模型來解決問題。

常用的拆分方法有以下三種：「一對一」、「一對多」和「多對多」。一對一方法是將 N 個類別進行兩兩配對，產生 $N(N{-}1)/2$ 個分類模型，用 M_{ij} 表示對 C_i 和 C_j 兩個類別的分類模型，輸出當前分類結果 C_i 和 C_j 哪一個可能性更高。在測試階段，資料登錄所有模型，得到 $N(N{-}1)/2$ 個結果，把這些結果看作投票，最後得票最多的即為最終的輸出結果。

一對一方法需要在每兩個分類之間做出判斷，因此當類別增加時，一對一方法將變得十分複雜。一對多模型則對每一個分類產生一個模型，一共產生 N 個分類模型，每個模型 M_i 輸出屬於 C_i 和不屬於 C_i 哪一個可能性更高。如圖 2.5 所示，在測試階段，資料登錄所有 N 個模型，當模型 M_j 輸出為正，則該資料類別為 C_j。一對多方法只需要訓練出與類別數量相同個數的模型，因此儲存和時間負擔都優於一對一方法。

多對多方法每次將許多個分類劃分為正類，剩下許多個分類劃分為反類，再對正反兩個類繼續分類，直到只剩下一個類。這種方法最少可以產生 $\log(N)$ 個分類模型完成任務，但是對於每一級分類的劃分需要有特殊的考量，最終實現效果也跟類的劃分有關係。

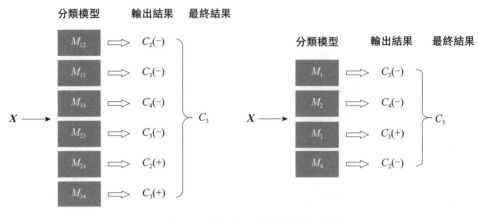

▲ 圖 2.5 一對一和一對多方法示意圖

2.2.5 過擬合與欠擬合

機器學習的一大挑戰就是要求演算法模型在未觀測到的新資料上表現良好,而不僅是在訓練資料集上表現良好,這種在未觀測到的資料上的表現能力稱為泛化能力。

通常在訓練模型時,最佳化目標是訓練資料集上的誤差,也就是訓練誤差最小,而真正關心的是未知資料集上的泛化誤差。通常我們把低訓練誤差高測試誤差的情況稱為過擬合,而高訓練誤差的情況稱為欠擬合。如圖 2.6 所示,圖 2.6(a) 是一個合理的模型,圖 2.6(b) 則因為模型的複雜度不夠,損失函數的收斂速度很慢,這就使得最佳化演算法做得再好,模型的泛化性能也會很差,因為這條直線在訓練集上的誤差就很大,這種訓練集上不能擬合出來較好的圖型,稱為欠擬合,或叫高偏差。圖 2.6(c) 則設定的模型複雜度過高,只要模型的複雜度足夠高,擬合後就能完美切合所有訓練資料,將訓練誤差降到非常低,但這並不是最終想要的結果,因為這樣的模型把不可估計的隨機誤差考慮了進來,然後在面

臨新資料的時候，這些隨機誤差跟訓練資料集中的不一樣就會帶來較大
的偏差，導致測試誤差非常大，這就是過擬合。

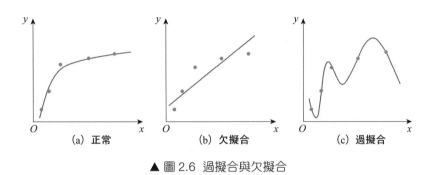

(a) 正常　　　　　　(b) 欠擬合　　　　　　(c) 過擬合

▲ 圖 2.6　過擬合與欠擬合

欠擬合的解決辦法就是尋找更多資料特徵，增加模型的複雜度。反之，
解決過擬合就需要減少特徵屬性的數量，此外還有另一種方法就是加入
正規化項。

$$J(\omega) = \frac{1}{n} \sum_{i=1}^{n} (f(x_i) - y_i)^2 + \lambda \|\omega\|^2 \tag{2.12}$$

如式（2.12）所示，在目標函數中加入參數的模，λ 用來調整參數的權
重。如果參數太多，複雜度太大，目標函數也會隨之增加，這樣當增加
模型複雜度帶來訓練誤差較少的收益，小於參數量增加帶來的負擔的時
候，演算法就會選擇複雜度較低的模型。這也就是所謂奧卡姆剃刀原則：
在同樣能解釋已知觀測現象的假設中，選擇最簡單的那個。正規化項可
以使用第一範數、第二範數或其他類型，式（2.12）展示的是增加第二範
數之後的損失函數。

關於過擬合和欠擬合的問題不僅出現在線性模型中，在其他模型中，如後
面要講到的樹模型、神經網路也常常出現。增加正規化項的方法也已用在
神經網路模型中，樹模型有與之相對應的解決方法，舉例來說，剪枝。

2.3 樹模型

上述介紹的線性模型對線性關係有很好的擬合效果，對一些非線性關係也可以透過尋找關聯函數來解決問題，但是對其他難以找到合適關聯函數的非線性關係來說，線性模型很難取得好的效果。

樹模型是一個以特徵空間劃分為基礎的具有樹狀分支結構的機器學習演算法模型。將資料集按照特徵空間（屬性）進行分割，產生具體的分類規則，樹模型具有良好的可解釋性。並且樹模型以已有資料為基礎的劃分產生規則，因此能夠極佳地表達非線性關係，以及能夠同時處理離散和連續變數，適用於大多數的分類和回歸問題，因此樹模型幾乎是使用最廣泛的機器學習演算法。

1. 基本概念

決策樹是一種常用的有監督學習演算法，主要用於解決分類問題。決策樹的學習過程就是利用資料集建構樹的過程，透過資料的某個屬性值將資料劃分為許多個子資料集，再遞迴地對子資料集進行劃分，直到每個子資料集只剩下一類資料或所有屬性都劃分完畢。

舉例來說，在一個判斷公司員工是否為管理層的分類問題中，資料集為收集到的各員工的基本資訊（如工作年齡、收入、是否為公司股東等），透過對資料集中的屬性值進行劃分可以產生一顆具有樹狀結構的決策流程圖。如圖 2.7 所示，決策樹的每一個非樹葉節點對應一個屬性的測試，每一個分支表示一次決策，每個分支產生兩個或更多的子樹，每個葉子節點表示最終的分類判斷。決策樹的判斷過程就是執行從根節點到葉子節點的流程，指定一個測試點 x，按照決策樹流程中的屬性進行判斷，直到達到葉子節點輸出最終的預測結果。

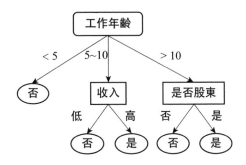

▲ 圖 2.7　判斷管理層決策樹示意圖

透過建構這樣一顆決策樹分類器，最終可以找到一個視覺化的分類規則，這很容易了解。並且決策樹對資料要求不高，只需要對資料進行簡單的離散化處理，就可以形成可分類的離散變數。它能夠極佳地處理高維資料，受離群點和遺漏值的影響較小。

決策樹透過簡單的改動還能完成回歸任務。在分類任務中，最終標籤是一個類別屬性，葉子節點可以直接儲存該屬性值，而在回歸任務中，最終標籤輸出的是連續值，可以在葉子節點儲存該分類下所有資料的標籤值，最終輸出這些資料的平均值（或中位數等）。

2. 分裂策略

如何選擇屬性並進行決策分裂是決策樹演算法的關鍵，各種決策樹演算法的主要區別也在於此。理想情況是每經過一次分裂得到的子樹盡可能純（即落在一個指定分區的所有資料的標籤都相同，或標籤值接近）。

屬性選擇度量是一種選擇分裂的準則，在每一次分裂的時候，透過預先設定的屬性選擇度量來選擇該次分裂的屬性。常用的屬性選擇度量有資訊增益、增益率和基尼指數（Gini 指數）。下面將一一介紹這三種屬性選擇度量。

（1）資訊增益

資訊增益是 ID3 方法的屬性選擇度量。該度量方法來自香農在資訊理論方面的研究。對於一個存放所有資料的資料集 D，該資料集中有 $C1$~C_m 共 m 種標籤值，則 D 中的期望資訊由以下公開表示：

$$\text{Info}(D) = -\sum_{i=1}^{m} p_i \log_2(p_i) \tag{2.13}$$

其中，p_i 是 D 中任意元組屬於類 C_i 的機率，用類別 C_i 的元組個數除以元組總數的值來估計。使用以 2 為底數的對數是因為資訊是用二進位編碼的，$\text{Info}(D)$ 也表示辨識 D 中元組的類別號所需要的平均資訊量，因此該式也可稱為 D 的熵。利用這個公式可表示資料集 D 的混亂程度，資料集 D 中資料類別越多，該值越大，資訊量越大。

假設經過屬性 A 可將資料集 D 劃分為 v 個子資料集 $\{D_1，D_2，\cdots，D_v\}$，每個子資料集表示經過該次劃分產生的子節點或子樹，那麼經過劃分之後資料集 D 的資訊量可由各子資料集 D_i 的資訊量的和表示，即：

$$\text{Info}_A(D) = \sum_{j=1}^{v} \frac{|D_j|}{|D|} \times \text{Info}(D_j) \tag{2.14}$$

資訊增益就是資料集經過一次屬性劃分後，該資料集的資訊量變化，即：

$$\text{Gain}(A) = \text{Info}(D) - \text{Info}_A(D) \tag{2.15}$$

經過劃分後的資料集越純，其資訊量越少，則該屬性劃分之後的資訊增益就越大，直到最後每一個分支下都只有一個類別屬性，則此時資料集資訊量就達到零。於是在每次分裂過程前，先計算各個屬性經過劃分後的資訊增益，選擇最大的資訊增益對應的屬性進行劃分，直到最後資訊量達到零或所有屬性劃分完畢。

資訊增益的度量偏向於產生多個分裂節點的屬性，也就是傾向於選擇具有大量值的屬性。舉例來說，假設有一個屬性，資料集中所有資料在該屬性的值均不相同，那麼透過一次劃分就可以將資料集全部劃分完畢，每顆子樹只含有一個資料元組，資訊量可以直接降低到零，資訊增益最大，但是很顯然，這樣的決策樹效果並不好。

（2）增益率

隨後出現的 C4.5 方法使用的增益率度量，就是以這樣的想法產生的，作為資訊增益度量的補充，試圖克服這樣的偏向性。它使用「分裂資訊」的概念將資訊增益規範化，分裂資訊的定義如下：

$$\text{SplitInfo}_A(D) = -\sum_{j=1}^{v} \frac{|D_j|}{|D|} \times \log_2\left(\frac{|D_j|}{|D|}\right) \qquad (2.16)$$

分裂資訊表示經過一次劃分產生 v 個輸出產生的資訊，增益率則可以定義為

$$\text{GainRate}(A) = \frac{\text{Gain}(A)}{\text{SplitInfo}_A(D)} \qquad (2.17)$$

增益率可以單獨作為屬性選擇度量進行屬性選擇，但是隨著選擇更大的增益率，分裂資訊將趨於零，增益率的變化將非常劇烈，變得不穩定，因此可以將增益率與資訊增益兩個屬性選擇度量結合起來使用，在資訊增益較大的屬性中則選擇增益率更高的屬性。

（3）基尼指數

基尼指數是 CART 方法中使用的屬性選擇度量，基尼指數直接度量資料集 D 的不純度，定義如下：

$$\text{Gini}(D) = 1 - \sum_{i=1}^{m} p_i^2 \qquad (2.18)$$

$$\text{Gini}(A) = \text{Gini}(D) - \text{Gini}_A(D) \qquad (2.19)$$

其中，p_i 表示資料集 D 中屬於類別 C_i 的機率，m 表示整體類別數量。Gini(A) 表示經過一次劃分之後 Gini 指數的降低程度，也即是不純度的降低，並且選擇最大化降低不純的屬性進行劃分。

這三種度量是較為常用的屬性選擇度量，它們有各自的傾向性和缺點，比如資訊增益傾向於選擇有很多值的屬性，增益率傾向於不平衡的劃分，即某個子資料集比其他子資料集小得多，基尼指數則傾向於多值屬性和分裂相等大小的資料集。在具體使用的過程中可以根據實際資料的分佈使用某種或結合多種屬性選擇增益。

3. 剪枝處理

隨著問題複雜度的增加，決策樹模型也將變得更加複雜，需要的屬性更多，但是隨之而來就會產生過擬合的問題。

決策樹學習過程中，為了盡可能正確地將資料集進行分類，會造成決策樹分支過多，就會產生把樣本學習得「太好」的問題，以至於把訓練資料集中的隨機誤差產生的結論當作普遍規律去適用，於是就導致了過擬合問題。

剪枝就是主動去掉一些分支來降低過擬合的風險。決策樹剪枝的基本策略分為「預剪枝」和「後剪枝」。所謂的預剪枝，就是在決策樹生成過程中，對每個分裂節點進行預先估計，如果當前節點的劃分不能帶來更好的泛化性能（泛化能力就是指對沒有取樣的資料集的適用性），則停止此次分裂。後剪枝是先按照正常規則生成一棵決策樹，然後自底向上進行檢查，如果將某個節點的子樹直接替換為樹葉節點（即取消該節點的屬性劃分），能帶來泛化能力的提升，則將子樹替換為樹葉節點。

4. 整合學習方法

一棵比較小、簡單的決策樹演算法，會獲得一個具有低方差、高偏差的模型，而複雜的決策樹演算法，可以獲得低偏差，但可能由泛化誤差帶來高方差的影響。好的模型應該在偏差和方差兩者之間保持平衡。整合學習方法就是一種執行這種權衡分析的方法。

整合學習方法是使用一組具有預測能力的模型，以達到更好的準確度和模型穩定性。整合學習方法是目前提升提升樹模型準確率最好的方法。常用的整合學習方法有裝袋 (Bagging)、提升（Boosting）和堆疊（Stacking），這一節將對這三種整合學習方法一一介紹。

（1）裝袋（Bagging）
裝袋是一種以自取樣（有放回的取樣）為基礎的方法，透過結合幾個模型降低泛化誤差的技術，主要想法是分別訓練幾個不同的模型，然後讓所有模型表決測試範例的輸出。

具體的步驟如圖 2.8 所示，首先從一個資料集 D 中有放回地取樣多個資料子集 $\{D_1, D_2, \cdots, D_t\}$，然後對每一個資料子集 D_i 訓練出一個分類器模型 M_i，最後結合多個分類器模型得出最終的模型 M。最後可以透過平均值、投票等方式來實現多個模型的組合。根據計算，這種有放回的取樣方法最終會有 63.2% 的樣本出現在取樣集中，而剩下的 36.8% 是一次都沒有被取樣的樣本，可以作為驗證集對模型的泛化性能進行估計。

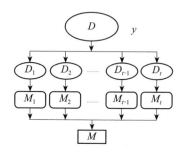

▲ 圖 2.8 裝袋法示意圖

隨機森林（Random Forest）演算法採用的就是這種方式的學習演算法。從資料量為 N 的資料集中，隨機選擇 n 個資料樣本，假設每個資料樣本有 M 個屬性，然後對這 n 個資料樣本隨機選擇 m（$m<<M$）個屬性訓練出一個決策樹模型，重複此操作 t 次得到 t 棵決策樹，形成「森林」，最後根據隨機森林的每棵樹的結果，進行投票，得票數最多的結果就是最終的輸出結果。

隨機森林使用隨機採用的裝袋方法降低模型的泛化誤差，此外，由於它在處理時是隨機選擇部分屬性來建構樹的，隨機森林可以有效率地處理高維度資料，是一種有效的降維方法。其缺點在於對回歸問題的精準度不夠。

（2）提升（Boosting）

提升（Boosting）方法和裝袋（Bagging）方法的工作想法相似：建構一系列弱學習器（也叫作基學習器），將它們組合起來得到一個性能更好的強學習器。然而，與多次重複取樣以減小方差的裝袋法不同，提升法希望以一種適應性很強的方式擬合多個弱學習器，每個模型在擬合的過程中，會更加重視那些之前的學習器處理得很糟糕的資料。提升法是一個序列化的過程，後續的學習器會矯正之前學習器的預測結果，也就是說，之後的學習器依賴於之前的學習器。

具體實現過程如圖 2.9 所示，首先使用各種不同的學習演算法（不限於決策樹）訓練得到不同的學習器，稱為基學習器，每個基學習器代表一個弱規則。然後依次使用弱分類器對資料進行測試，在學習器 1 中有 3 個資料點預測錯誤，那麼在下一輪的學習器 2 中，這些資料點將賦有更高的權重，再對學習器 2 中的錯誤預測點增加權重代入下一個學習器，以此迭代，直到達到最大的精度。於是就可以將幾個簡單的弱學習器組成一個規則強大的學習器。

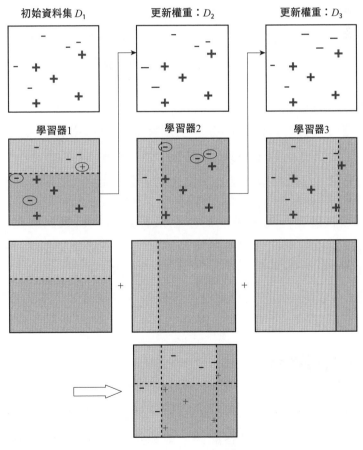

▲ 圖 2.9 提升方法示意圖

直觀地說，每個基學習器透過增加權重的方式，把注意力集中在目前最難擬合的觀測資料上，這樣一來，最終便獲得了一個具有較低偏差的強學習器。由於提升法的重點在於減小偏差，用於提升法的基學習器通常是具有低方差高偏置的模型（舉例來說，層數較少的決策樹模型）。由於要使用多個學習器進行運算，提升法的計算負擔非常大，用簡單的基學習器也可以降低部分計算負擔。

自我調整提升演算法（AdaBoost）就是提升法的代表演算法，針對同一個訓練集訓練不同的學習器（弱學習器），然後進行分類，對於分類正確的樣本權值低，分類錯誤的樣本權值高（通常是邊界附近的樣本），最後的分類器是之前多個弱分類器的線性疊加（加權組合）。

（3）堆疊（Stacking）

上述兩種整合學習方法的核心在於使用多個弱學習器的組合形成一個強學習器，組合方式可以是投票或線性組合，堆疊法採用了另一種策略，用另一個學習演算法將基學習器的結果結合到一起。

具體實現過程就是，先用不同的學習演算法對資料集訓練出多個學習器，稱為初級學習器，然後將所有資料代入到初級學習器中，得到預測結果，再把預測結果作為輸入代入另一個學習演算法，訓練得到次級學習器。有研究表明，用多回應線性回歸作為次級學習演算法的效果較好。

2.4 神經網路

類神經網路（Artificial Neural Network），簡稱神經網路，是由一些具有適應性的簡單單元組成的連接網路，能夠透過模擬生物神經系統對真實世界物體所做出的互動反應。

之前討論的線性模型，比如線性回歸和對數機率回歸，是非常好用的模型，可以透過解析解或最佳化方法，實現高效且可靠的擬合。但是這種方法對非線性關係有很大的局限性，並且無法處理變數與變數之間的關係。為了擴充線性模型，之前提到過使用一個非線性的連接函數將輸出與最終目標相關聯。剩下的問題就是如何選擇這樣一個非線性的連接函數。其中一種方法是選擇使用一個通用的連接函數，這個函數有足夠高的維度，有足夠的能力來擬合訓練資料集，但是這樣得到的結果往往會過擬合，有很大的泛化誤差。另一種方法是手動地設計連接函數，在深度學習出現以前，這是比較主流的方法，但是由於這種方法需要對每個單獨的任務進行研究，往往需要很多的時間與經驗，並且各個任務上使用的連接函數不能跨任務使用。最後一種方法就是即將要討論的神經網路的方法，本節將先介紹神經元模型的基本結構，然後介紹前饋神經網路及反向傳播演算法的理論推導，最後介紹深度學習的概念。

2.4.1 神經元模型

神經網路中最基本的組成成分是神經元模型，也就是上述所說的簡單單元。在生物神經網路中，每個神經元與其他神經元相連接，當它處於觸發狀態時，就會給相鄰神經元發送訊號，神經元收到來自其他神經元的訊號，如果累計加權值達到某個閾值，就處於觸發狀態並傳遞訊號。

類神經網路的構造就來自生物神經網路模型，如圖 2.10 所示，每個神經元模型包含 n 個輸入、1 個輸出，以及 2 個計算功能。每個神經元接收來自其他 n 個神經元模型的輸入，並且每個輸入帶有權值，然後神經元對輸入值按照權值進行計算，最後透過啟動函數並將結果輸出到其他相連接的神經元。

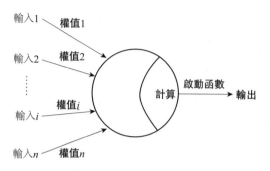

▲ 圖 2.10 神經元模型

如果用 x 表示上一層神經元模型的輸入，w 表示輸入所帶的權值，g 表示
啟動函數，那麼每個神經元模型做的計算任務就是：

$$z = g(x_1^* w_1 + x_2^* w_2 + \cdots\cdots + x_n^* w_n) \tag{2.20}$$

啟動函數就是引入非線性因素，如果沒有啟動函數，所有神經元的連接
最終都可以化簡成輸入的線性組合，常用的啟動函數有 Sigmoid 和 ReLu
等，如圖 2.11 所示。

▲ 圖 2.11 常用啟動函數

單一神經元模型可以視為線性模型，類似一個對數機率回歸模型，透過
輸入和權值的線性組合擬合輸出，權值跟參數一樣是透過訓練得到的。

2.4.2 前饋神經網路

把多個神經元模型按照一定的層次結構連接起來，就獲得了前饋神經網路模型，也叫作多層感知機。如圖 2.12 所示為一個具有基本結構的三層神經網路模型，包含一個輸入層、一個輸出層和一個中間層，輸入層和中間層各有兩個神經元，並帶有一個權值向量。輸入層神經元接收外界輸入，中間層和輸出層對訊號進行加工計算，最後由輸出層輸出結果。

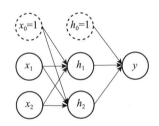

▲ 圖 2.12 三層神經網路示意圖

x_i 表示輸入層的值，y 表示輸出層的值，h_i 表示中間層，x_0 和 h_0 分別表示輸入層和中間層的偏置量。為了求出最後的輸出值 y，需要求出前面每一層神經元的輸出值，而每一層的值都是上一層神經元經過類似對數機率迴歸模型的計算得來的。用 $w_{ij}^{(k)}$ 表示第 k 層第 i 個神經元到第 j 個神經元的權值，a_i 表示中間層的計算結果，有

$$a_1 = g(w_{01}^{(1)}x_0 + w_{11}^{(1)}x_1 + w_{21}^{(1)}x_2)$$
$$a_2 = g(w_{02}^{(1)}x_0 + w_{12}^{(1)}x_1 + w_{22}^{(1)}x_2) \tag{2.21}$$

$$y = g(w_{01}^{(2)}h_0 + w_{11}^{(2)}h_1 + w_{21}^{(2)}h_2) \tag{2.22}$$

$g()$ 表示啟動函數，寫成矩陣形式可以表示為

$$y = g(\boldsymbol{W}_2^{\mathrm{T}} g(\boldsymbol{W}_1^{\mathrm{T}} \boldsymbol{X} + b_1) + b_2) \tag{2.23}$$

對於第 i 層第 j 個神經元，神經元的帶權輸出值 z_j^i 和啟動輸出值 a_j^i 可以表示為

$$z_j^i = w^i a^{i-1} + b$$
$$a_j^i = g(z_j^i)$$

(2.24)

事實上，神經網路的本質就是透過參數與啟動函數來擬合特徵與目標之間的真實函數關係。矩陣和向量相乘，本質上就是對向量的座標空間進行一個變換。因此，隱藏層的參數矩陣的作用就是使得資料的原始座標空間從線性不可分，轉換成了線性可分。

有研究證明，加入一層神經元數量足夠多的中間層，神經網路就可以無限逼近任意連續函數。不過也正因為如此強大的表達能力，神經網路經常遭遇過擬合，訓練誤差持續降低，因此在使用的時候應提前考慮這一情況。

在設計一個神經網路時，輸入層的節點數需要與特徵的維度相符合，輸出層的節點數與目標維度相符合，而中間層的節點數，由設計者自己指定。但是，節點數的設定，會影響到整個模型的效果。至於中間節點數及其他參數的確定，目前還沒有完整的理論，一般是根據經驗來設定的，先預先設定幾個可選值，然後透過切換這幾個值來查看整個模型的預測效果，選擇效果最好的值作為最終選擇。這也就是所謂的網格搜索（Grid Search）。

2.4.3 反向傳播演算法

神經網路訓練和使用梯度下降訓練沒有太大的區別，都是以梯度為基礎使得損失函數下降。當使用前饋神經網路接收輸入 x 並產生輸出 y 時，資

訊流從前往後傳播,輸入 x 提供初始資訊,然後傳遞到中間層,最終輸出層產生輸出 y,這是所謂前向傳播。

但是由於神經網路的參數量非常龐大,尤其是當神經網路的層數非常高的時候,如果使用前向傳播的梯度下降去最佳化整個學習演算法,所需的計算代價非常之大,而反向傳播演算法使用簡單和廉價的程式來有效率地解決求解梯度這一問題。並且,反向傳播演算法不僅可以用在前饋神經網路模型中,在其他的神經網路模型和其他學習演算法中都是可以運用的。所謂的反向傳播就是資訊流從輸出層反向傳遞,直到最後到達輸入層。下面列出反向傳播演算法的數學推導。

對於指定包含 n 個資料的資料集 $D=\{(X_1, y_1), (X_2, y_2), \cdots, (X_n, y_n)\}$,如圖 2.13 所示,對於每組的輸入 X,神經網路在最後一層(即第 1 層)的啟動輸出為 a_i^L,上標 L 表示第 1 層(即輸出層),真實結果為 y_i,為了方便求導,使用均方誤差的以下式子作為損失函數:

$$C = \frac{1}{2n}\sum_{i=1}^{n}(a_i^L - y_i)^2 \tag{2.25}$$

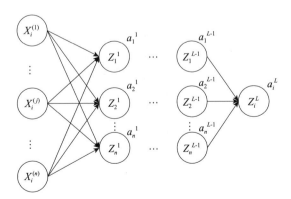

▲ 圖 2.13 反向傳播演算法範例圖

需要最佳化的參數為權值 w 和偏置 b，求解梯度也就是求解 $\dfrac{\partial C}{\partial w_{jk}^l}$ 和 $\dfrac{\partial C}{\partial b_j^l}$，表示損失函數對第 1 層第 j 個神經元對第 k 個神經元的權值。在這裡需要引入 δ_j^l，表示第 1 層第 j 個神經元的誤差，反向傳播演算法將對每一層計算 δ^l，然後得到對應的 $\dfrac{\partial C}{\partial w_{jk}^l}$ 和 $\dfrac{\partial C}{\partial b_j^l}$。

$$\delta_j^l = \frac{\partial C}{\partial z_j^l} \tag{2.26}$$

根據式（2.24）、式（2.25）和鏈式法則，可以將第 L 層（也就是輸出層）的誤差 δ_j^L 化簡得到以下式子：

$$\delta_j^L = \frac{\partial C}{\partial z_j^l} \cdot g'(z_j^L) \tag{2.27}$$

其中，g' 是啟動函數的導數，可以很容易求得。由於假設輸出層只有一個神經元，因此在此求得的 δ_j^L 也就是該層的總誤差 δ^L。然後代價函數對第 l 層誤差的偏導數可以由鏈式法則列出，第 l 層每個神經元的輸出值會對第 l 層所有神經元造成影響，於是第 l 層的誤差與第 l+1 層誤差的關係可表示如下：

$$\delta_j^l = \frac{\partial C}{\partial z_j^l} = \sum_k \frac{\partial C}{\partial z_k^{l+1}} \cdot \frac{\partial z_k^{l+1}}{\partial z_j^l} = \sum_k \frac{\partial z_k^{l+1}}{\partial z_j^l} \delta_k^{l+1} \tag{2.28}$$

由式（2.24）可得，第 l+1 層的計算值 z_k^{l+1} 與第 l 層的計算值關係如下：

$$z_k^{l+1} = \sum_j w_{kj}^{l+1} a_j^l + b_k^{l+1} = \sum_j w_{kj}^{l+1} g(z_j^l) + b_k^{l+1} \tag{2.29}$$

對式（2.29）做微分，再代入式（2.28），可以得到第 *l* 層誤差與第 *l*+1 層誤差的反向傳播公式如下：

$$\frac{\partial z_k^{l+1}}{\partial z_j^l} = w_{kj}^{l+1} g'(z_j^l) \tag{2.30}$$

$$\delta_j^l = \sum_k w_{kj}^{l+1} \delta_k^{l+1} g'(z_j^l) \tag{2.31}$$

透過式（2.28）和式（2.29）就可以計算任意層的誤差 δ^l，首先用式（2.31）計算出最後一層的誤差，再根據式（2.27）遞迴地求解前一層的誤差，如此一步一步地便可以反向傳播整個完整網路。

得知誤差的求解，就很容易推導出代價函數與偏置 *b* 的關係，根據式（2.21）及求導法則，代價函數對 *b* 的偏導數恰好等於之前定義的誤差 δ，因此可以很容易地給出其關係：

$$\frac{\partial C}{\partial b} = \delta \tag{2.32}$$

然後求解代價函數與權值的關係，由於有了誤差這一中間變數，代價函數與權值的關係也很容易列出，以下式所示：

$$\begin{aligned}
\frac{\partial C}{\partial w_{jk}^l} &= \sum_a \frac{\partial C}{\partial z_a^l} \frac{\partial z_k^z}{\partial w_{jk}^l} \\
&= \sum_a \delta_k^l \frac{\partial \left(\sum_j w_{kj}^l a_k^{l-1} + b_k^l \right)}{\partial w_{jk}^l} = \delta_k^l a_k^{l-1}
\end{aligned} \tag{2.33}$$

寫成矩陣形式可簡寫為

$$\frac{\partial C}{\partial w^l} = \delta^l (a^{l-1})^{\mathrm{T}} \tag{2.34}$$

以以上為基礎的推導過程,我們可以複習出最佳化一個神經網路參數的全過程:首先初始化神經網路,並對每個神經元的參數 w 和 b 隨機賦初值,然後對神經網路進行前向傳播計算,得到各個神經元的帶權輸出 z 和啟動輸出 a,並且在輸出層求得第 l 層的誤差 δ,再根據反向傳播演算法向前傳遞誤差,求出每個神經元的 $\frac{\partial C}{\partial w_{jk}^l}$ 和 $\frac{\partial C}{\partial b_j^l}$,再乘以學習率完成對參數的更新,直到最後訓練得到一個損失比較小的神經網路。

2.4.4 深度學習

理論上說,參數越多,模型複雜度就越高,因為更多參數表示能完成更複雜的學習任務,擬合更複雜的情況。但是,參數過多容易導致過擬合,並且大量的參數使得訓練過程計算量非常高,帶來的計算負擔難以承受,因此深度學習在提出之初並沒有受到廣泛關注。而隨著雲端運算、巨量資料時代的到來,運算能力的大幅度增強使得深度神經網路的計算負擔變得可接受,而巨量資料帶來的龐大數據量則可以有效降低過擬合風險,因此,深度學習開始受到廣泛關注和研究。

典型的深度學習模型就是中間層數很多的神經網路。顯然,對於一個神經網路模型,增加複雜度的辦法就是增加單層神經元的數量和增加中間層的層數。前面提到過,一層中間層的神經元模型就可以無限逼近任意一個連續函數,可以看出,單中間層的神經網路已經具有非常強的學習能力,因此,繼續增加單層神經元數量帶來的收益相對沒那麼明顯。而增加中間層數量不僅可以增加神經元的數量,提高了模型的複雜度,還可以增加啟動函數的層數,帶來更多的可能性。

但是，中間層太多的神經網路模型有時候會因為此誤差在傳遞過程中發散，導致不能收斂到一個穩定狀態，而難以用反向傳播演算法進行最佳化。因此有學者提出了無監督逐層訓練，也就是所謂的「預訓練」。這是一種多中間層網路的常用訓練手段，其基本方法是每次訓練一層中間層，訓練時將上一層的輸出作為輸入，本層的輸出作為下一層的輸入，訓練完成之後再對整個網路進行微調。這樣的預訓練加微調的訓練方法可以看作先將大量參數進行分組，先找到局部比較合理的參數設定，再對這些局部較優的參數結合起來尋找全域最佳，這樣就在保持整個模型足夠大複雜度的同時，有效降低了訓練負擔。

另一種節省負擔的方法是「權值共用」，即讓一組神經元使用相同的連接權。例如，在卷積神經網路（Convolution Neural Network，CNN）中，用反向傳播演算法進行訓練，無論是卷積層還是取樣層，每一神經元都使用相同的連接權，從而大幅度減少訓練的計算負擔。

如果從另一個角度來了解，中間層對上一層的輸出進行處理的機制，可以看作是對輸入訊號的逐層處理，把初始的、與輸出目標關聯不太密切的輸入，逐步地轉化為與輸出更密切的表示。也就是說，透過多個中間層的處理，將輸入的低維特徵轉化為高維特徵，再用數學模型對高維的特徵進行擬合，這樣可以將深度學習了解為「特徵學習」或「表示學習」。以往在用機器學習解決問題的時候，往往需要人為地設計和處理特徵，也就是所謂的「特徵工程」，而深度學習相當於讓機器在巨量的資料中自己尋找特徵，再完成對資料的學習。

但是，深度學習的強大也帶來了對應的問題──黑箱化。黑箱的意思是，深度學習的中間過程不可知，深度學習產生的結果不可控。一方面，我們很難知道深層神經網路具體在做些什麼，另一方面，我們很難解釋神經網路在解決問題的時候，為什麼要這麼做。在傳統的機器學習模型中，演算法的結構大多充滿了邏輯（舉例來説，線性模型和樹模型），這種結構可以被人分析，最終抽象為某種流程圖或公式，具有非常高的可解釋性。而深度學習似乎始終蒙著一層面紗，難以捉摸。深度學習的工作原理，可以視為透過一層層神經網路，使得輸入的訊號在經過每一層時，都做一個數學擬合，這樣每一層都提供了一個函數，透過每一層函數的疊加，最終的輸出就無限逼近目標。這種「萬能近似」，可能只是輸入和輸出在數值上的耦合，而非真的找到了一種代數上的運算式。因此，未來關於深度學習可解釋性的研究，可能會是人們對深度學習的真正探索。

2.5 圖神經網路

神經網路的成功推動了對模式辨識和資料探勘的研究，許多機器學習任務，如物件檢測、語音辨識等，這些任務曾經高度依賴人工的特徵工程來提取資訊特徵集，現在已經由卷積神經網路、循環神經網路（Recurrent Neural Network，RNN）等各種深度學習方法來實現，獲得了巨大的成功。

但是深度學習的應用資料往往都是在高維特徵空間上滿足特徵規則分佈的歐幾里德資料，而如今越來越多的應用資料以圖的形式來表示。舉例來説，在電子商務系統中，以圖形為基礎的學習系統可以利用使用者和產品之間的關聯做出高準確度的建議；在引言網路中，論文透過引言相互連結，需要將它們分類為不同的組。

由於圖可能是不規則的，因此圖可能具有可變大小的無序節點，並且圖中的節點可能具有不同數量的鄰居，從而導致一些重要的操作（舉例來說，卷積）在圖型域中易於計算，但很難應用於圖域。圖資料的複雜度對現有的機器學習演算法提出了重大挑戰。此外，現有機器學習演算法的核心假設是實例間彼此獨立。這種假設不再適用於圖資料，因為每個實例（節點）透過各種類型的連結（舉例來說，引言、友誼和互動）與其他實例（節點）相連結。

近年來，人們對深度學習方法在圖上的擴充越來越感興趣。在多方因素的成功推動下，研究人員借鏡了卷積網路、循環網路和深度自動編碼器的思想，定義和設計了用於處理圖資料的神經網路結構，由此誕生了一個新的研究熱點——「圖神經網路（Graph Neural Network，GNN）」。本章對圖神經網路做一個簡單的概述。

2.5.1 循環圖表神經網路

循環圖表神經網路（Recurrent Graph Neural Network，RGNN）大多是GNN 的先驅作品。它們在圖的節點上反覆應用相同的參數集，以提取進階節點表示形式。由於早期受運算能力的限制，之前的研究主要集中在有向無環圖上。Scarselli 等人提出的圖形神經網路（GNN * 2），擴充了先前的遞迴模型以處理一般類型的圖，如非循環圖、循環圖表、有向圖和無向圖。以資訊擴散機制為基礎，RGNN 透過週期性地交換鄰域資訊來更新節點的狀態，直到達到穩定的平衡為止。

目前以門控機制為基礎的循環神經網路機制下的圖神經網路結構的研究也有不少，舉例來說，以門控循環單元（GRU）為基礎的門控圖神經網路（GGNN），透過門控循環單元控制網路傳播過程中固定步數的迭代循環來實現門控圖神經網路的結構，透過節點來建立相鄰節點之間的聚合資訊，然後透過循環門控單元來實現遞迴過程更新每個節點的隱藏狀態。

2.5.2 圖卷積神經網路

圖卷積神經網路（Graph Convolutional Network，GCN），將卷積運算從傳統數據（舉例來說，圖型）推廣到圖資料。其核心思想是學習一個映射函數，透過該映射函數，圖中的節點可以聚合它自己的特徵與它鄰居節點的特徵，來生成該節點的新表示。圖卷積神經網路是許多複雜圖神經網路模型的基礎，包括以自動編碼器為基礎的模型、生成模型和時空網路等。

圖卷積層透過聚集來自其鄰居的特徵資訊來封裝每個節點的隱藏表示。特徵匯總後，將非線性變換應用於結果輸出。透過堆疊多層，每個節點的最終隱藏表示形式將接收來自其他鄰居的訊息。

圖卷積神經網路（GCN）與遞迴圖神經網路密切相關。GCN 不是使用收縮約束來迭代節點狀態的，而是在結構上使用固定數量的層（在每一層中具有不同的權重）來解決循環的相互依存關係。由於圖卷積更有效，更方便與其他神經網路進行合成，因此，近年來，GCN 迅速得到普及。GCN 分為兩類，即以譜為基礎的和以空間為基礎的。以譜為基礎的方法透過從圖訊號處理的角度引入濾波器來定義圖卷積，其中圖卷積運算被解釋為從圖訊號中去除雜訊。以空間為基礎的方法繼承了 GCN 的思想，以透過資訊傳播來定義圖卷積。自從 GCN 彌合了以譜為基礎的方法與以空間為基礎的方法之間的鴻溝以來，以空間為基礎的方法由於其引人注目的效率、靈活性和通用性而迅速發展。

1. 以譜為基礎的圖卷積神經網路

以譜為基礎的圖卷積神經網路（Spectral-based Graph Convolutional Network）以圖訊號處理問題為基礎，將圖神經網路的卷積層定義為一個濾波器,即透過濾波器去除雜訊訊號從而得到輸入訊號的分類結果。實際問題中只能用於處理無向且邊上無資訊的圖結構,將輸入訊號的圖定義為可特徵分解的拉普拉斯矩陣,歸一化後的特徵分解可以表示為通用結構,其對角矩陣 A 就是特徵值的 λ_i 按序排列組成的特徵矩陣。以譜為基礎的圖卷積神經網路方法的常見缺點是,它們需要將整個圖載入到記憶體中以執行圖卷積,這在處理大型圖時是不高效的。

2. 以空間為基礎的圖卷積神經網路

以空間為基礎的圖卷積神經網路(Spatial-based Graph Convolutional Network)的思想,主要來自傳統卷積神經網路對圖型的卷積運算,但是與之不同的是,以空間為基礎的圖卷積神經網路是以節點為基礎的空間關係來定義圖卷積的。

為了將圖型卷積與圖卷積關聯起來,可以把圖型視為圖的特殊形式,如圖 2.14(a) 所示,每個圖元代表一個節點,每個圖元直接連接其附近的圖元。透過一個 3×3 的視窗,每個節點的鄰域是其周圍的 8 個圖元。這 8 個圖元的位置表示一個節點的鄰居的順序。然後,透過對每個通道上的中心節點及其相鄰節點的圖元值進行加權平均,對該 3×3 視窗應用一個濾波器。由於相鄰節點的特定順序,可以在不同的位置共用可訓練權重。同樣,對於一般的圖,如圖 2.14(b) 所示,與卷積神經網絡對圖型的圖元點進行卷積運算類似,以空間為基礎的卷積圖神經網路透過計算中心單一節點與鄰節點之間的卷積,來表示鄰節點間資訊的傳遞和聚合,作為特徵域的新節點表示。

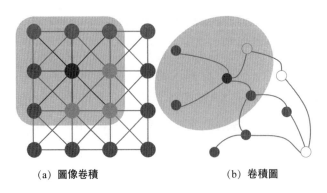

(a) 圖像卷積　　　　　　(b) 卷積圖

▲ 圖 2.14　卷積比較示意圖

以譜為基礎的圖卷積神經網路模型在圖形訊號處理中具有理論基礎,透過設計新的圖形訊號濾波器,人們可以建構新的 ConvGNN。但是,由於效率、通用性和靈活性問題,與以譜為基礎的卷積圖神經網路模型相比,以空間為基礎的圖卷積神經網路模型更為可取。首先,以譜為基礎的圖卷積神經網路模型效率不如以空間為基礎的圖卷積神經網路模型。以譜為基礎的圖卷積神經網路模型不是需要執行特徵向量計算,就是需要同時處理整個圖形。以空間為基礎的圖卷積神經網路模型更可擴充到大型圖,因為它們透過資訊傳播直接在圖域中執行卷積,可以在一批節點而非整個圖中執行計算。

其次,依賴於圖傳立葉基礎的以譜為基礎的圖卷積神經網路模型不能極佳地推廣到新圖。它們假設一個固定的圖,對圖的任何擾動都會導致本徵基的變化。另一方面,以空間為基礎的圖卷積神經網路模型在每個節點上本地執行圖卷積,可以輕鬆地在不同位置和結構之間共用權重。此外,以譜為基礎的圖卷積神經網路模型僅限於在無向圖上執行,以空間為基礎的圖卷積神經網路模型則更靈活,可以處理多來源圖輸入,如邊緣輸入、有向圖、有號圖和異質圖,這些圖輸入可以輕鬆地合併到匯總函數中。

2.5.3 圖自動編碼器

圖自動編碼器（Graph Auto-encoder，GAE）是一種將節點映射到潛在特徵空間中，並從潛在表示中解碼圖資訊的深度神經結構，其目的是利用神經網路結構將圖的頂點表示為低維向量。GAE 可以用於學習網路嵌入式資料資訊或生成新圖。

對於圖結構資料而言，圖自動編碼器可以有效處理節點表示問題，最早的圖自動編碼器是稀疏自動編碼器，圖的稀疏性導致正節點對的數量遠遠少於負節點對的數量。透過將圖結構的鄰接矩陣表示為原始節點特徵，並利用圖自動編碼器將其降低成低維的節點，然後稀疏自動編碼的問題就被轉化為反向傳播的最佳解問題。對於多個圖，GAE 能夠透過將圖編碼為隱藏表示，並對指定隱藏表示的圖結構進行解碼來學習圖的生成分佈。

2.5.4 時空圖神經網路

在許多實際應用中，圖形在圖形結構和圖形輸入方面都是動態的。時空圖神經網路（Spatial-temporal Graph Neural Network，STGNN）在捕捉圖的動態性中佔據重要位置。這類方法旨在模擬動態節點輸入，同時假設已連接節點之間的相互依賴性。舉例來說，交通網絡由放置在道路上的速度感測器組成，在道路上，邊緣權重由感測器之間的距離確定。由於一條道路的交通狀況可能取決於其相鄰道路的狀況，因此在進行交通速度預測時，必須考慮空間依賴性。作為解決方案，STGNN 可以同時捕捉圖的空間和時間依賴性。STGNN 的任務可以是預測未來的節點值或標籤，或預測空間時間圖示籤。STGNN 遵循兩個方向，即以循環神經網路為基礎的方法和以卷積神經網路為基礎的方法。

大多數以循環神經網路為基礎的方法透過過濾輸入和隱藏狀態傳遞給遞迴單元來捕捉時空依賴關係。以循環神經網路為基礎的方法存在一些問題，如耗時的迭代傳播和梯度爆炸。作為替代解決方案，以卷積神經網路為基礎的方法具有平行計算、穩定梯度和低記憶體需求等優點。這些方法都使用了一個預先定義的圖結構，假設預先定義的圖結構反映了節點之間的真正的依賴關係。但是，透過在空間時間設定中獲得許多圖形資料快照，可以從資料中自動學習潛在的靜態圖形結構。學習潛在的靜態空間依存關系可以幫助研究人員發現網路中不同實體之間可解釋且穩定的相關性。但是，在某些情況下，學習潛在的動態空間相關性可能會進一步提高模型的精度。舉例來說，在交通網路中，兩條道路之間的行駛時間可能取決於它們當前的交通狀況。

2.5.5　圖神經網路的應用

圖神經網路（GNN）在不同的任務和領域中具有許多應用程式。儘管可以由 GNN 的每個類別直接處理正常任務，包括節點分類、圖分類、網路嵌入、圖生成和時空圖預測，但其他與圖相關的正常任務，如節點聚類、連結預測、圖分區等任務也可以由 GNN 解決。

圖神經網路的最大應用領域之一是電腦視覺。研究人員在場景圖生成、點雲分類與分割、動作辨識等多個方面探索了利用圖結構的方法。在場景圖生成中，對象之間的語義關係有助了解視覺場景背後的語義含義。在動作辨識中，辨識視訊中包含的人類動作有助從機器方面更進一步地了解視訊內容。一組解決方案檢測視訊剪輯中人體關節的位置，由骨骼連接的人體關節自然形成圖表。指定人類關節位置的時間序列，應用時空神經網路來學習人類行為模式。

在智慧交通系統中，準確預測交通網絡中的交通速度、交通量或道路密度非常重要。使用 STGNN 預測交通問題，將交通網絡視為一個時空圖，其中節點是安裝在道路上的感測器，邊緣是測量成對的節點之間的距離，並且每個節點具有視窗內的平均交通速度作為動態輸入特徵。另一個應用是計程車需求預測，鑑於歷史計程車需求、位置資訊、天氣資料和事件特徵，結合 LSTM、CNN 和 LINE 訓練的網路嵌入，形成每個位置的聯合表示，以預測某個時間間隔內某個位置所需的計程車的數量。

以圖神經網路為基礎的推薦系統以項目和使用者為節點，透過利用項目和項目之間的關係，使用者和使用者、使用者和項目及內容資訊，以圖形為基礎的推薦系統能夠產生高品質的建議。推薦系統的關鍵是評價一個項目對使用者的重要性，因此可以將其轉為一個鏈路預測問題，目標是預測使用者和項目之間遺失的連結。為了解決這個問題，有學者提出了一種以 GCN 為基礎的圖形自動編碼器。還有學者結合 GCN 和 RNN，來學習使用者對項目評分的隱藏步驟。

2.6 遷移學習

2.6.1 遷移學習的基本概念

遷移學習（Transfer Learning），是機器學習的重要分支，目標是將某個領域或任務上學習到的知識或模式應用到其他不同但相關的領域中。更具體來說就是，利用資料、任務或模型之間的相似性，將舊領域學習過的模型應用於新領域的一種學習過程，如圖 2.15 所示。具體地，在遷移學習中，在舊領域已學習到的知識叫作來源域（Source Domain），要學習的新領域的知識叫作目標域（Target Domain）。

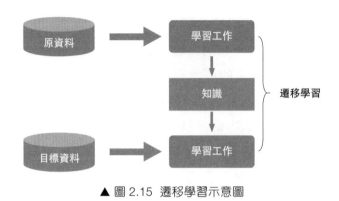

▲ 圖 2.15 遷移學習示意圖

那麼為什麼需要遷移學習呢？主要有以下幾個原因。

（1）優質資料與深度學習的矛盾

巨量資料時代的到來，使得深度學習技術受到了越來越多的關注與研究，並且已成功應用於多個領域。它可以透過無監督或半監督特徵學習演算法及分層特徵提取來自動提取資料特徵，相反，傳統的機器學習方法需要手動設計功能，從而增加了用戶的負擔。但是資料依賴是深度學習中最嚴重的問題之一。深度學習需要大量資料才能了解資料的潛在模式。對特定問題，模型的表達空間必須足夠大才能發現資料下的模式。許多機器學習和資料探勘演算法中的重要假設是，訓練資料和未來資料必須在相同的特徵空間中並且具有相同的分佈。但是，在許多實際應用中，此假設可能不成立。舉例來說，有時在一個感興趣的領域中有一個分類任務，但在另一個感興趣的領域中只有足夠的訓練資料，其中後者的資料可能在不同的特徵空間中或遵循不同的資料分佈。並且，在一些特殊領域，訓練資料不足的情況是不可避免的，舉例來說，生物資訊資料集中的每個樣本通常都代表一次臨床試驗或一名痛苦的患者。

以上原因導致很難高效率地建構大規模的資料集，因此這些領域的發展受到了極大的限制。另外，即使我們以昂貴的代價獲得訓練資料集，也很容易過時，因此無法有效地應用於新任務中。於是，優質資料與深度學習之間的矛盾便是遷移學習興起的主要原因。

（2）普適模型與個性化需求的矛盾

機器學習的目標是建構一個盡可能完備且通用的模型，使得這個模型對於不同使用者、不同裝置、不同環境、不同需求，都可以極佳地得到滿足。這就要求提高模型的泛化能力，使之適用不同的資料情形。但是，由於人們的個性化需求五花八門，數量非常龐大，很難在有限的時間和運算能力中學習到如此萬能的模型。比如以文字任務為基礎，有人想做語言態度辨識，有人想做作家文風辨識，千奇百怪的使用條件就使得通用模型很難得以實現，於是需要擁有將一個通用模型遷移到不同場景使用的學習方法。

為了解決這些問題，研究人員將目光轉向了遷移學習。遷移學習可以將某個領域或任務上學習到的知識或模式應用到其他不同但相關的領域中，從而解決訓練資料不足的問題。在遷移學習中，不需要從頭開始訓練目標域中的模型，還可以顯著減少目標域中訓練資料和訓練時間的需求。

2.6.2 遷移學習主要技術

根據遷移學習中使用的技術，可以將遷移學習分為四類：以實例為基礎的遷移學習、以映射為基礎的遷移學習、以網路為基礎的遷移學習和基於對抗的深度遷移學習。

1. 以實例為基礎的遷移學習

以實例為基礎的遷移學習（Instances-based Transfer Learning）是指使用特定的權重調整策略，透過為這些選定實例分配適當的權重值，從來源域中選擇部分實例作為對目標域中訓練集的補充。它以下列假設為基礎：
儘管兩個域之間存在差異，但目標域可以使用適當的權重來使用來源域
中的部分實例。

這種方法的基本思想是，由於來源域和目標域的資料機率分佈不同，那
麼最直接的方式就是透過一些變換，將不同的資料分佈的距離拉近。根
據資料分佈的性質，這類方法又可以分為邊緣分佈自我調整、條件分佈
自我調整和聯合分佈自我調整。邊緣分佈自我調整方法的目標是減小來
源域和目標域的邊緣機率分佈的距離。條件分佈自我調整方法的目標是
減小來源域和目標域的條件機率分佈的距離。聯合分佈自我調整方法的
目標是減小來源域和目標域的聯合機率分佈的距離。

2. 以映射為基礎的遷移學習

以映射為基礎的遷移學習（Mapping-based Transfer Learning）是指將實
例從來源域和目標域映射到新的資料空間。在這個新的資料空間中，來
自兩個域的實例類似，並且適用於聯合深度神經網路。它以下列假設為
基礎：儘管兩個來源域之間存在差異，但在精心設計的新資料空間中它
們可能更相似。

在卷積神經網路中，隱藏層將學習任務映射到希伯特空間中，採用多核
心最佳化方法將不同域之間的距離最小化，利用深度神經網路將遷移學
習能力進行了推廣，以適應不同資料的分佈。

3. 以網路為基礎的遷移學習

以網路為基礎的遷移學習（Network-based Transfer Learning）指對來源域
中經過預訓練的局部網路（包括其網路結構和連接參數）進行重用，將

其轉變為目標域中使用的深度神經網路的一部分。它以下列假設為基礎：
神經網路類似於人腦的處理機制，它是一個迭代且連續的抽象過程。網
路的前層可以被當作特徵提取器，提取的特徵是通用的。

以網路為基礎的深度遷移學習的示意圖如圖 2.16 所示。將深度神經網路
分為兩部分，前一部分是與語言無關的特徵轉換，後一部分是與語言相
關的分類器。與語言無關的特徵轉換可以在多種語言之間傳遞。一般認
為淺層網路結構是與最終分類任務無關的特徵變換，固定住這部分結構
（網路參數不參與更新），增加新的輸出層進行再訓練。舉例來說，卷積
神經網路可以使用在 ImageNet 資料集上訓練的前層，以計算其他資料集
中圖型的中間圖型表示，對 CNN 進行訓練以學習圖型表示，這些圖型表
示可以在訓練資料量有限的情況下有效地轉移到其他視覺辨識任務。另
外，有研究表明，網路結構和可傳輸性之間，某些模組可能不會影響域
內的準確性，但會影響可傳遞性。

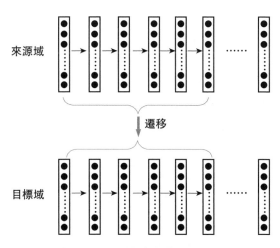

▲ 圖 2.16 以網路為基礎的遷移學習

4. 基於對抗的深度遷移學習

基於對抗的深度遷移學習（Adversarial-based Deep Transfer Learning）是指引入對抗性技術，該技術受生成對抗性網路（GAN）的啟發，以找到適用於來源域和目標域的可轉移表示形式。它以這樣為基礎的假設：為了有效地進行轉移，良好的代表應區別於主要學習任務，並且在來源域和目標域之間不加區別。

基於對抗的深度遷移學習由於其良好的效果和較強的實用性，近年來獲得了長足的發展。引入對抗技術，透過在損失函數中使用域適應正則項來轉移學習以進行域適應。透過增加幾個標準層和一個簡單的新的梯度逆轉層來進行擴充，從而適用於大多數前饋神經模型。隨機多線性對抗網路利用多個特徵層和以隨機多線性對抗者的分類器層為基礎，以實現深度和判別性對抗適應。領域對抗性損失使用以度量學習為基礎的方法將嵌入推廣到新任務中，以在深度轉移學習中找到更易處理的特徵。

2.6.3 遷移學習的應用

近年來，遷移學習技術已成功應用於許多實際應用中。比如從文字資料學習中學習解決情感分類問題，使用不充分的目標域資料和大量低品質的來源域資料來解決圖型分類問題。

此外，有幾個以遷移學習為基礎的國際競賽，這些競賽提供了一些急需的公共資料。在 ECML / PKDD—2006　挑戰中，該任務是處理相關學習任務中的個性化垃圾郵件過濾和泛化。為了訓練垃圾郵件過濾系統，從一群組使用者中收集大量帶有對應標籤的電子郵件：垃圾郵件或非垃圾郵件，並根據這些資料訓練分類器。對於新的電子郵件使用者，為該使用者調整學習的模型。第一群組使用者和新使用者的電子郵件分配是不同的,目的是使舊的垃圾郵件過濾模型適應具有更少訓練資料和更少訓練時間的新情況。

2.7 本章小結

本章主要從原理和發展歷程兩個角度介紹了機器學習的相關背景知識。首先介紹了一些比較傳統的經典機器學習演算法(如線性模型、樹模型),了解其原理、優缺點及使用場景。其次介紹了近年來發展比較迅速的神經網路模型的起源和理論推導,以及以此為基礎的深度學習演算法的發展。最後簡單介紹了一些與深度學習相關的前端研究方向,如圖模型演算法、學習等相關內容。

● 2.7 本章小結

CHAPTER

03

安全計算技術原理

本章將介紹安全多方計算的實現原理,包括不經意傳輸、混淆電路、秘密分享、同態加密、可信執行環境、差分隱私等密碼學基本操作和技術。

3.1 概覽

安全計算主要研究如何在資料上進行計算的同時保證資料的隱私性,其技術主要以密碼學為基礎,其中,安全多方計算(Secure Multi-Party Computation,MPC)就是一種常用的安全計算技術。安全多方計算主要研究的是,如何讓多個互不信任的參與方在沒有可信第三方的情況下進行協作計算,同時不洩露除了輸出之外的任何資訊。安全多方計算協定通常以一些密碼學基本操作為基礎實現,如不經意傳輸、混淆電路和秘密分享。除了安全多方計算之外,安全計算還可以透過同態加密、可信執行環境和差分隱私等技術實現。

3.2 不經意傳輸

不經意傳輸（Oblivious Transfer，OT）是密碼學裡面一個非常重要的基本操作，它使得接收方能夠不經意地獲得發送方輸入的某些資訊，保護發送方和接收方的隱私。不經意傳輸是許多密碼學應用的基礎協定，比如安全多方計算（Secure Multi-Party Computation，MPC）、隱私集合相交（Private Set Intersection，PSI）等。Kilian[32] 證明，在理論層面上，安全多方計算與不經意傳輸是等值的：在不借助任何其他密碼學基本操作、不增加任何其他假設的情況下，安全多方計算可以單獨由不經意傳輸實現，反之亦然。

不經意傳輸最初由 Rabin[33] 提出，在 Rabin 的協定中，發送方持有一筆秘密資訊（$b \in \{0,1\}$），經過一系列的協定執行，接收方以 1/2 的機率獲取該資訊，在協定過程中，接收方確定自己是否獲得了正確結果，而發送方無法確定接收方是否獲取了自己的資訊，協定的實現是以 RSA 公開金鑰演算法為基礎的。

Even 等人 [34] 提出了 2 選 1 不經意傳輸（1-out-of-2 OT，寫作 OT_2^1），此時發送方有兩筆輸入資訊，而接收方能以等機率獲得其中的一筆，過程中確保發送方無法得知接收方獲得的是哪一筆資訊，而接收方也無法得知另一筆未獲得資訊的任何資訊。Crépeau[35] 證明，2 選 1 不經意傳輸與 Rabin 提出的不經意傳輸實際上是等值的。

為了便於實際使用，研究者又提出了可選擇的 2 選 1 不經意傳輸，即接收方具備對資訊的選擇能力，同時能向發送方隱藏自己做出的選擇，定義可以表示成如圖 3.1 所示形式，S 表示發送方，x_0、x_1 表示發送方持有的秘密資訊，R 表示接收方，b 是接收方的選擇位元，x_b 是接收方收到的資訊。

這樣可選擇的 OT_2^1 漸漸取代了原本的 OT 概念，因此本書中如果沒有特殊說明，OT 指代的都是可選擇的不經意傳輸協定。以 2 選 1 不經意傳輸為基礎的概念，研究者從增加發送方持有的秘密資訊數量和增加接收方獲取的秘密資訊數量這兩個角度出發，提出了更多形式的不經意傳輸協定。Brassard 等人 [36] 將 OT_2^1 自然地推廣到了 n 選 1 不經意傳輸（寫作 OT_n^1），即發送方持有 n 個秘密資訊，而接收方從中選擇 1 個並獲取。在現實中還會具有 n 選 k 不經意傳輸（寫作 OT_n^k）的需求，即接收方從發送方持有的 n 個秘密資訊中選擇 k 個並獲取，一種直接且可行的做法是同時執行 k 個 OT_n^1 協定，但其消耗會是單一協定的 $O(k)$ 倍，而 Naor 和 Pinkas [37] 列出了 OT_n^k 協定的實現方式，從而極大地減小了消耗。

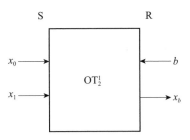

▲ 圖 3.1 2 選 1 不經意傳輸

下面以一個生活化的例子來展示 OT 協定的實現。發送方 S 有 3 封密信，接收方 R 最終會得到其中的 2 封，也就是一個 3 選 2 的不經意傳輸協定。假設 S 有外觀完全無法區分的 3 個箱子和 3 把鎖，接收方無法打開這 3 把鎖；而 R 也有 2 把外觀無法區分的鎖，發送方無法打開這 2 把鎖。整個協定的過程如圖 3.2 所示。

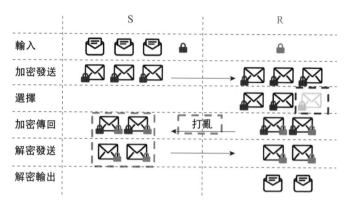

▲ 圖 3.2 雙鎖系統實現 3 選 2 不經意傳輸

首先，發送方把 3 封信放進 3 個箱子內，並把箱子鎖好，發送給接收方。

然後，接收方從發送方的 3 個箱子當中，選擇 2 個，捨棄剩餘的 1 個；將自己的 2 把鎖也加到選擇的 2 個箱子上，打亂次序以後送回給發送方。

接著，發送方拿到箱子以後，把自己加的 2 把鎖給去掉，發送給接收方。最後，接收方也去掉自己加的 2 把鎖，最終得到所選的 2 封密信。協定的正確性顯而易見，接收方從 3 封密信中獲得了 2 封，實現了期望的 3 選 2。

安全性從兩個角度來看，紅框內被捨棄的那個箱子，因為有發送方的鎖，接收方無法解開，因此保證了發送方未被選資訊的安全；而藍框裡，加上了接收方的鎖並通過打亂送回，則能避免發送方根據回傳的資訊，知道接收方的具體選擇，從而保證接收方選擇資訊的安全。

對這樣的現實的 3 選 2 不經意傳輸協定，我們以物理上的假設來保證協議的安全性：箱子在外觀上不可區分，接收方無法打開發送方的鎖，發送方無法打開接收方的鎖。而實際的 OT 協定則與其他的許多密碼學協定一樣，建立在困難問題之上，以困難的數學問題作為「鎖」，確保攻擊者破解的難度。以不同困難問題和安全性假設為基礎的 OT 協定不斷被提出。舉例來說，Naor 和 Pinkas[37] 提出的應對被動攻擊的 OT 協定與 Chou 和 Orlandi[38] 提出的應對主動攻擊的 OT 協定。

不經意傳輸有一些出於特殊目的的形式，下面提到的 Random OT（簡稱 ROT）就是其中較為重要的一種，我們在圖 3.3 中列出 ROT_2^1 的具體形式。 ROT_2^1 協定可以分為兩種，圖 3.3(a) 對應於前述的不可選擇的 OT，發送方的秘密資訊是其預先提供的，而在圖 3.3(b) 中，秘密資訊 k_0, k_1 則是在協定執行過程中產生的，但這兩個協議具有相同的結果，即發送方持有兩筆秘密資訊 k_0, k_1，而接收方持有一個選擇位元 r 和對應的秘密資訊 k_r。

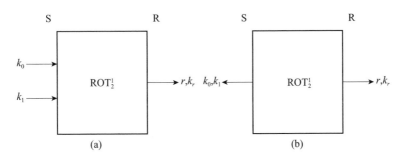

▲ 圖 3.3 Random OT_2^1

ROT 協定具有不確定性，接收方無法決定自己能夠得到的資訊，因此直接使用 ROT 協定傳遞資訊並不方便，我們設想這樣一個場景：發送方是電影提供商，在他的資料庫中有許多個電影資源，使用者可以用相同的價格購買其中的任何一部電影；而接收方是一個不希望發送方知道自己看了什麼電影的使用者。如果他們使用 ROT 協定來進行電影的傳輸，那麼接收方連自己看什麼電影都無法決定，這無疑是不合理的。

儘管 ROT 協定可能不能被直接使用，但其可以用於進行可選擇的 OT 協定。使用 ROT_2^1 進行可選擇的 OT_2^1 協定的技巧最早由 Beaver[39] 提出。假設發送方持有的兩筆待發送的資訊為 2 個位元 x_0 和 x_1，而接收方希望得到資訊 x_b，經過 ROT_2^1 協議，發送方獲得了 2 個位元 k_0 和 k_1，接收方獲得了選擇位元 r 和 k_r。協定過程如下：接收方向發送方發送 $d = b \oplus r$；發送方在接收到 d 之後，向接收方發送 $(z_0, z_1) = (x_0 \oplus k_d, x_1 \oplus k_{1-d})$；接收方透過計算 $x_b = z_b \oplus k_r$ 即可還原出自己想要得到的資訊。圖 3.4 列出了這一做法的流程圖。這樣的轉換實際上是將 ROT 考慮為事先得到的預計算資訊，Impagliazzo 和 Rudich[40] 指出，OT 無法透過對稱密碼學操作實現，雖然構造 ROT_2^1 和可選擇的 OT_2^1 同樣需要使用費時的公開金鑰密碼學技術，但由於 ROT 完全不依賴於具體應用的資料登錄，因此可以離線地大量生成，而線上使用時再透過轉換協定進行可選擇的 OT 協定。對於 OT_2^1，只需要少量通訊（3 個位元）和輕量計算（4 次互斥操作）便可以獲得，因此具有很強的實用性。

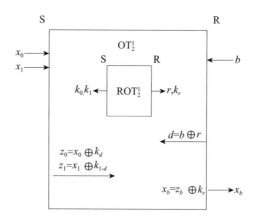

▲ 圖 3.4 使用 Random OT2 進行可選擇的 OT2

現實應用中往往需要大量 OT，並且每個 OT 都需要對較長的字串資訊進行傳輸，但上述的 OT 協定都是針對極短的資訊（單位元）的，並且公開金鑰密碼學操作的性能不足會導致產生 OT 的速度較慢，進而影響了這些應用的實用性。研究者針對 OT 協定的這兩個缺陷做出了改進。一方面，假設我們已經有了用於傳輸短字串資訊的 OT，那麼我們可以透過標準的虛擬亂數生成器生成用於傳輸長字串資訊的 OT，這一技術稱為 OT 長度擴充；另一方面，研究者找到了對 OT 的實例數量進行擴充的技術，從而能夠快速地得到大量 OT，這一技術稱為 OT 實例擴充，通常也簡稱為 OT 擴充。OT 擴充協定只需要參與雙方先進行少量的基礎 OT，隨後使用對稱密碼學操作，將這些少量 OT 擴充為大量 OT，從而極大地提高 OT 的生成效率。

Beaver[41] 最早提出了 OT 擴充協定，借助單向函數（One-way Function），以少量基礎 OT 作為種子，生成可供使用的大量 OT，但這一協定的效率不高。隨後，Ishai 等人 [42] 證明 OT 是可以被高效擴充的，並提出了第一個高效 OT 擴充協定（IKNP），接收方先使用基礎 OT 生成種子，再透過對稱密碼學操作和一輪通訊進行擴充，這一協定也成為了後續諸多 OT 擴充協定的基礎。Kolesnikov 和 Kumaresan[43] 將這一在 OT2 上進行擴充的協定延伸為在 OTn 上進行擴充的協定。在實際應用中，使用 2 選 1 的 OT 傳輸大量短資訊的做法，可以被使用 n 選 1 的 OT 傳輸少量長資訊的做法代替，而 n 可以作為一個變數，根據實際需要傳輸的訊息量靈活選擇，實現通訊量最小化。

除了這些 OT 擴充協定，針對特殊 OT 形式的擴充協定也具有廣泛的應用空間，比如 Correlated OT（簡稱 COT）擴充協定。顧名思義，COT 擴充協定中存在一定的相關性，具體而言，假設發送方持有 m 對資訊 $(x_{1,0}, x_{1,1}), (x_{2,0}, x_{2,1}), ..., (x_{m,0}, x_{m,1})$，接收方從每對資訊中選取一筆，COT 擴充協定要求對於每一對資訊都有 $x_{i,0} \oplus x_{i,1} = \Delta$，$i \in [m]$，其中 Δ 是一個全域固定的偏移量。對於受這樣約束的資訊對，使用 COT 擴充協定進行傳輸相較於普通的 OT 擴充協定可以減少一定的通訊量，從而提高協定性能。COT 最早由 Asharov 等人 [44] 提出，這一 OT 的特殊形式在混淆電路中具有特別的應用。

3.3 混淆電路

混淆電路協定最早由姚期智院士 [45] 提出，因此也稱為姚氏混淆電路（Yao's Garbled Circuit，GC）。混淆電路協定是最著名的 MPC 協定，很多 MPC 協定都是在混淆電路協定的基礎上設計、構造產生的。儘管混淆電路協定的通訊複雜度較高，但其執行輪數是常數，受通訊延遲的影響較小，因此一般認為，混淆電路協定在安全兩方計算協定中具備最佳的執行效率。

混淆電路協定是一個安全兩方計算框架，參與者有生成者（Generator 或 Garbler，也譯作混淆者、電路生成方）和計算者（Evaluator，也譯作電路求值方）。協定的主要思想是將函數表示成布林電路的形式，再由生成者將布林電路轉化為混淆電路形式併發送給計算者，對於計算者，混淆電路與隨機數不能區分，因此無法獲取生成者的秘密資訊。

我們先考慮僅由一個及閘 $v_c = v_a \wedge v_b$ 組成的簡單布林電路，其中 v_a 是生成者的輸入，v_b 是計算者的輸入。為了對這個簡單電路生成對應的混淆電路，生成者首先為每根線路生成隨機的線路標籤，包括 0 標籤和 1 標籤，分別用於表示線路值為 0 和線路值為 1 的情況，這些標籤實際上是一定長度的字串。隨後，生成者計算出邏輯閘的真值表，對於這個及閘，其真值表的各行內容為（v_a=0, v_b=0, v_c=0），（v_a=0, v_b=1, v_c=0），（v_a=1, v_b=0, v_c=0），（v_a=1, v_b=1, v_c=1），為了加快計算速度，不同種類的邏輯閘的真值表可以預先計算並儲存在記憶體中，使用時再進行檢索。然後，生成者以真值表的每一行中輸入線路對應的標籤計算出金鑰 H (W_a, W_b)，並使用該密鑰，對真值表的每一行中輸出線路對應的標籤進行加密，得到 $\text{Enc}(H(W_a^0,W_b^0),W_c^0)$ ， $\text{Enc}(H(W_a^0,W_b^1),W_c^0)$ ， $\text{Enc}(H(W_a^1,W_b^0),W_c^0)$ ， $\text{Enc}(H(W_a^1,W_b^1),W_c^1)$ ，將這 4 個加密打亂即可得到混淆表。這裡的 H 可以是一個雜湊函數（Hash Function，也譯作雜湊函數、散列函數），而 Enc 是一個對稱加密函數，$\text{Enc}(x, y)$ 即以 x 作為金鑰加密 y。最後，生成者將混淆電路（在這個例子中為單一門的混淆表）發送給計算者。整個生成流程如圖 3.5 所示。

▲ 圖 3.5 混淆表的生成

為了計算這個混淆電路，計算者首先需要獲取雙方輸入值對應的線路標籤。生成者可以直接將自己的輸入對應的標籤 $W_a^{v_a}$ 發送給計算者，而對於計算者的標籤，則需要使用 3.2 節介紹的 OT 協定進行傳輸。在得到 $W_a^{v_a}$ 和 $W_b^{v_b}$ 後，計算者生成金鑰）並對混淆表進行解密，從而得到正確的門輸出線路標籤 W_c^0 或 W_c^1。最後，生成者和計算者進行一定的互動，即可確定計算結果。

而在實際應用中，布林電路往往由大量的邏輯閘組成。為了對複雜的布林電路生成其混淆電路形式，生成者需要對電路中的所有線路生成 0 標籤和 1 標籤，並為每個邏輯閘按上述流程生成對應的混淆表，最後將生成的混淆表和自己的輸入對應的線路標籤發送給計算者。計算者需要利用 OT 協定獲取自己的輸入對應的線路標籤，並按上述流程對各個混淆表進行解密。需要注意的是，計算者需要按照拓撲順序對混淆表一個一個進行解密，否則將出現門輸入標籤未知的情況，因為部分邏輯閘的輸入線路是某些邏輯閘的輸出線路。在完成計算後，生成者和計算者透過一定的互動流程（通常是由生成者將電路輸出線路的 0 標籤和 1 標籤的雜湊值都發送給計算者），確定最終的明文計算結果。

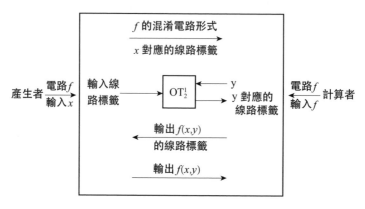

▲ 圖 3.6 基礎混淆電路協定流程

這裡列出的只是一個粗略的混淆電路協定實現方案，圖 3.6 列出了大致的執行流程。事實上，這一方案存在著一些細節上的問題和極大的最佳化空間。舉例來說，當計算者對混淆表進行解密時，他如何確定自己已經獲得了正確的解密結果呢？一種可行的做法是在線路標籤中增加特殊的標示模式，比如將線路標籤的前 40 位元都設定為 0，那麼當計算者解密得到一個前 40 位元都為 0 的字串時，他有較大機率獲得了正確的計算結果，按照這一做法，計算者需要解密的平均加密數量由 4 下降到了 2.5。但這一做法降低了協定的安全性，假設我們使用的是 80 位元長度的線路標籤，採用這一做法後，線路標籤的隨機性就從 80 位元降低到了 40

位元，設定值範圍大小由 2^{80} 減小到了 2^{40}，為了達到與原先相同的安全性，就勢必要增加線路標籤的長度，但這又導致協定計算量的增加。又舉例來說，密碼雜湊函數的負擔遠大於對稱加解密操作，那麼是否可以用 $\text{Enc}(W_a, \text{Enc}(W_b, W_c))$ 代替 $\text{Enc}(H(W_a, W_b), W_c)$？關於這些細節問題和最佳化問題，研究者們進行了深入的探討、分析，下面我們就列出一些對於混淆電路協定的最佳化方案的簡單介紹。

3.3.1 point-and-permute 最佳化

point-and-permute 最佳化由 Beaver 等人 [46] 提出，其思想是在線路標籤中附加公開的選擇位元資訊，使得計算者在對邏輯閘的混淆表進行解密時，可以預先知道自己需要對哪一個加密進行解密，從而將解密過程的計算量減少為基礎方案的 1/4。

以單一及閘 $v_c = v_a \wedge v_b$ 組成的布林電路為例，我們用 $p_a^0, p_a^1, p_b^0, p_b^1$ 分別表示附加在線路 a、b 的 0 標籤、1 標籤上的指標位元，在生成混淆表時，生成者不對混淆表的各行加密進行隨機打亂，而是將加密 $\text{Enc}(H(W_a^{v_a}, W_b^{v_b})), W_c^{v_c} \| p_c^{v_c}))$ 置於混淆表的第 $(2p_a^{v_a} + p_b^{v_b} + 1)$ 行。顯然，p_a^0 和 p_a^1、p_b^0 和 p_b^1 都應是互不相同的，從而在位置上具備區分作用。而計算者在解密時，也只需要先從門輸入線路標籤的附加資訊中得到選擇位元，再確定需要解密的加密。

point-and-permute 最佳化方案的優點還在於，它與其他的許多混淆電路最佳化方案都是轉換的，可以同時使用，這也大大增加了該最佳化的可用性。

3.3.2 free-XOR 最佳化

free-XOR 是 Kolesnikov 和 Schneider[47] 提出的混淆電路最佳化方案，正如它的名字所表示的，這一方案在計算互斥或閘時負擔極小，甚至可以認為是免費的。

free-XOR 最佳化要求生成者在產生混淆電路的線路標籤時，只產生輸入線路的標籤和非互斥或閘的門輸出線路的標籤，並且對於這些標籤，必須讓 0 標籤和 1 標籤之間的距離具有相同的偏移量 Δ，即 $W_i^0 \oplus W_i^1 = \Delta$。在這樣的約束下，互斥或閘的閘輸出標籤可以直接由其閘輸入標籤互斥而得，對互斥或閘 $v_c = v_a \oplus v_b$，即為 $W_c^0 = W_a^0 \oplus W_b^0, W_c^1 = W_c^0 \oplus \Delta$，相較於原本的複雜密碼學操作，簡單的異或操作顯然可以看作是免費的了。而這樣的約束還有另一個作用，在 3.2 節，我們介紹了 COT 擴充協定，而符合 free-XOR 最佳化方案約束的線路標籤也符合 COT 擴充協定的輸入要求，實際上，COT 擴充協定本就是為 free-XOR 最佳化方案設計的。因此，free-XOR 最佳化相較於基礎方案，不僅減少了計算量，在使用 OT 擴充協定進行線路標籤的傳輸時，還能夠減少通訊量。

但 free-XOR 最佳化也有一些問題。一方面，由於線路標籤之間存在一定的相關性，free-XOR 最佳化需要有更強的假設來保證安全性，不能使用虛擬亂數生成器（Pseudo-Random Generator，PRG）為基礎的較弱加密方案，而需要使用隨機預言機（Random Oracle，RO）對閘輸出標籤進行加密。另一方面，它也與其他的一些混淆電路最佳化方案不相容。

free-XOR 優化技術還有兩種推廣，即 FleXOR[48] 和 Garbled Gadgets[49]。在 FleXOR 最佳化中，可以使用 0、1 或 2 個加密建構互斥或閘的混淆表，具體數量則是由布林電路的構造和電路中各個門的組合關係決定的。

Garbled Gadgets 最佳化則是 free-XOR 最佳化在多輸入邏輯閘上的推廣，Ball 等人將普通的互斥（ $\oplus$ ，這裡記作 $\oplus_2$ ）操作考慮為逐位元加法後逐位元模 2，對應地， $\oplus_m$ 即等於逐位元加法後逐位元模 m 。對一個全部由 3 輸入門組成的電路，GarbledGadgets 將線路標籤設定為 $W_i^0 \oplus_3 W_i^1 = \Delta$ ， $W_i^0 \oplus_3 W_i^2 = 2\Delta$ ，從而實現與 free-XOR 相同的效果。假設需要混淆的電路中存在 $\oplus_m$ 操作，如果我們採用 free-XOR 最佳化並使用 2 輸入互斥或閘實現 m 輸入互斥或閘，那麼就需要 2^m 個相關的線路標籤；而如果採用 GarbledGadgets 並直接在電路中使用 m 輸入互斥或閘，就只需要 $m+1$ 個線路標籤。

3.3.3 GRR 最佳化

GRR 是 Garbled Row Reduction 的簡稱，這類最佳化的主要思想是減小混淆表的大小。Naor、Pinkas 和 Sumner 提出了第一個 GRR 方案[50]，這個方案能夠將混淆表的大小由 4 筆加密減小到 3 筆加密，因此也稱為 GRR3。該方案的主要思想是，混淆表中的加密並不一定要是加密操作的結果，而可以被設定為固定值。常見的做法是將混淆表的第一行設定為全零，那麼計算者不需要網路傳輸，就可以知道該行的內容，因此只需要將 3 筆加密傳輸給計算者。

Pinkas 等人[51] 則列出了另一種形式的 GRR 最佳化方案，也稱為 GRR2。該方案通過多項式插值的方式，將混淆表的大小進一步縮減為 2 個加密。然而，這一方案不能與 free-XOR 同時使用，而只與 FleXOR 相容。儘管 GRR2 和 FleXOR 同時使用能夠支援 2 個加密的非互斥或閘，但這一複合方案在可行性和性能上都不及下一節將要介紹的 half-gates 最佳化方案，因此在實際應用中較少被使用。

3.3.4 half-gates 最佳化

half gates 是 Zahur 等人 [52] 提出的一種高效的混淆電路建構方式，透過與其他優化技術結合，可以使得每個及閘只需生成 2 個加密，而每個互斥或閘則無須生成加密。其思想是將及閘表示成 2 個半電路的互斥結果，每個半電路都是及閘，且參與方知道半電路的 1 個輸入。這兩個半電路分別稱為生成者半電路和計算者半電路，這樣命名的原因是我們假設生成者知道生成者半電路的 1 個輸入，計算者知道計算者半電路的 1 個輸入。

對生成者半電路，我們將其表示為 $v_c = v_a \wedge v_b$，並假設生成者在計算開始前就已知 v_a（此時，生成者還不知道自己的輸入是什麼）。我們按照 free-XOR 最佳化的約束，生成 2 個加密 $H(W_b^0) \oplus W_c^0$ 和 $H(W_b^1) \oplus W_c^0 \oplus v_a \cdot \Delta$。在計算者對這 2 個加密進行解密時，根據不同的輸入值，可以得到不同的計算結果：如果 $v_b = 0$，那麼計算者持有 W_b^0，可以計算得到 W_c^0；如果 $v_b = 1$，$v_a = 0$，那麼同樣計算得到 W_c^0；如果 $v_b = 1$，$v_a = 1$，那麼計算者持有 W_b^0，並且可以計算得到 W_c^1。應用 point-and-permute 技術，根據線路標籤 W_b 的指標位元可以設定加密在混淆表中的位置，而進一步使用 GRR 可以減少 1 個加密。

對計算者半電路，我們也表示為 $v_c = v_a \wedge v_b$，並假設計算者在計算開始前已知 v_a（此時，計算者還不知道自己的輸入是什麼）。生成者會生成加密 $H(W_a^0) \oplus W_c^0$ 和 $H(W_a^1) \oplus W_c^0 \oplus W_b^0$，根據 v_a，計算者可以得到 W_c^0 或 $W_c^0 \oplus W_b^0$。對於後一種情況，假如計算者知道的是 W_a^0，則可以獲得 W_c^0；假如計算者知道的是 W_a^1，則可以得到 $W_c^0 \oplus W_b^0$，如果 $v_b = 0$，那麼計算者持有的線路標籤是 W_b^0，可以計算得到 W_c^0，如果 $v_b = 1$，那麼計算者持有的線路標籤是 W_b^1，可以計算得到 $W_c^0 \oplus W_b^0 \oplus W_b^1 = W_c^0 \oplus \Delta = W_c^1$。同樣地，使用 GRR

技術，令 $W_c^0 = H(W_a^0)$，可以將第一個加密設定為全零，從而讓混淆表大小縮減為 1 個加密。

而為了讓 2 個參與方在都不知道輸入值的情況下對及閘 $v_c = v_a \wedge v_b$ 進行計算，我們讓生成者產生隨機位元 r，並將該及閘表示為 $v_c = (v_a \wedge r) \oplus (v_a \wedge (r \oplus v_b))$。由於 r 是生成者產生的，他自然知道其內容，可以用於構造生成者半電路。由於 r 是隨機的，且計算方不知道其內容，生成者可以將 $r \oplus v_b$ 傳遞給計算方作為其已知內容。一種巧妙的做法是將 r 設定為 W_b^0 的指標位元，計算者透過自己持有的 $W_b^{v_b}$ 的指標位元，就可以得到 $r \oplus v_b$。

總之，透過結合一系列最佳化方案，half-gates 最佳化方案可以做到以 2 個加密表示與門、0 個加密表示互斥或閘，在求值時，對及閘呼叫 2 次 H、對互斥或閘進行 1 次互斥操作即可完成計算。Zahur 等人 [52] 還證明，這一方案是線性混淆方案中的規模最佳方案。

3.4 秘密分享

秘密分享（Secret Sharing）是現代密碼學領域的重要分支，是資訊安全和資料保密中的重要手段，也是安全多方計算和聯邦學習等領域的基礎應用技術 [53]。秘密分享在金鑰管理、數位簽章、身份認證、改錯碼、銀行網路管理等方面都有重要作用 [54]。為了更加直觀地說明秘密分享這項技術的意義，我們將從一個故事開始講起。

假設一群海上冒險者透過海上探險尋得許多珍寶準備揚帆回程，他們將所覓得的珍寶全部鎖進一個保險箱裡，那麼現在就存在一個問題——他們如何分配保險箱的鑰匙？畢竟財帛動人心，現在的冒險者們彼此互不信任，都害怕其他人會趁大家不注意偷走所有的寶物。冒險者們考慮以下幾種方案。

第一種方案：交給一個人保管。這種方案首先被所有冒險者反對，因為這就表示保管鑰匙的人可能隨時偷走寶物，其他人並不放心。

第二種方案：交給一些人保管，只有這些人全部到齊才能打開保險箱。既然交給一個人保管大家都不放心，那交給一些人保管呢？這種方案乍一聽可靠，但實際上存在著很大的問題——假設保管鑰匙的人一不小心丟了鑰匙，那豈不是永遠打不開保險箱？因此這項方案也被反對。

第三種方案：交給一些人保管，其中一部分人到齊就可以打開保險箱。假設有 5 把鑰匙，分別交給 5 個人保管，但只要其中任意 3 個人到齊就可以打開保險箱，在這種情況下，哪怕有一個人誤丟了鑰匙，最後還能打開保險箱。這種方案獲得了所有冒險者的支持，但是這種方案該如何實現呢？這就需要用到秘密分享方案。

3.4.1 定義

從上面的小故事中，我們不難發現金鑰的安全關係著整個系統的安全，傳統的金鑰保存方法是把金鑰交給一個人管理，這樣做存在很多缺陷。首先，當金鑰持有者不小心洩露了金鑰，就會對整個系統帶來危害；其次，金鑰持有者遺失或損壞了金鑰，整個系統中的資訊就無法使用。因此，如何降低金鑰洩露的可能性和降低密鑰洩露的危害行為就成為密碼學家的一項重要研究工作。以前對金鑰的保護主要是透過硬體儲存的方式實現的，對金鑰的操作都在硬體中進行，這種方法的缺點是需要大量昂貴的硬體裝置[55]。

為了解決上述問題，我們可以把金鑰分發給多個人共同持有，這就是人們提出秘密共用這項技術的動機。秘密共用是一種分發、保存金鑰的方法，分發者將金鑰分成多個相互連結的秘密資訊（稱為百分比、影子或子金鑰），然後再分發給小組中的所有成員，使得根據既定的方法，湊齊小組成員所持有特定數量的百分比就可以重構出金鑰。可見，即使某幾個百分比持有者（少於特定數量）洩露了自己的百分比，由於攻擊者不能得到特定數量的百分比，他也不能重構出秘密。另外，當某幾個百分比持有者（少於特定數量）遺失或損壞了百分比，其餘人仍然可以恢復出秘密。在實際應用中，使用秘密共用方案可以防止金鑰的遺失、損壞或攻擊，能夠極佳地保證金鑰的安全性與完整性。

為了實現秘密分享，人們引入了門限方案（Threshold Shceme）的概念[56]。

假設秘密 S 被分割成 N 個子資訊，每一個子資訊稱為百分比（Share）（或稱為子金鑰），由一個參與者持有，使得：①由 K 個或大於 K 個參與者所持有的百分比可重構 S；②由少於 K 個參與者所持有的百分比無法重構 S。我們稱這種方案為（K, N）– 秘密分享門限方案，其中 K 稱為方案的門限值[57]。

秘密分享方案有兩個階段——百分比分發階段和秘密重構階段。在百分比分發階段，秘密 S 被分割成許多百分比，然後分發給各個使用者；在秘密重構階段，希望重構秘密的使用者數量達到門限值以上時，便能夠重建秘密 S。

門限方案的形式化定義以下[58]：

設 S 是需要被拆分的秘密，K 是門限值，N 是需要被拆分的數目，一個（K，N）– 秘密分享門限方案包含一對演算法（Shr，Rec）滿足：

1） 正確性。如果 $\mathrm{Shr}(S, K, N) \rightarrow \{S_1, \cdots, S_N\}$，存在恢復函數 Rec，當且僅當 $m \geqslant K$ 時，有 $\mathrm{Rec}(S_1, \cdots, S_m) \rightarrow S$。

2） 完美隱私性。任意包含少於 K 個百分比的集合都不會在資訊理論層面上洩露任何與秘密值相關的任何資訊。

（5, 3）– 秘密分享門限方案如圖 3.7 所示。

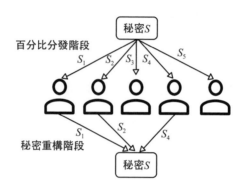

▲ 圖 3.7（5, 3）- 秘密分享門限方案

3.4.2 Shamir 演算法

回到本節開頭的故事，冒險者們想到了在秘密分享中非常經典的 Shamir 演算法[59]。

1. 範例

這個演算法可以分為兩個階段，即百分比分發階段和秘密重構階段。

（1）百分比分發階段

1）確定 N 和 K 的具體數值，比如 $N=5$，$K=3$。

2）選擇一個模數 p，之後所有的計算都需要模這個數，比如 $p=17$。

3）隨機挑選打開保險箱需要的正確答案 S，比如 $S=13$。

4）隨機挑選 $t-1$ 個小於 p 的不相同的隨機數，例如 $a_1=10, a_2=2$。

5）分別計算 $y_i = \left(S + \sum_{j=1}^{t-1} a_j i^j \right) \bmod p$，比如

$$y_1 = (13+10\times1+2\times1^2) \bmod 17 = 8$$

$$y_2 = (13+10\times2+2\times2^2) \bmod 17 = 7$$

$$y_3 = (13+10\times3+2\times3^2) \bmod 17 = 10$$

$$y_4 = (13+10\times4+2\times4^2) \bmod 17 = 0$$

$$y_5 = (13+10\times5+2\times5^2) \bmod 17 = 11$$

6）將 (i, y_i) 作為百分比分給第 i 個人，並且要求他不能分給其他人。

（2）秘密重構階段

1）集齊任意 K 個人的百分比，舉例來說，$(1, 8)$，$(2, 7)$，$(4, 0)$。

2）列出方程式組 $y_i = \left(S + \sum_{j=1}^{t-1} a_j i^j \right) \bmod p$，其中 y_i 是第 i 個人的百分比，K 是待解的答案，a_i 是未知量，解下列方程式組

$$y_1 = (S + a_1 \times 1 + a_2 \times 1^2) \bmod 17 = 8$$

$$y_2 = (S + a_1 \times 2 + a_2 \times 2^2) \bmod 17 = 7$$

$$y_4 = (S + a_1 \times 4 + a_2 \times 4^2) \bmod 17 = 0$$

3）解上述方程式組，可得 $S = 13$，$a_1 = 10$，$a_2 = 2$，打開保險箱的數字就是 13。

2. 原理

現在，我們來介紹 Shamir 方案的原理。對於一個（K，N）- 秘密分享門限方案，我們假設需要共用的秘密為 S，那麼只需要構造一個常數項為 S 的 $K-1$ 次多項式 $F(x) = (S + a_1 x + a_2 x^2 + \cdots + a_{K-1} x^{K-1}) \mod p$，取任意 N 個不一樣的點 $(x_i, F(x_i))$ 作為百分比分給 N 個人，那麼只要湊齊 K 個人，便可以解出係數和常數項。除了用範例中解方程式組的方式以外，還可以用拉格朗日插值多項式的方式快速求解。

更加具體地説，Shamir 方案是一個（K，N）- 秘密分享門限方案，假設秘密為 S，p 是一個大質數，$\mathbb{Z}_p$ 是模 p 的有限域。那麼 Shamir 方案可以表示為接下來兩個階段。

- 百分比分發階段：首先分發者在有限域 $?p$ 上任意構造一個 $K-1$ 次的多項式 $F(x) = (S + a_1 x + a_2 x^2 + \cdots + a_{K-1} x^{K-1}) \mod p$，使得 $a_0 = S$，並且 $a_i \in \mathbb{Z}_p$。然後分發者再隨機選擇 N 個非零的，且互不相同的數 x_i，其中 $x_i \in \mathbb{Z}_p$，並且計算 $y_i = F(x_i) \mod p$，並且把（x_i, y_i）分發給成員，作為他們的秘密百分比。

- 秘密重構階段：任意 K 個成員合作可以重構出秘密。假設由任意 K 個成員所組成的集合為 $B = \{i_1, i_2, \cdots, i_K\}$（$|B| = K$），根據拉格朗日插值公式，可以計算出 $F(x)$：

$$F(x) = \sum_{i \in B} C_i(x) \cdot y_i \mod p$$

其中，$C_i(x) = \prod_{j \notin B\{i\}} \dfrac{x - x_j}{x_i - x_j} \mod p$，那麼秘密就是 $S = F(0)$。

3.4.3 Blakley 演算法

Shamir 方案是以插值法為基礎的秘密分享方案，現在我們來介紹以射影幾何為基礎的 Blakley 方案 [60]。

1. 範例

這個演算法可以分為兩個階段——百分比分發階段和秘密重構階段。

（1）百分比分發階段

1） 確定 N 和 K 的具體數值，比如 $N = 5, K = 3$。

2） 隨機挑選打開保險箱需要的正確答案 S，用 K 維空間中的一點來表示，比如 $S = (3,10, 5)$。

3） 隨機構造出經過這個點的 N 個平面，例如

$$X + Y + Z = 18$$
$$X + Y + 2Z = 23$$
$$X + 2Y + Z = 28$$
$$X + 3Y + Z = 38$$
$$2X + Y + Z = 21$$

4） 把第 i 個平面作為百分比分發給第 i 個人。

（2）秘密重構階段

1） 集齊任意 K 個人的百分比，舉例來說，第一個人、第三個人和第五個人。

2） 解方程式：

$$X + Y + Z = 18$$
$$X + 2Y + Z = 28$$
$$2X + Y + Z = 21$$

3） 解得 $S = (3,10, 5)$，這就是所要重構出來的金鑰。

2. 原理

現在，我們來介紹 Blakley 方案的原理。對於一個（K, N）– 秘密分享門限方案，假設需要共用的秘密為 S，那麼我們只需要隨機構造一個 K 維空間中的點 S，取任意 N 個互不相同且經過該點的平面作為百分比分給 N 個人，那麼只要湊齊 K 個人，便可以解出 K 個平面唯一的相交點，這個點即為秘密 S。Blakley 方案由以下兩個階段組成。

- 百分比分發階段：分發者隨機構造一個 K 維空間中的一點 S，然後構造 N 個互不相同的經過 S 的平面，並將這些平面作為百分比分發給各個成員。
- 秘密重構階段：任意 K 個成員合作可以重構出秘密。任意 K 個成員所持有的百分比可以組成一個方程式組，解這個方程式組便可以求得唯一解，這個唯一解便是所要重構的秘密 S。

3.5 同態加密

我們考慮這樣一個場景：一個使用者想要處理一組超大規模的資料，但他的計算機的運算能力非常有限，在這種情況下，他可以考慮使用雲端運算，把資料上傳到雲端伺服器來進行處理。我們假設這個使用者具有資料安全的意識，他擔心雲端伺服器可能會竊取這批資料，因此他考慮將資料進行加密，再進行上傳，但這就引出了問題——加密後的資料該如何進行處理？[61]

一般來講，傳統的加密方案關注的都是資料儲存安全——沒有金鑰的使用者，不能從加密結果中得到有關原始資料的任何資訊。在這個過程中使用者是不能對加密結果做任何操作的，因為對加密結果做任何操作，都將導致解密錯誤，甚至解密失敗。

這種場景的解決方案，便是同態加密（Homomorphic Encryption）：沒有金鑰的使用者也可以對加密資料進行處理，並且處理過程不會洩露任何有關原始資料的資訊。同時，擁有金鑰的使用者對處理過的資料進行解密後，得到的正好是處理後的結果[62]。利用同態加密方案完成雲端運算的安全外包流程如圖 3.8 所示。

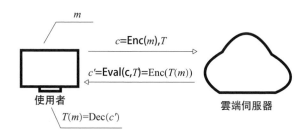

▲ 圖 3.8 利用同態加密方案完成雲端運算的安全外包

3.5.1 定義

在列出同態加密的定義之前，我們先定義同態加密所需的 4 個介面[63]。

KeyGen(1^λ) → {pk,sk}：參數生成函數，指定安全係數 λ，輸出公開金鑰 pk，私密金鑰 sk。

Enc(pk,m) → c：加密函數，指定公開金鑰 pk，明文 m，輸出加密 c。

Dec(sk,c) → m：解密函數，指定私密金鑰 sk，加密 c，輸出明文 m；

Eval(pk, {c_i},T) → c：衡量函數，指定公開金鑰 pk，一串加密 {c_i}，加密操作函數 T，輸出加密操作結果 c。

一個同態加密方案是一個四元組（KeyGen, Enc, Dec, Eval），其滿足：Dec(pp, c) = $T_m(\{m_i\})$，其中 T_m 是明文操作函數。

更加具體地講，具有一個同態加密方案滿足：對於明文 a, b，滿足 $\text{Dec}(\text{Enc}(a), \cdot \text{Enc}(b)) = a \oplus b$，其中 $\oplus$ 對應明文和加密域上的運算，當 $\oplus$ 為加法時，這個同態加密稱為加法同態；當 $\oplus$ 為乘法時，這個同態加密稱為乘法同態。

同態加密技術雖然還沒有統一的分類標準，但是其發展歷史仍是具有階段性特徵的。按照各同態加密方案允許加密計算的種類和次數，可以將其分為 3 類：部分同態加密（Partial Homomorphic Encryption，PHE）方案、類同態加密方案和全同態加密方案。PHE 方案僅滿足加法或乘法的加密同態運算；類同態加密方案可同時滿足加法和乘法有限次的加密同態運算；全同態加密方案可同時滿足加法和乘法無限次的加密同態運算[64]。目前高效的全同態加密方案仍是一個世界級的開放問題。

3.5.2 加法同態

本小節將列出加法同態的一些具體例子。

1. 橢圓曲線加密

首先列出一個最簡單的例子，即橢圓曲線加密演算法[65]。在橢圓曲線加密演算法中，$\text{Enc}(x) = g^x$，其中 g 是橢圓曲線的生成元，那麼

$$\text{Enc}(x + y) = g^{x+y} = g^x \cdot g^y = \text{Enc}(x) \cdot \text{Enc}(y)$$

由上述式子可知，橢圓曲線加密演算法滿足加法同態的性質。但是橢圓曲線加密演算法的解密，依賴於能打破離散對數假設，因此這個演算法並不被經常使用。

2. Paillier 加密

Paillier 加密演算法是 1999 年 Paillier 發明的解決以複合剩餘類為基礎的困難問題的加法同態加密演算法 [66]，這裡簡介一下這個演算法。

（1） $KeyGen(1^\lambda) \rightarrow \{pk, sk\}$

1）隨機選擇兩個大質數 p 和 q 滿足 $gcd(pq, \ (p-1)(q-1)) = 1$。

2）計算 $n = pq$ 和 $\lambda = (p-1)(q-1)$。

3）隨機選取整數 $g \in \mathbb{Z}_{n^2}^*$。

4）計算 $L(x) = \dfrac{x-1}{n}$。

5）計算 $u = L(g^\lambda \bmod n^2)^{-1} \bmod n$。

6）分發公開金鑰為 $pk = (n, g)$，私密金鑰為 $sk = (\lambda, u)$。

（2） $Enc(pk, m) \rightarrow c$

1）隨機挑選一個 $r \in \mathbb{Z}_n$，並且有 $gcd(r, n) = 1$。

2）對明文 m 進行加密，可得 $c = g^m \cdot r^n \bmod n^2$。

（3） $Dec(sk, c) \rightarrow m$

1）對於加密 c，可以解密得出明文 m， $m = L(c^\lambda \bmod n^2) u \bmod n$。

2）我們便可以驗證 Paillier 加密演算法的加法同態屬性：

$$Enc(x + y) = g^{x+y}(r_x r_x)^n \bmod n^2 = g^x r_x \cdot g^y r_y \bmod n^2 = Enc(x) \cdot Enc(y)$$

3.5.3 乘法同態

本小節將列出乘法同態的一些具體例子。

1. RSA 加密

同樣地，我們先列出一個較為簡單的例子，即 RSA 加密。在 RSA 加密演算法中， $Enc(x) = x^e$，其中 e 是公開金鑰，那麼

$$\text{Enc}(x \cdot y) = (xy)^e = x^e \cdot y^e = \text{Enc}(x) \cdot \text{Enc}(y)$$

由上述式子可知，RSA 加密演算法滿足乘法同態的性質。

2. Elgamal 加密

ELgamal 密碼是除了 RSA 之外最有代表性的公開金鑰密碼之一，它的安全性建立在離散對數問題的困難性之上，是一種公認安全的公開金鑰密碼 [67]，這裡簡介一下這個演算法。

（1） $\text{KeyGen}(1^\lambda) \to \{\text{pk}, \text{sk}\}$

1）隨機選擇一個大質數 p，且要求 $p-1$ 有素因數，將 p 公開。

2）選擇模 p 的原根 a，並將 a 公開。

3）隨機選擇一個 d，使得 $1 < d < p-1$。

4）計算 $y = a^d \mod p$。

5）分發公開金鑰為 y，私密金鑰為 d。

（2） $\text{Enc}(\text{pk}, m) \to c$

1）對於待加密的明文 m，隨機選取一個整數 k，使得 $1 < k < p-1$。

2）計算 $u = y^k \mod p$, $c_1 = a^k \mod p$, $c_2 = u \cdot m \mod p$ ；

3）將加密設為 (c_1, c_2)。

（3） $\text{Dec}(\text{sk}, c) \to m$

1）計算 $v = c_1^d \mod p$。

2）解出明文 $m = c_2 \cdot v^{-1} \mod p$。

然後，我們便可以驗證 Elgamal 加密演算法的加法同態屬性：

$$\text{Enc}(x \cdot y) = (a^{k_1} \cdot a^{k_2} \mod p, y^{k_1} m_1 \cdot y^{k_2} m_2 \mod p)$$
$$= (a^{k_1+k_2} \mod p, y^{k_1+k_2} \cdot m_1 m_2 \mod p)$$
$$= \text{Enc}(x) \cdot \text{Enc}(y)$$

3.6 可信執行環境

執行環境指的是處理器、記憶體、儲存和外接裝置的集合。如今,從智慧型手機到伺服器,許多裝置都提供了可擴充的、多功能的豐富執行環境(Rich Execution Environment,REE)。然而,REE 在滿足了使用者對裝置靈活性和功能性需求的同時,也使裝置容易受到各種各樣的安全威脅。

業界最早的安全系統可以追溯到輔助處理器,如 IBM 3848 和 IBM 4758[68]。它們的主要目的是提供加密處理能力和安全儲存加密金鑰的方法。然而這些功能並不能滿足使用者越來越高的安全性要求,可信計算的概念應運而生。可信計算可以視為一種説明系統實現計算隱私性、完整性和真實性的技術。早期可信計算的實現依賴於一個單獨的硬體晶片——可信平台模組(Trusted Platform Module,TPM)。TPM 由可信計算組織標準化,並廣泛部署在 PC 中。該模組允許 CPU 獲取和儲存平台狀態的安全度量,晶片內唯一 RSA 金鑰可用於平台裝置認證和遠端認證,此外,TPM 還為平台安全提供了一些特定的應用程式設計發展介面(API),可用於身份驗證、加密和裝置完整性驗證等場合,為電腦提供可信根。通常 TPM 晶片還包括一些安全機制,以使物理篡改變得困難。但是,TPM 作為一個固定的硬體晶片,其功能僅限於預定的 API 集,無法為非標準化的操作提供保護能力。

目前,解決這些問題的可信計算新方法是允許在一個有限的執行環境中執行任意程式,該環境為內部執行的應用程式提供了隔離的、抗篡改的執行條件,並擁有執行時期的資料保護功能。這種執行環境稱為可信執行環境(Trusted Execution Environment,TEE)。本節將簡介 TEE 的定義、架構和兩種常見實現。

3.6.1 TEE 定義

直觀來説，可信執行環境可以視為一種安全的、具有完整性保護的獨立執行環境，它與豐富執行環境一起執行，並管理著提供給該 REE 的可信服務。然而到目前為止，業內還沒有對可信執行環境有一個共同而精確的了解，不同的學者與組織對 TEE 的定義具有不一的表述。

Ben Pfaff 等人在文獻 [69] 中定義的可信執行環境是一個與平台的其餘部分隔離的封閉式虛擬機器，「透過對記憶體的硬體記憶體保護和加密保護，保護其內容不受未經授權方的觀察和篡改。」隨後，開放行動終端平台組織（Open Mobile Terminal Platform，OMTP）在 *Advanced Trusted Environment*[70] 中提出，能夠抵禦一系列已定義的威脅，並滿足加密金鑰、安全儲存、生命週期管理、隔離屬性和通訊保護等相關多項要求的執行環境，即為可信執行環境，並第一次使用了 TEE 這一術語。Jonathan M.McCune 等人認為可信執行旨在實現隔離執行、安全儲存、遠端認證、安全設定和可信路徑等功能 [71]。目前影響力最大的 TEE 定義來自全球平台組織（Global Platform，GP），GP 在 *TEE System Architecture Version 1.2*[72] 中這樣描述：「TEE 是一種執行環境，提供諸如隔離執行、可信應用程式的完整性及可信應用程式資產的完整性和機密性等安全特性。」

雖然這些定義在可信執行環境的隔離方式、威脅模型、內容管理等方面有所差異，但 TEE 需要具有隔離執行和安全儲存的能力是一種共識。

3.6.2 TEE 架構

本節將從硬體和軟體兩方面介紹通用的 TEE 架構。

在硬體方面，豐富執行環境（REE）和可信執行環境（TEE）中都包含了
大量硬體資源，如處理核心、RAM、ROM、加密加速器等。其中，TEE
在元件所有權和資源共用方面不僅與 REE 隔離，與其他環境（如安全
單元 SE 和其他 TEE）也擁有類似的隔離性。圖 3.9 提供了 REE 和一個
TEE 的硬體架構範例。

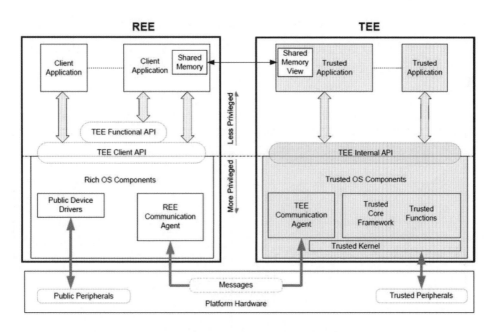

▲ 圖 3.9 TEE 硬體架構圖

（來源：https://www.researchgate.net/figure/GlobalPlatform-TEE-system-
architecture-22_fig7_329024456）

部分或全部硬體資源的控制權可以在 REE 和 TEE 兩種環境類型之間轉
移。REE 控制的某些資源可設計為未經特別授權也可由 TEE 存取，反
之，當某一資源由特定的 TEE 控制時，該資源與 REE 和其他 TEE 隔
離，除非控制 TEE 明確許可其他方訪問。同時，TEE 將它自己獨有的
TEE 資源（不與其他方共用）視為可信資源，這些可信資源只能由其他

可信資源存取，從而組成了一個 TEE 內的封閉可信系統，該系統不受
REE 和其他 TEE 的影響。

在軟體方面，TEE 與 REE 及其他環境一起執行，並公開核心 API 來支持
與 REE 的通訊，公開內部 API 來支援外部對 TEE 中安全功能的呼叫。
軟體架構中關鍵元件之間的關係如圖 3.10 所示。這一軟體架構目標是使
TEE 內的可信應用程式（Trusted Applications，TA）能夠提供獨立和可信
的功能，然後可以透過 REE 中的用戶端應用程式（Client Applications，
CA）使用這些功能。

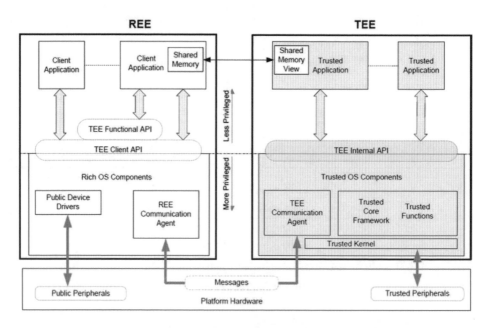

▲ 圖 3.10 TEE 軟體架構圖

（來源：https://www.researchgate.net/figure/TEE-software-architecture_fig1_311211324）

3.6.3 常見的 TEE 實現

目前，較為常見的 TEE 實現有 ARM TrustZone 和 Intel SGX 兩種，本節將簡要介紹這兩種可信執行環境技術。

1. ARM TrustZone

TrustZone[73] 是 ARM 公司推出的處理器架構安全擴充，它出現在 ARMv6KZ 及之後的 ARM 應用核心架構中。ARM TrustZone 將系統資源劃分為兩個世界：安全世界與非安全世界，即 TEE 側與 REE 側。啟用 TrustZone 的匯流排結構中內建的硬體邏輯，可確保非安全世界的元件不可以存取安全世界的區域器件、儲存空間等資產，而 ARM 處理器核心擴充使處理器核心能夠以時間分段的方式，安全且高效率地執行這兩部分的程式。安全世界可以支援從單獨的作業系統到由非安全世界管理的程式庫的任何事物。此外，TrustZone 在韌體中實現了可信平台模組（TPM）功能，無須依賴其他專用硬體。

以 TrustZone 為基礎的應用工作原理如圖 3.11 所示。TrustZone 中敏感性資料的處理過程將在單獨的可信應用中實現，即物理上不可信的處理過程與可信的處理過程將被分為兩個應用程式。當不安全的使用者模式需要獲取可信的安全服務時，作業系統需要檢查其安全性，只有透過檢驗的程式才能進入安全環境，以此來確保 TrustZone 的安全性，這也表示整個系統的安全性依賴於底層作業系統（OS），因此 TrustZone 的安全世界一般要求裝置上部署獨立的可信 OS。

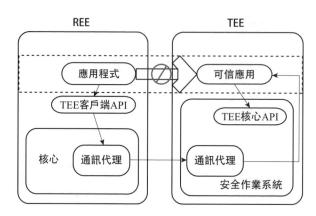

▲ 圖 3.11 以 TrustZone 為基礎的應用工作原理

2. Intel SGX

2013 年，Intel 公司推出了 SGX（Software Guard Extensions）[74]。SGX 是以硬體實現為基礎執行環境隔離的新一代硬體安全機制，如今已廣泛部署在使用 Intel CPU 的裝置上。SGX 的攻擊者模型假設是攻擊者可以獲得除破解 Intel CPU 之外的一切能力和許可權，這也表示攻擊者可以操控作業系統和其他硬體等。SGX 提供了在上述攻擊者模型假設下的機密性、完整性、不可否認性等安全能力。不同於其他安全技術（如 TrustZone），SGX 的可信計算基（Trusted Computing Base，TCB）僅包括硬體，只需要信任處理器封裝和英特爾提供的幾個特權 Enclave。換言之，在 SGX 中，處理器扮演了信任根角色，而其他任何特權系統軟體都被認為是不受信任的。

以 SGX 為基礎的應用在設計時，被劃分為可信部分和不可信部分，可信部分負責處理敏感性資料，使用 Enclave 定義語言（Enclave Definition Language，EDL）實現，並執行在安全區域 Enclave 中。Enclave 利用處理器保留記憶體中的 Enclave 頁快取進行實體化。透過對程式和資料進行分區，將敏感部分載入到 Enclave 中隔離執行，就可以利用 SGX 支援的處理器強制檢查來防止未經授權的存取或記憶體窺探。

一個 SGX 應用程式的典型執行過程如圖 3.12 所示，圖中對應的各部分操作內容如下。

（1）應用程式被分為兩部分：可信部分和不可信部分。

（2）不可信部分負責啟動可信部分，執行起來的可信部分稱為 Enclave。Enclave 執行在受保護的記憶體中。

（3）不可信部分可以透過呼叫 Enclave 的可信函數，將執行許可權轉移到 Enclave。

（4）Enclave 內部可以存取其程式和資料，並執行對應功能。

（5）Enclave 可信函數返回，執行許可權轉交給不可信部分，但是 Enclave 的資料仍然在受保護記憶體中。

（6）不可信程式繼續執行。

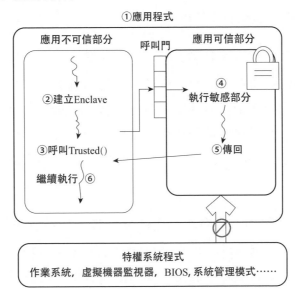

▲ 圖 3.12 SGX 應用執行過程

3.7 差分隱私

3.7.1 差分隱私基礎

差分隱私概念最早由 Cynthia Dwork[75] 等人於 2006 年提出，區別於以往的隱私保護方案（如：K-anonymity[79]、L-diversity[80]、T-closeness[81]），其主要貢獻是列出了對個人隱私洩露的數學定義，可以在最大化查詢結果可用性的同時，保證單一用戶隱私洩露不超過預先設定的 ε。

差分隱私並不是要求保證資料集的整體性的隱私，而是對資料集中的每個個體的隱私提供保護。它的概念要求每一個單一元素在資料集中對輸出的影響都是有限的，從而使得攻擊者在觀察查詢結果後無法推斷是哪一個個體在資料集中的影響使得查詢返回這樣的結果，因此，也就無法從查詢結果中推斷有關個體隱私的資訊。換言之，攻擊者無法得知某一個個體是否存在於這樣的資料集中。

差分隱私分為全域差分隱私和當地語系化差分隱私，全域差分隱私可以實現加入很小的雜訊保護資料集中所有使用者的隱私，但是需要所有使用者將未經處理的原始資料直接儲存在一個可信伺服器上。當地語系化差分隱私允許使用者在本地隨機化原始資料後再發送給伺服器，使得使用者獲得了更強的隱私保護，但這一過程中加入的雜訊遠大於全域差分隱私。

全域差分隱私機制中，所有使用者的原始資料儲存在一台可信伺服器上，伺服器根據查詢請求計算出真實統計值，然後增加一定大小的雜訊發佈給查詢者，從而限制了個體對輸出的統計結果的影響，達到保護個體隱私的目的。

差分隱私是目前比較流行的隱私保護標準，提供了可證明的隱私保證。它可以保證產生指定輸出的可能性在很大程度上不取決於資料集中是否包含特定記錄。

定義 1：（ε- 差分隱私）令 ε 為正實數，A 為隨機函數，其閾值為 Ran(A)。如果對於在單一記錄中不同的兩個資料集 $\mathcal{D}$ 和 $\mathcal{D}'$ 及函數 A 的任何輸出 O，函數 A 被稱為可提供 ε– 差分隱私。

$$\Pr[A(D) \in O] \leqslant e^{\varepsilon} \cdot \Pr[A(D') \in O]$$

其中，ε 表示隱私預算，為了實現 ε– 差分隱私，通常採用拉普拉斯機制和指數機制，方法是對函數的靈敏度增加經過校準的雜訊。單一使用者的資料對資料集統計分佈結果影響最大的值是 $\exp(\varepsilon)$，ε 越小，對使用者隱私保護強度越高。差分隱私技術常用的雜訊機制有拉普拉斯機制、高斯機制和指數機制，其中拉普拉斯機制是應用最廣泛的雜訊機制。

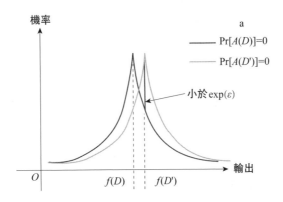

▲ 圖 3.13 演算法 A 在相鄰資料庫上的輸出機率

圖 3.13 說明了差分隱私概念的性質。差分隱私機制將一個正常的查詢函數 $f(\cdot)$ 的查詢結果，映射到一個隨機化的值域上，並以一定的機率分佈返回給使用者一個查詢結果。透過參數來控制一對相鄰資料集上的機率

分佈的接近程度，從而達到在一對相鄰資料集上輸出結果幾乎一致的目的，進而使得攻擊者無法區分這一對相鄰資料集，實現保護資料集中個體隱私資訊的目的。

McSherry 等人 [76] 在 2010 年又對差分隱私提出了兩個重要的性質，分別為順序合成性質和平行合成性質。

性質 1：順序合成。對於任意 k 個演算法，分別滿足 ε_1- 差分隱私，ε_2- 差分隱私，$\cdots$，ε_k- 差分隱私。將它們作用於同一個資料集上時，滿足 $\left(\sum_{i=1}^{k} \varepsilon_i\right) -$ 差分隱私。

這個性質說明了，當有一個演算法序列同時作用在一個資料集上時，最終的差分隱私預算等於演算法序列中所有演算法的預算的和。

性質 2：平行合成。把一個資料集 D 分成 k 個集合，分別為 $D_1, D_2, \cdots, D_k$，令 $A_1, A_2, \cdots, A_k$ 是 k 個分別滿足 $\varepsilon_1, \varepsilon_2, \cdots, \varepsilon_k$ 的差分隱私演算法，則 $A_1(D_1), A_2(D_2), \cdots, A_k(D_k)$ 的結果滿足 $\max_{i \in [1,2,\cdots,k]} \varepsilon_i -$ 差分隱私。

這一性質說明了，當有多個演算法序列分別作用在一個資料集上多個不同子集上時，最終的差分隱私預算等於演算法序列中所有演算法預算的最大值。

這兩個性質在設計差分隱私機制時有重要的作用，它們可以被用來控制一個差分隱私機制在使用中所需要的隱私預算。控制隱私預算的目的在於，如果在一個較低隱私預算參數的情況下，攻擊者對一個資料集進行了多次查詢，那麼根據性質 1，攻擊者實際上獲得的隱私預算就相當於獲得了多次查詢的隱私預算的和，而這就破壞了原本設定的隱私預算，所以需要控制隱私預算的上限，我們可以透過上述的性質來計算合適的隱私預算上限。

3.7.2　差分隱私模型

差分隱私可以透過在查詢結果中加入雜訊來實現對使用者隱私資訊的保護，而雜訊量的大小是一個關鍵的量，要使加入的雜訊既能保護使用者隱私，又不能使資料因為加入過多的雜訊而導致資料不可用。函數敏感度是控制雜訊的重要參數。Dwork 等人 [77] 在 2006 年提出了全域敏感度及拉普拉斯機制的概念，透過全域敏感度來控制生成的雜訊大小，可以實現滿足差分隱私要求的隱私保護機制。

定義 2：全域敏感度。令 $f : \mathcal{D} \to \mathcal{R}^d$ 是一個函數，函數 f 的敏感度為

$$\Delta f = \max_{D,\ D' \in \mathcal{D}} \left\| f(D) - f(D') \right\|_1$$

其中，D 和 D' 最多有一筆不同記錄，$f : \mathcal{D} \to \mathcal{R}^d$ 是 $f(D)$ 與 $f(D')$ 之間的曼哈頓距離。全域敏感度反映了一個查詢函數在一對相鄰資料集上進行查詢時變化的最大範圍。它與資料集無關，只由查詢函數本身決定。

拉普拉斯機制是一種簡單，而且廣泛用於數值型查詢的隱私保護機制。對於數值型的查詢結果，拉普拉斯機制透過在返回的查詢結果中加入一個滿足 $\mathrm{Lap}\left(0, \dfrac{\Delta f}{\varepsilon}\right)$ 分佈的雜訊來實現差分隱私保護，即 $R(D) = f(D) + x$，其中 f 查詢函數，x 為滿足拉普拉斯分佈的雜訊。另外，所加入的拉普拉斯雜訊的平均值要求為 0，這樣輸出的 $R(D)$ 才是 $f(D)$ 的無偏估計。

圖 3.14 展示了不同參數 ε 下的拉普拉斯雜訊的機率密度函數。從圖中可以看出，ε 越小，所加入的拉普拉斯雜訊的機率密度越平均，所加入的雜訊為 0 的機率就越小，對輸出的混淆程度就越大，保護程度也就越高。

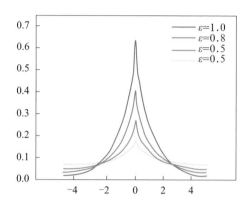

▲ 圖 3.14 不同 ε 的拉普拉斯雜訊的機率密度

但是當全域敏感度較大時,根據全域敏感度生成的雜訊往往會對資料提供過度的保護,針對這一問題,Nissim 等人 [78] 提出了一個局部敏感度及平滑敏感度等新的概念來解決這一問題。

定義 3:局部敏感度。對於一個查詢函數 f,它的形式為:$f : D \rightarrow R$,其中 D 為一資料集,R 是查詢函數的返回結果。在一指定的資料集 D 和與它相鄰的任意資料集 D 上,它的局部敏感度定義如下:

$$\mathrm{LS}_f(D) = \max_{D'} \left\| f(D) - f(D') \right\|_1$$

其中,$\left\| f(D) - f(D') \right\|_1$ 是 $f(D)$ 與 $f(D')$ 之間的曼哈頓距離。

與全域敏感度不同,局部敏感度是由查詢函數和指定的資料集共同決定的,因為局部敏感度只是對於一個資料集做變化。

因為局部敏感度限制了一對相鄰資料集中的資料集,所以如果在局部敏感度中,指定的資料集和全域敏感度中使 $\left\| f(D) - f(D') \right\|_1$ 達到最大的資料集相同時,局部敏感度等於全域敏感度。所以,局部敏感度和全域敏感度的關係可以表示為:

$$S(f) = \max_{D}\{\mathrm{LS}_f(D)\}$$

因為根據局部敏感度所產生的雜訊和資料集本身相關,所以直接使用局部敏感度生成雜訊會洩露資料集資訊。

定理 1:拉普拉斯機制。設 $f:\mathcal{D}\to\mathcal{R}^d$ 為一個函數,拉普拉斯機制 F 可以被定義為

$$F(D) = f(D) + \mathrm{Lap}(0,\, \Delta f\,/\,\varepsilon)$$

其中,雜訊 $\mathrm{Lap}(0, \Delta f / \varepsilon)$ 認為是從平均值為 0,比例為 $(0, \Delta f / \varepsilon)$ 的拉普拉斯雜訊中得到的,則 F 可以提供 ε- 差分隱私。

定理 2:指數機制。設 $u:(\mathcal{D}\times\mathcal{R})\to\mathbb{R}$ 為效用函數,則指數機制 F 可定義為:

$$F(D,u) = \text{choose } r\in\mathcal{R} \text{ with probability} \propto \exp\left(\frac{\varepsilon u(Dr)}{2\Delta u}\right)$$

則 F 可以提供 ε– 差分隱私。

上述機制為單一函數提供了隱私保護,對於具有多個函數的演算法,存在兩個隱私預算組合定理,分別是順序組合和行組合,介紹如下。

定理 3:順序組合。令 $f = \{f_1,\cdots,f_m\}$ 為在資料集上按循序執行的一系列函數,如果 f_i 能提供 ε_i - 差分隱私,則 f 可以提供 $\sum_{i=1}^{m}\varepsilon_i$ - 差分隱私。

定理 4:平行組合。令 $f = \{f_1,\cdots,f_m\}$ 為分別在完整資料集上互不相交的資料集上執行的一系列函數,如果 f_i 能提供 ε_i - 差分隱私,則 f 可以提供 $\max(\varepsilon_1,\cdots,\varepsilon_m)$ - 差分隱私。

差分隱私機制是目前機器學習的隱私保護研究中最常採用的方法之一。由於模型訓練過程往往需要多次存取敏感性資料集，如資料前置處理、計算損失函數、梯度下降求解最佳參數等，故必須將整個訓練過程的全域隱私損失控制在盡可能小的範圍內。對於簡單模型，此要求較容易實現。然而，對結構複雜、參數量大的深度學習模型而言，將難以平衡模型可用性與隱私保護效果，這是該技術面臨的最大問題與挑戰。

3.8 本章小結

本章介紹了安全多方計算的原理，先介紹了安全多方計算的概念，然後探討了多方安全計算與 OT、混淆電路、秘密分享這三項密碼學基本操作的關係，最後介紹了同態加密、TEE、差分隱私等支援安全多方計算實現的密碼學技術。

CHAPTER

04

場景定義

本章將介紹隱私保護機器學習的應用場景。隱私保護機器學習旨在增強安全性,但在不同的場景下,安全性有不同的解釋含義。本書考慮三個基本場景,即資料切分、安全模型和多方聯合計算模式。在不同的場景下,我們將選擇不同的隱私保護機器學習方案。

4.1 資料切分

隨著先進通訊技術、物聯網技術和電子商務平台的快速發展與崛起,資料成為科技的第一生產力。巨量訓練資料讓我們將不得不使用更複雜的機器學習模型來解決問題,並且還需動用電腦叢集來完成資料處理、模型訓練等任務[82]。大規模的機器學習任務常見於機器翻譯、圍棋程式[83]、醫療健康[84]等。

巨量的資料被擷取起來，為各個團體所用，但是在某些情形下，需要多家機構協作共用資料以應對更複雜的情形，但各家單位都認為自己所持有的資料非常珍貴不想洩露給其他機構，因此現在又出現了「資料孤島」的概念[85]。

根據參與各方資料來源分佈不同，可以分為資料垂直切分與資料水平切分兩個場景。

圖 4.1 顯示了兩種情況下的資料切分形態。其中，左圖為資料水平切分的場景，即兩方擁有不同的樣本，但這些樣本的特徵及標籤樣式相同。舉例而言，有兩家銀行，它們都擁有使用者的信貸特徵及信用標籤，但這些使用者群眾不同。右圖顯示了資料垂直切分的場景，即兩方擁有相同的樣本，但它們擁有的特徵不同。舉例而言，兩個平台相同的一批使用者，但它們擁有的使用者特徵是不同的，且只有一方擁有標籤。值得注意的是，此類分法早在 21 世紀初就已經出現[86]，其中資料垂直切分在多方聯合建模的場景下尤為常見。

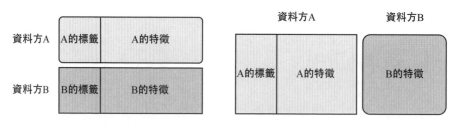

▲ 圖 4.1 資料切分場景：左為水平切分，右為垂直切分

更加具體地講，令矩陣 D_i 表示每個資料所有者 i 持有的資料。矩陣的每一行代表一個樣本，每一列代表一個特徵。同時，某些資料集可能還包含標籤資料。我們將要素空間表示為 X，將標籤空間表示為 Y，並使用 I 表

示樣本 ID 空間。舉例來說，在財務欄位中，標籤可能是使用者的信用；在行銷欄位中，標籤可能是使用者的購買意願；在教育領域，Y 可能是學生的學位。特徵 X、標籤 Y 和樣本 ID I 組成了完整的訓練資料集（I, X, Y）[87]。資料參與方的特徵和樣本空間可能並不相同，我們根據特徵 X 和樣本 ID 空間中各方之間的資料分配方式，將場景分為資料水平切分和資料垂直切分。

4.2 安全模型

當我們用攻擊者所具備的能力來對安全模型進行分類時，通常有兩類安全（攻擊者）模型，即半誠意攻擊者模型（Semi-honest Adversaries）和惡意攻擊者模型（Malicious Adversaries）[92]。半誠意攻擊者模型也稱為被動安全（Passive Security）和誠實但好奇（Honest-but-curious）。惡意攻擊者模型也稱為主動安全（Active Cecurity）或拜占庭安全（Byzantine Security）[93]。

在一個安全協定中，半誠實的攻擊者完全遵照協定的準則執行，但總是會使用中間的互動資訊來試圖反推出更多的隱私資訊，從而打破既定的安全目標。而惡意攻擊者則完全不管協定的規則，透過篡改協定來獲取更多的隱私資訊。半誠實的攻擊者像「偽君子」一樣，而惡意的攻擊者則是「真小人」。

在深入介紹這兩類安全模型之前，我們需要介紹一下理想世界 / 現實世界範式（Ideal-real Paradigm）。

4.2.1 理想世界 / 現實世界範式

當定義安全性時，很自然的想法是列舉一個「安全檢查清單」，枚列出哪些情況屬於違反安全性要求。舉例來說，攻擊者不應該得到與另一個參與方輸入相關的謂詞函數輸出，攻擊者不應該為誠實參與方提供不可能出現的輸出，攻擊者的輸入不應該依賴於誠實參與方的輸入。但這種安全性定義方式非常煩瑣，很容易出現錯誤。而且很難保證「安全檢查清單」是否枚列出了所有的安全性要求[94]。

現實 – 理想範式避免採取這種安全性要求描述方式，而是引入了一個定義明確、涵蓋所有安全性要求的「理想世界」，透過論述現實世界與理想世界的關係來定義安全性。該安全性透過現實世界（Real-world）和理想世界（Ideal-world）的模擬範式來定義的，如圖 4.2 所示。理想世界中，假設有一個可信的第三方，所有參與方將輸入資訊給可信的第三方，該第三方完成計算後，將結果返回給各個參與方。現實世界中，沒有這麼一個可信的第三方，所有參與方之間是透過資訊互動來完成協議的執行過程的。我們說一個計算協定是安全的，是指任何現實世界中的攻擊都可以在理想世界中被模擬，也就是說對於一個現實世界的攻擊者（A, Adversary），都存在一個理想世界的模擬者（S, Simulator），使得 S 在理想世界執行協定的輸入 / 輸出的聯合分佈和 A 在現實世界中執行的輸入 / 輸出聯合分佈是計算不可分區的（Computational Indistinguishable）。證明過程中，模擬者（S）要實現三個任務：

1） 生成一個攻擊者的視圖（View），同時該攻擊者的視圖與模擬者的視圖應該是計算不可區分的。
2） 將攻擊者在協定執行過程中的輸入提取出來。
3） 確保生成的攻擊者的視圖與以所提取為基礎的輸入對應的輸出一致。

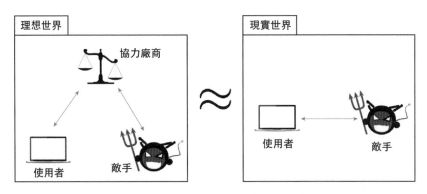

▲ 圖 4.2 理想世界 / 現實世界範式

上面所述的視圖（View）是指協定方能獲取到的所有資訊。參與方的視圖包括其私有輸入、隨機紙帶，以及執行協定期間收到的所有訊息所組成的訊息列表。攻擊者的視圖包含所有腐蝕參與方的混合角度。攻擊者從協定執行過程中得到的任何資訊，都必須能表示為以其視圖作為輸入的高效可計算函數的輸出。

我們接下來用形式化的語言來定義理想世界 / 現實世界範式。令 π 是一個協定，$\mathcal{F}$ 是一個功能函數，令 C 為腐蝕參與方的集合，令 S 為模擬者，我們定義下面兩個隨機變數的機率分佈：

$\text{Real}_{\pi}(\lambda, C; x_1, \cdots, x_n)$：
在安全參數 λ 下執行協定，其中每個參與方 Pi 都將使用自己的私有輸入 xi 誠實地執行協定。令 V_i 為參與方 P_i 的最終視圖，令 y_i 為參與方 P_i 的最終輸出，那麼最終輸出 $\{V_i | i \in C\}, (y_1, \cdots, y_n)$。

$\text{Ideal}_{\mathcal{F},S}(\lambda, C; x_1, \cdots, x_n)$：
計算 $(y_1, \cdots, y_n) \leftarrow \mathcal{F}(x_1, \cdots, x_n)$，輸出 $S(C, \{(x_i, y_i) | i \in C\}), (y_1, \cdots, y_n)$。

指定協定 π，如果存在一個模擬者 S，使得對於腐蝕參與方集合 C 的所有子集，對於所有的輸入 $x_1,\cdots,x_n$，機率分佈

$$\mathrm{Real}_\pi(\lambda,C;x_1,\cdots,x_n) \approx \mathrm{Ideal}_{\mathcal{F},S}(\lambda,C;x_1,\cdots,x_n)$$

是不可區分的，則稱此協定在半誠實攻擊者存在的條件下安全地實現了 $\mathcal{F}$。

4.2.2 半誠實模型

在半誠實模型下，攻擊者擁有腐蝕參與方的能力（即可以讓參與方為自己所用，參與方所見的所有資訊，攻擊者也可以獲得），但會遵循協定規則執行協定。換句話説，腐蝕參與方會誠實地執行協定，但可能會嘗試從其他參與方接收到的訊息中盡可能獲得更多的資訊。值得注意的是，多個腐蝕參與方可能會發起合謀攻擊，即多個腐蝕參與方把自己角度中所看到的通訊內容整理到一起來嘗試獲得資訊。

此外，半誠實攻擊者也稱為被動攻擊者，這個名字的由來是因為此類攻擊者只能透過觀察協定執行過程中自己的角度來嘗試得到秘密資訊，無法採取其他任何攻擊行動。也因為這個原因，半誠實攻擊者通常也稱為誠實但好奇攻擊者。

初看半誠實攻擊模型，會感覺此模型的安全性很弱——簡單地讀取和分析收到的訊息看起來幾乎根本就不是一種攻擊方法！我們有理由懷疑是否有必要考慮如此受限的攻擊模型。但實際上，構造半誠實安全的協定遠比想像的難。而且更重要的是，在更複雜環境下構造可抵禦更強大攻擊者攻擊的協定時，研究者一般都在半誠實安全協定的基礎之上進行改進。也就是説，半誠實模型下的協定，是許多具有更高等級安全性的協定的基礎。此外，很多現實場景確實可以與半誠實攻擊模型相對應，比

如說一種典型的應用場景是，參與方在計算過程中的行為是可信的，但是無法保證參與方的儲存環境在未來一定不會遭到攻擊。

4.2.3 惡意模型

惡意攻擊者，或稱主動攻擊者，可以讓腐蝕參與方偏離協定規則執行協定，以破壞協定的安全性。惡意攻擊者分析協定執行過程的能力與半誠實攻擊者相同，但惡意攻擊者可以在協定執行期間採取任意行動。值得注意的是，這表示攻擊者可以控制或操作網路，或在網路中注入任意訊息（即使我們在本書中假設每兩個參與方之間都存在一個直連的安全通訊通道）。和半誠實模型相比，我們需要額外考慮兩個重要的附加因素。

1. 對誠實參與方輸出的影響

腐蝕參與方偏離協定規則執行協定，可能會對誠實參與方的輸出造成影響。舉例來說，攻擊者的攻擊行為可能會使兩個誠實參與方得到不同的輸出，但所有參與方都應該得到相同的輸出。在半誠實攻擊模型下，這種情況相對來說比較容易解決——在半誠實攻擊模型下，理想世界中的誠實參與方得到的輸出與攻擊者（腐蝕參與方集合）的攻擊行為無關。此外，我們不能也不應該相信惡意攻擊者一定會列出最終的輸出，因為惡意參與方可以輸出任何想要輸出的結果。

2. 輸入提取

由於誠實參與方會遵循協定規則執行協定，因此可以明確定義誠實參與方的輸入，並在理想世界中將此輸入提供給第三方。相反，在現實世界中我們無法明確定義惡意參與方的輸入，這表示在理想世界中我們需要知道將哪個輸入提供給第三方。直觀上看，對於一個安全的協定，無論攻擊者可以在現實世界中實施何種攻擊行為，此攻擊行為應該也可以透過為腐蝕參與方選擇適當的輸入，從而在理想世界中得以實現。因此，我們讓模擬者選擇腐蝕參與方的輸入。這方面的模擬過程稱為「輸入提取」，因為模擬者要從現實世界的攻擊者行為中提取出有效的理想世界輸入，「解釋」此輸入對現實世界造成的影響。大多數安全性證明只需考慮黑盒模擬過程，即模擬者只能存取現實世界中實現攻擊的預言機，不能存取攻擊程式本身。

4.2.4 小結

半誠實模型和惡意模型有各自的優缺點。半誠實模型雖然是一種比較弱的攻擊者模型，即它假設攻擊方會嚴格遵守協定執行。但正是由於此，半誠實模型較之惡意模型，比較容易設計並且高效。已有的很多隱私保護機器學習演算法正是以半誠實模型為基礎的 [95]。相較之下，惡意模型是一種比較強的攻擊者模型，即它允許攻擊者偏離協定，執行任務操作。因此，惡意模型通常設計起來比較複雜，且執行效率很低。已有的部分資料分析協定是可以抵擋惡意攻擊者的 [96]。

通常而言，設計安全協定的第一步就是將協定設計為半誠實安全的協定。接著，透過在協定中增加檢測機制，用於防止攻擊者偏離協定執行，將半誠實攻擊者安全的協定加固為惡意攻擊者安全的協定。

在實際應用中，為了效率和安全性的平衡，半誠實模型往往更為常見。雖然在現實中，更加容易出現的是惡意攻擊者。但是此類行為可以透過其他途徑（比如商業條款和法律法規等）來解決，一旦發現有參考方不遵守協定，對其做出嚴厲的處罰，以此來約束參與者遵守協定執行。

4.3 多方聯合計算模式

在多方計算環境中開發隱私保護資料處理方法是當下的一大研究熱點
[97]。我們可以根據部署方式的不同,將多方聯合計算分為三類:外包多
方計算、點對點多方計算、伺服器輔助的多方計算[98]。為了更進一步地
描述這些模式,我們先定義所用到的節點。這些節點的功能如圖 4.3 所
示。

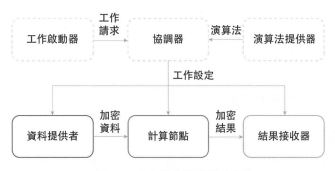

▲ 圖 4.3 多方聯合計算模式框架

資料提供者:資料提供者擁有資料並提供資料作為 MPC 系統的輸入。提
供輸入資料有兩種常見做法:①資料提供者在計算節點之間以秘密共用
的方式拆分其輸入資料(請參閱 4.3.1 小節),將後續的多方計算協定委
派給計算節點;②資料提供者還充當計算節點(請參見 4.3.2 小節)。

計算節點:計算節點使用來自資料提供者的加密資料來執行多方計算協
定,並且可以使用它們約定好的多方計算協定進行互動。只要節點參與
多方計算協定,它就可以充當計算節點。計算節點可以選擇讀取或選擇
不讀取(舉例來說,4.3.3 小節中的次要伺服器)來自資料提供者的輸入
資料。

■ 結果接收器（不必需）：當多方計算任務完成時，計算節點會將計算結果發送到結果接收器，後者可以清除結果。

■ 協調器（不必需）：協調器的工作包括（但不限於）監視上述節點的狀態，並幫助它們相互連接。

■ 任務啟動器（不必需）：在參與者約定好要計算的功能之後，任務啟動器與協調器進行互動以啟動多方計算協定。任務啟動器可以由協調器本身或計算節點之一執行。

■ 演算法提供器（不必需）：演算法提供器為多方計算任務提供進階演算法，如邏輯回歸或統計等演算法。

4.3.1 外包多方計算

這種模式適用於資料提供者的運算資源有限的情況。如果資料提供者的計算資源很少，則可以選擇一組無衝突的伺服器，然後以秘密共享的方式將其資料上傳到伺服器，這樣，任何伺服器都無法自己學習資料。伺服器將充當計算節點並彼此執行多方計算協議。這種模式如圖 4.4 所示。

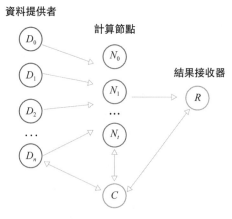

▲ 圖 4.4 外包多方計算模式

這種多方計算模式的優點是,用戶在上傳資料後即可脫機,並且所有後續計算和通訊均由伺服器管理。但是其缺點同樣非常明顯,一旦攻擊者攻擊了超過一定數目的伺服器,那麼整個計算環境便不安全。

4.3.2　點對點多方計算

如果資料提供者有足夠的計算和網路資源,並且希望自己執行多方計算協定,則他們可以在自己的電腦上安裝計算節點,並以端對端的方式彼此執行多方計算協定。這種模式如圖 4.5 所示。

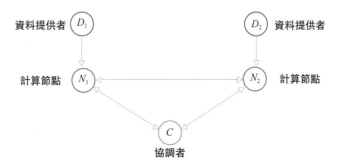

▲ 圖 4.5　點對點多方計算模式

選擇端對端多方計算模式的優點是資料提供者不必擔心伺服器的衝突,而其缺點是它們必須參與完整的多方計算協定,而該協定通常具有很高的計算和通訊成本,因此對資料提供者的運算資源要求較高。

4.3.3　伺服器輔助的多方計算

伺服器輔助的多方計算是外包多方計算和點對點多方計算的混合。換句話說,在伺服器輔助的多方計算中,某些計算節點由資料提供者自己維護,而某些計算節點則來自外部伺服器。

一個常見的例子是 beaver 三元組 [99]。最先進的多方計算系統使用 beaver 三元組進行乘法運算，但是生成 beaver 三元組的成本通常很高。由於這個原因，MPC 系統可能依賴第三方伺服器來生成 beaver 三元組，而其餘計算都由本地完成。這種模式如圖 4.6 所示。

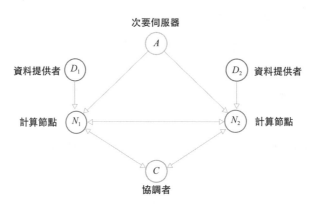

▲ 圖 4.6 伺服器輔助的多方計算模式

4.3.4 比較分析

上述三小節分別介紹了外包多方計算、點對點多方計算和伺服器輔助的多方計算三種部署模型。這三種部署模型所適用的應用場景，各自所具備的優缺點都不盡相同。

外包多方計算模式適用於運算資源有限的情況下，在這種情況下，資料提供者將計算任務外包到運算資源充足的伺服器上。這種模式大大減輕了資料提供者的計算負擔，但同時也引來了安全隱憂：一旦伺服器遭遇大規模的攻擊，那麼整個計算環境將變得不再安全。

點對點多方計算模式適用於運算資源充足的情況下，它將所有計算和通訊任務都放在本地端。這種模式不必擔心伺服器的衝突，也不必擔心伺服器遭遇攻擊，但是對運算資源有較高的要求。

而伺服器輔助的多方計算模式，是外包多方計算和點對點多方計算的混合。這種模式將計算量高的任務上傳到伺服器，其餘計算在本地完成。這種模式兼顧了計算資源充足程度和伺服器可信程度這兩者的平衡。

4.4 安全等級

計算安全是針對計算過程的安全控制手段，與傳統安全面對的問題不同，計算安全面對的是參與者的攻擊，是隱私保護機器學習技術與傳統機器學習技術最重要的差別點。當前，不同的機器學習方案在安全性上有不同的取捨，針對當前已有方案的梳理，隱私保護機器學習的計算安全可以分為以下幾個等級。

第一等級安全要求：計算所需的原始資料未進行傳輸交換，不針對參與方發起的以中間資訊為基礎的反演攻擊佈置安全防禦機制。具體來講，就是原始資料不離開資料方，但是以原始資料為基礎進行加工計算後的中間資訊可以進行傳輸。在本級安全等級下，對傳輸的中間資訊不施加額外的保護措施。舉例來說，不傳輸原始資料，但明文傳輸梯度的方案，就屬於這個等級。

第二等級安全要求：機率性地保護有參與方進行半誠實攻擊時的資訊安全。在半誠實安全模型假設下，應可以計算出參與方不能從中間資訊反推原始資料的機率。

這一等級的安全，在第一等級的安全基礎上，對傳輸的中間資訊進行了保護，使得攻擊者從中間資訊反推原始資訊的機率可控可度量。舉例來說，對傳輸的梯度進行差分噪音的保護，就屬於這一等級。

第三等級安全要求：保護有參與方進行半誠實攻擊時的資訊安全。在半誠實安全模型假設下可證安全，參與方無法獲得敏感性資料。

這一安全等級相對以上的兩個等級，計算方之間的互動，不再包含原始資料的資訊，可以做到可證安全。舉例來說，以半誠實攻擊模型為基礎的多方安全計算的方案，就屬於這一等級。

第四等級安全要求：保護有參與方進行惡意攻擊時的資訊安全。在惡意安全模型假設下可證安全，攻擊方獲得敏感性資料的機率極小。這一安全等級，把抵禦的攻擊模型從半誠實攻擊模型提升到惡意攻擊模型。

第五等級安全要求：保護有參與方進行惡意攻擊並且多個攻擊方合謀時的資訊安全。在惡意安全模型假設下可證安全，多個攻擊方發起合謀攻擊獲得敏感性資料的機率極小。這一安全等級，在抵禦惡意攻擊的基礎上，又增加了對共謀攻擊的抵禦。

以上幾個等級的安全性是逐級遞增的。由於較高的安全性引入大量的計算成本，所以目前在業界，從實用性角度來看，大部分方案主要在第二等級和第三等級，本書所說明的方案也主要集中在這兩個等級。

4.5 本章小結

本章介紹了三類場景：資料切分場景、安全模型場景和多方聯合計算模式場景，並且列出了不同等級的安全等級的介紹。這三類場景各有偏重，針對不同業務的安全等級訴求，進行靈活選取，以便在實際工業場景中實踐。

CHAPTER

05

私有集合交集

本章將介紹一種在操作資料的時候保護隱私的技術——私有集合交集。我們將從隱私相交的概念和應用開始,隨後依次介紹 4 種以密碼學手段為基礎的私有集合交集技術,包括以樸素雜湊為基礎、以迪菲－赫爾曼金鑰交換為基礎、以不經意傳輸為基礎、以同態加密為基礎的私有集合交集技術。我們比較詳細介紹了這幾種演算法的思想和部分演算法的應用場景,在本章的最後介紹該領域的複習與展望。

5.1 概念及應用

假如有這樣的場景,公司甲是一家化妝品生產公司,最近甲公司推出了一種新型的化妝品。為了提高新產品的銷售量,甲公司找到了一家廣告公司乙來為這款新產品做廣告。有一批使用者集合 A 接收到了乙公司做的廣告。同時有一批使用者集合 B 消費了這款新的產品。那麼如何才能知道大概有多少使用者是透過廣告途徑來消費的呢?這其實是一個簡單的問題，只需要求得集合 A 與集合 B 的交集即可。但是出於一些隱私問題的考慮，比如甲公司不能洩露消費者的身份資訊，乙公司出於資料來源的考慮不能洩露廣告受眾群眾的身份資訊。所以我們只想要獲得集合 A 與集合 B 的交集部分，或只需要知道其數量，如圖 5.1 所示。這樣的情況下私有集合交集的概念就呼之欲出。

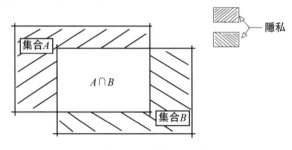

▲ 圖 5.1 私有集合交集

私有集合交集（Private Set Intersection），也稱為安全相交，是一個經典問題 [100-101]。它是指多方分別擁有一個集合，它們想求多個集合的交集，同時保證最終只會洩露交集的結果，而不會洩露各方非交集的集合元素。

私有集合交集的應用場景非常豐富，不僅在我們剛剛提到的衡量廣告效果中用到，還有很多的應用場景，如多頭借貸。

多頭借貸：多頭借貸，是指借款人在兩家或兩家以上金融機構中申請借款的行為。一般來說多頭借貸客戶大多出現資金困難，失去還款能力，被迫只能依賴於「以貸養貸」維持，即多頭負債。信貸風控的核心在於辨識兩個維度，即還款能力（收入、負債）和還款意願。因此，多頭負債資料對於風控具有重要意義。多頭借貸顯然可以透過多方對借款使用者相交集得到。但是法律法規不允許金融機構洩露自己的客戶資訊，因此私有集合交集技術便可以派上用場了。

此外，在多方聯合建模場景中，也經常存在私有集合交集的需求。該需求通常出現在資料垂直切分場景中。此時，多方在聯合建模之前，需要樣本的交集，並將訓練樣本對齊。同時，為了隱私保護的考慮，不能洩露交集之外的樣本。因此，在資料垂直切分時，私有集合交集往往是多方聯合建模的第一步工作。

私有集合交集技術近年來發展尤為迅速，已有用多類技術來實現私有集合交集的相關工作。整體上私有集合交集技術可以分為兩類：第一類是以密碼學為基礎的方法，這類方法包括以雜湊為基礎的方法、以公鑰體系（如 Diffie–Hellman 密鑰交換演算法、RSA、和同態加密）為基礎的方法 [103-108]、以電路（Circuit）為基礎的方法 [109-110]、基於不經意傳輸（Oblivous Tansfer）的方法 [111-114]；第二類是以硬體為基礎的方法，即以可信執行環境（Trust Execution Environment，TEE）為基礎的方法，如圖 5.2 所示。

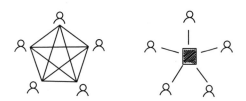

▲ 圖 5.2 私有集合交集技術
左圖為以密碼學為基礎的方法，右圖為以 TEE 為基礎的方法

以密碼學為基礎的方法和以硬體為基礎的方法各有優勢。首先，以密碼學為基礎的方法技術公開透明，各個參與方是對等的，安全性也有保障；但是在參考方很多的時候，需要兩兩進行互動，通訊量大。相對而言，以硬體為基礎的方法在參與方較多時，所需要的通訊輪數少。因為所有參與方只需要將其輸入加密給到可信執行環境即可；但是這一過程不可

避免地引入了可信執行環境，一方面需要硬體支援，另一方面也需要所有人信任該可信執行環境的信任根。鑑於實際應用中，兩方安全相交的需求是最多的。同時，知道兩方相交，也很容易構造出多方相交的協定。所以下面的幾小節中，我們將從樸素雜湊、Diffie–Hellman（迪菲 -赫爾曼）金鑰交換、不經意傳輸和同態加密四類以密碼學為基礎的方法進行兩方的私有集合交集的講解。

5.2 以樸素雜湊為基礎的私有集合交集

5.2.1 雜湊函數

雜湊（Hash）函數也稱為雜湊函數，是密碼學中一種基礎元件，常常在各種密碼學協定的構造中使用。我們來大致描述一下雜湊函數的概念和性質。雜湊函數是可以輸入任意長度的串，透過較高效率的計算，然後輸出固定長度串的一種函數。一般具有以下性質：

- 很難找到兩個輸入的串，使其經過雜湊函數之後輸出的值相等。
- 雜湊函數的輸入值發生比較小的變化，雜湊函數的輸出值將截然不同。
- 根據雜湊函數的輸出值，很難求出雜湊函數的輸入值。

上述三個性質，分別使雜湊函數具有非常好的抗碰撞能力、抗篡改能力，使雜湊函數成為一種單向函數，如圖 5.3 所示。

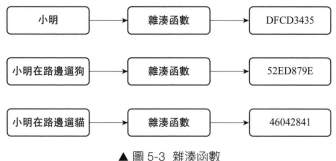

▲ 圖 5-3 雜湊函數

常見的雜湊函數有 SHA−256，MD5 等。我們簡單地介紹一下 SHA−256。要了解 SHA−256，我們首先要從 SHA−2（Secure Hash Algorithm 2）說起。SHA−2 是一種雜湊函數的演算法標準，由美國國家安全局研發，後由美國國家標準與技術研究院於 2001 年發佈。SHA−2 由 6 個不同的演算法標準組成，其中就有 SHA−256。SHA−256 的演算法過程，如圖 5.4 所示。其演算法大致如下。

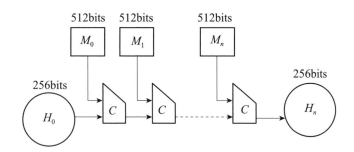

▲ 圖 5.4 SHA-256 的演算法過程

（1）定義一些符號和變數：以下所有的資料如果不經說明都用二進位表示。

- $R^n(x)$：將 x 右移 n 位。
- $S^n(x)$：將 x 循環右移 n 位。

■ H 是一個 256bit 的資料，將 H 以 32 位元為單位分成 8 份，我們用 $H i$ 表示第 i 份，其中 $i = 0,1,2,\cdots,7$ 。

（2）假設輸入的串的長度為 l，首先我們在尾端加上一個 1，然後再添上 m 個 0，使其長度滿足 $l +1 + m \equiv 448 \ (\mathrm{mod}\ 512)$，然後再在尾端添上一個 64bit 的數值為 l 的數，此時串的長度為 512 的整數倍。

我們將此時的串記為 M，將 M 以 512 位元為一個單位分成 n 大份，用 M^i 表示第 i 份；然後再將 M^i 以 32 位元為單位分為 j 小份，用 M^i_j 表示第 i 大份中的第 j 小份，其中 i 和 j 索引都從 0 開始。

（3）初始化 $H 0$：
■ $P = [2,3,5,7,11,13,17,19, \dots , p]$，$P$ 表示質數的集合。
■ H^0_i 為第 i 個質數的平方根，然後用二進位表示，後取小數點後 32 位數。

（4）初始化 k_j：
k_j 為第 j 個質數的立方根，然後用二進位表示，後取小數點後 32 位數。

（5）計算 M 的雜湊值，$H^i = H^{i-1} + C_{M^i}(H^{i-1}) \ \mathrm{mod}\ 2^{32}$ 。
下面說明 $C_{M^i}(H^{i-1})$ 是如何計算的。

■ $h_j \leftarrow H^{i-1}_j$

■ $for\ t = 0 \to 63$:
$$h_8 = h_7; h_7 = h_6; h_6 = h_5; h_5 = h_4 + T_1;$$
$$h_4 = h_3; h_3 = h_2; h_2 = h_1; h_1 = T_1 + T_2\ ;$$

■ $H^i_j = h_j + H^{i-1}_j$

説明上述公式中的 T_1 和 T_2 是如何計算的。

■ $T_1 = h + \sum_0 (h_4) + \text{Ch}(h_4, h_5, h_6) + k_j + W_j$

■ $T_2 = \sum_0 (h_0) + M_{aj}(h_0, h_1, h_2)$

説明 $\text{Ch}(x,y,z)$、$M_{aj}(x,y,z)$、$\sum_0 (x)$、$\sum_1 (x)$、$\sigma_0(x)$、$\sigma_1(x)$ 是如何計算的。

■ $\text{Ch}(x,y,z) = (x \wedge y) \oplus (\neg x \wedge z)$

■ $M_{aj}(x,y,z) = (x \wedge y) \oplus (x \wedge z) \oplus (y \wedge z)$

■ $\sum_0 (x) = S^2(x) \oplus S^{13}(x) \oplus S^{22}(x)$

■ $\sum_1 (x) = S^6(x) \oplus S^{11}(x) \oplus S^{25}(x)$

■ $\sigma_0(x) = S^7(x) \oplus S^{18}(x) \oplus R^3(x)$

■ $\sigma_1(x) = S^{17}(x) \oplus S^{19}(x) \oplus R^{10}(x)$

説明 W_j 是如何計算的。

■ $W_j = M_j^i$，其中 $j = 0,1,\cdots,15$

■ $For\ j = 16 \to 63:$

$$w_j \to \sigma_1(w_{j-2}) + w_{j-7} + \sigma_0(w_{j-15}) + w_{j-10}$$

5.2.2 以雜湊函數為基礎的私有集合交集

在上一小節中我們簡介了雜湊函數的一些性質和 SHA-256 的演算法。那麼如何將雜湊函數應用到私有集合交集中去呢？其過程如圖 5.5 所示。

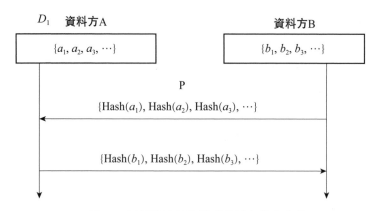

▲ 圖 5.5 以雜湊函數為基礎的私有集合交集

假設有兩個資料方（A 和 B），A 擁有集合 $\{a_1, a_2, a_3, \cdots\}$，B 擁有集合 $\{b_1, b_2, b_3, \cdots\}$，它們想求兩個集合的交集。整個過程可以分為三步。

（1）首先，A 和 B 協商好一個共同的雜湊函數（假設是 SHA-256）。

（2）其次，A 和 B 分別將各自的集合，使用該協商好的雜湊函數做雜湊運算之後發送給對方。這裡記

■ $U = \{\text{Hash}(a_1),\ \text{Hash}(a_2), \text{Hash}(a_3), \cdots\}$，

■ $V = \{\text{Hash}(b_1),\ \text{Hash}(b_2), \text{Hash}(b_3), \cdots\}$，

即 A 將 U 給到 B，B 將 V 給到 A。

（3）最後雙方比較 U 集合與 V 集合，得到交集。

以上私有集合交集過程中，由於 A 和 B 雙方並沒有將其原始的集合給到對方，所以有一定的安全性保障。但是，因為使用雜湊加密的過程只需要單方面就可以完成，所以以雜湊為基礎的私有集合交集方法不能抵抗暴力破解的攻擊（這裡所指的暴力破解，一般指利用電腦的運算能力進

行窮舉）。當 A 和 B 原始的資料集合是在一個已知的有限範圍內（如身份證字號和電話號碼）時，作惡者便可以透過暴力破解反推原始集合資料，如圖 5.6 所示。假設 B 是作惡者，那麼它的具體攻擊過程如下：

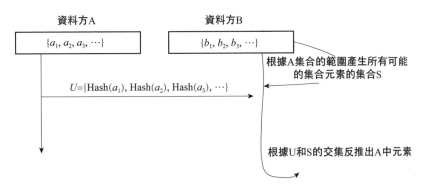

▲ 圖 5.6　窮舉破解雜湊私有集合交集

首先，A 和 B 協商好一個共同的雜湊函數（假設是 SHA−256）。

其次，B 收到 A 發送過來的集合 U = {Hash(a_1), Hash(a_2),Hash(a_3),⋯}。

然後，B 根據 A 集合的範圍生成所有可能的集合元素。舉例而言，如果 B 知道 A 當前集合元素是手機號碼，那麼 B 可以生成所有可能的手機號碼，並使用雜湊函數進行雜湊運算，我們稱該雜湊運算後的集合為 S。

B 對 U 和 S 做交集，由於 U 中元素是手機號碼，B 便可以根據交集的元素反推 A 原始的手機號碼。

雖然以雜湊為基礎的私有集合交集方法有被暴力破解的風險，但是有研究表明 [115]，如果待交集的雙方資料有較高的熵時，亦即資料有很高的不確定性的時候，該方法可以被應用。因為該方法簡單、高效，特別是面臨巨量資料量且隱私保護要求不是特別高的時候，它可以發揮出優勢。

5.3 以迪菲－赫爾曼為基礎的私有集合交集技術

5.3.1 迪菲－赫爾曼金鑰交換演算法

迪菲－赫爾曼金鑰交換演算法是密碼學中非常著名的一種安全協定。它可以讓雙方在完全沒有對方任何預先資訊的條件下透過不秘密頻道建立一個金鑰。這個金鑰可以在後續的通訊中作為對稱金鑰來加密通訊內容。這種金鑰交換的演算法由惠特·菲爾德·迪菲（Bailey Whitfield Diffie）和馬丁·赫爾曼（Martin Edward Hellman）於 1976 年第一次發表。這是一種公開金鑰交換的演算法，公開金鑰交換的概念最早由瑞夫·墨克（Ralph C.Merkle）提出。有趣的是，馬丁·赫爾曼曾主張將這個金鑰交換方法稱為迪菲－赫爾曼－墨克金鑰交換（Diffie–Hellman–Merkle Key Exchange），但是現在人們一般稱為（Diffie-Hellman Key Exchange），簡稱為 D-H 金鑰交換演算法。

下面介紹迪菲－赫爾曼金鑰交換演算法的過程，如圖 5.7 所示。首先，我們假設有兩個資料方 A 和 B：

（1）A 和 B 協商出兩個大質數（g 和 n），其中 n 是一個大質數，g 是其原根。

（2）A 選擇一個整數 x，作為其金鑰。

（3）B 選擇一個整數 y，作為其金鑰。

（4）A 計算 $K_a = g^x \bmod n$ ，併發送給 B。

（5）B 計 $K_b = g^y \bmod n$ ，併發送給 A。

（6）A 計算 $K_1 = K_b^x \bmod n$ ，作為協商出的金鑰。

（7）B 計算 $K_2 = K_a^y \bmod n$ ，作為協商出的金鑰。

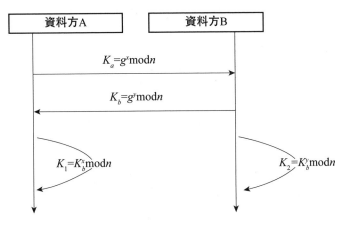

▲ 圖 5.7　迪菲 - 赫爾曼金鑰交換演算法

透過計算我們可以很容易知道 $K_1 = K_b^x \bmod n = (g^y)^x \bmod n = (g^x)^y \bmod n = K_a^y \bmod n = K_2$。但是我們如何保證這個演算法的安全性呢？實際上這個演算法的安全性是由離散對數假設來支撐的。簡單地講，對於一些選定的值，如果我們有 $a = g^x \bmod n$ ，我們已知 a 和 g，但是沒有高效的演算法可以快速地求出 x。雖然離散對數假設可以保證這個協定的「竊聽安全」，即假設即使有「竊聽者」竊聽通道中的資料，但是由於「竊聽者」無法破解離散對數假設，所以他不可能透過竊聽資料獲得金鑰。不過這個協定由於沒有身份驗證，可能會受到一種攻擊，叫作中間人攻擊。如圖 5.8 所示，其攻擊的手段如下，我們假設 C 是作惡者：

（1）A 和 B 協商出兩個大質數（g 和 n），其中 n 是一個大質數，g 是其原根。

（2）A 選擇一個整數 x，作為其金鑰。

（3）B 選擇一個整數 y，作為其金鑰。

（4）A 計算 $K_a = g^x \bmod n$ ，並向 B 發送。

（5）C 截獲了 A 發送的訊息 Ka，並向 B 發送假的訊息 $K_c = g^c \bmod n$ 。

（6）B 計算 $K_b = g^y \bmod n$ ，並向 A 發送。

（7）C 截獲了 B 發送的訊息 K_b，並向 A 發送假的訊息 $K_c = g^c \bmod n$ 。

（8）C 計算 $K_A = (K_a)^z \bmod n$ ，即可得到 A 加密訊息的公開金鑰，B 也同理。

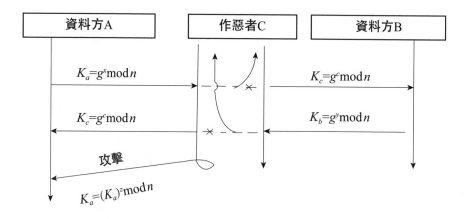

▲ 圖 5.8 中間人攻擊

透過簡單的數學驗證我們即可知道作惡者 C 可以獲得資料方 A 和資料方 B 的密鑰，即迪菲 – 赫爾曼金鑰交換演算法被中間人攻擊破解。所以在現在的很多用到迪菲 – 赫爾曼金鑰交換演算法的地方，都會使用稍微改進過的演算法來抵抗中間人攻擊。不過這不是本章討論的重點，下面我們主要討論如何使用迪菲 – 赫爾曼金鑰交換演算法的思想來構造私有集合交集的演算法。

5.3.2 以迪菲 – 赫爾曼為基礎的私有集合交集演算法

以迪菲 – 赫爾曼金鑰交換為基礎的隱私演算法實現起來非常簡單。下面我們簡單描述演算法的實現過程：

（1）資料方甲擁有集合 $A = \{a_1,\ a_2,\ a_3, \cdots, a_n\}$ ，擁有金鑰 x。

（2）資料方乙擁有集合 $B = \{b_1,\ b_2,\ b_3, \cdots, b_m\}$ ，擁有金鑰 y。

（3）甲乙雙方使用相同的雜湊函數 H。

（4）資料方甲想計算集合 A 與集合 B 的交集。

（5）資料方甲向乙發送 $U = \{H(a)x, H(a)x, ..., H(a)x\}$。

（6）資料方乙收到資料方甲發送的訊息 U，同時計算
$U' = \{H(a_1)^{xy}, H(a_2)^{xy}, \cdots,\ H(a_n)^{xy}\}$。

（7）資料方乙再計算 $V = \{H(b_1)^y, H(b_2)^y, \cdots, H(b_m)^y\}$ ，並將 U' 和 V 發送給資料方甲。

（8）資料方甲收到訊息後，計算 $V' = \{H(b_1)^{xy}, H(b_2)^{xy}, \cdots, H(b_m)^{xy}\}$ ，然後計算 U' 和 V' 的交集。

為了簡單描述，圖 5.9 中我們省略了取模（mod）。一般來說在使用 DH 演算法之前，為了方便計算，參與方會先對其資料進行雜湊運算，將其轉為定長的整數集合。需要注意的是，在實際的使用過程中，可以根據場景需求做改變。比如，有些場景中，只需要計算交集的個數即可，而不需要知道元素有哪些。此時，雙方只需要在互動時，將發送給對方的資料打亂即可，如資料方甲在將集合 U 發送給資料方乙時，將 U 中的元素打亂之後再發送；其餘的集合 V、U'、V' 也做相同處理。

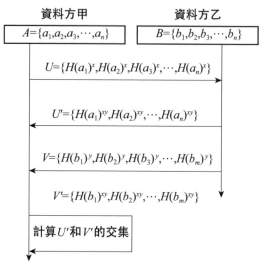

資料方甲　　　　　　　資料方乙

$A=\{a_1,a_2,a_3,\cdots,a_n\}$　　　$B=\{b_1,b_2,b_3,\cdots,b_n\}$

$U=\{H(a_1)^x,H(a_2)^x,H(a_3)^x,\cdots,H(a_n)^x\}$

$U'=\{H(a_1)^{xy},H(a_2)^{xy},\cdots,H(a_n)^{xy}\}$

$V=\{H(b_1)^y,H(b_2)^y,H(b_3)^y,\cdots,H(b_m)^y\}$

$V'=\{H(b_1)^{xy},H(b_2)^{xy},\cdots,H(b_m)^{xy}\}$

計算 U' 和 V' 的交集

▲ 圖 5.9 迪菲 - 赫爾曼的私有集合交集演算法

迪菲－赫爾曼金鑰交換演算法演算法有兩種具體的實現方法，即以有限域上的迪菲－赫爾曼金鑰交換演算法和橢圓曲線上迪菲－赫爾曼金鑰交換演算法為基礎 [116]。研究表明，相比以有限域上 DH 為基礎的私有集合交集協定，以橢圓曲線上 DH 為基礎的私有集合交集協定在性能上又有近兩倍的提升，它的主要優勢是其擁有最低的通訊複雜度，而且協定比較簡潔，易於實現。

5.4 以不經意傳輸為基礎的私有集合交集技術

不經意傳輸（Oblivious Transfer，OT）是以公開金鑰密碼體制為基礎的密碼學基本協議。OT 被認為是多方安全計算的基礎 [117]，並且它被證明是對多方安全計算「完備」（Complete）的一種協定。也就是說，理論上只使用 OT 便可以實現任意的多方安全計算協定 [118-119]。最基礎的二選一

不經意傳輸協定（1-out-of-2 OT）可描述如下：發送方輸入 2 個隨機位
元串 (x_0 , x_1)，接收方輸入選擇向量 $(b \in \{0,1\})$；協定結束後接收方僅獲
得選擇向量對應的位元串 xb，而不知道另一個位元串 x_{1-b} 的值，如圖 5.10
所示。

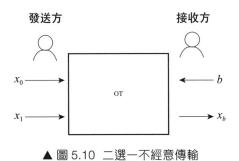

▲ 圖 5.10　二選一不經意傳輸

而發送方不知道接收方獲取的是哪個位元串。關於 OT 的實現，我們已經
在第 3 章中做了介紹。

有了 OT 協定，我們接著講解如何使用 OT 比較兩個字串是否相等。
我們假設有兩個資料方（甲和乙），甲擁有字串 x=001，而乙擁有字串
y=011，他們想在不洩露各自輸入的前提下，比較 x 是否等於 y。

實例：x=001, y=011,　比較：x=y？

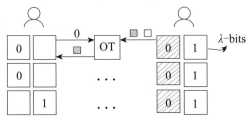

– **乙發送** λ-bits　　$\boxed{0} \oplus \boxed{1} \oplus \boxed{1}$ **給甲**
– **甲計算** $\boxed{0} \oplus \boxed{0} \oplus \boxed{1}$ **後與乙發送的資料進行比較**

▲ 圖 5.11　以 OT 為基礎的字串比較

以 OT 為基礎的兩方字串比較演算法如圖 5.11 所示，它可以分為以下幾個核心步驟：

（1）其中一方（圖 5.11 中是乙）生成 $2l$ 個長度為 λ 位元串，即 l 個字串對，每個字串對包括兩個 λ 位元串，分別對應 0 和 1 兩位元。這裡的 l 指的是雙方待比較的字串的長度，在圖 5.11 的例子中，$l=3$。λ 是指一個超參數，它的長度越大，該演算法的安全性及正確性也就越高。

（2）甲對待比較字串（x）的每一位元，甲和乙使用 OT，使得甲能夠獲取乙每個字串對中的 λ 位元串。具體而言，甲作為 OT 的接收者，乙作為 OT 的發送者；乙擁有兩個長度為 λ 的位元串，甲輸入 0 或 1，返回乙該位元字元（0 或 1）所對應的位元串。在這個過程中，由於採用 OT，甲不知道乙另外一個位元串是什麼，同時，乙不知道甲請求的是哪一個位元串。重複待比較字串的每一位元，甲便獲得了 l 個長度為 λ 的位元串。然後甲對這 l 個位元串做互斥，得到一個字串（記為 $S1$）。

（3）乙對其待比較字串（y）的每一位元，選擇每個字串對對應的位元串，這樣乙也獲得了 l 個長度為 λ 的位元串。然後乙對這 l 個位元串做互斥，得到一個字元串（記為 S_2），並將 S_2 發送給甲。

（4）甲比較 S_1 和 S_2，如果 S_1 和 S_2 相等，那麼就說明甲和乙的兩個原待比較字符串也相等，反之說明它們不相等。

如果直接用以上以 OT 為基礎的字串比較方法來做私有集合交集，假設雙方各有 n 個元素，那麼相交集過程中，需要比較的次數為 $O(n^2)$。在實際應用中，在做以 OT 為基礎的私有集合交集時，為了能夠減少比較的次數，通常會先採用雜湊的技術，將待比較的元素映射到雜湊桶內 [120，121]。我們仍然假設有兩個資料方（甲和乙），甲擁有集合 $X=\{x_1，x_2，x_3\}$，

而乙擁有集合 $Y =\{y_1 , y_2 , y_3\}$，雙方想做私有集合交集，則具體做法有以下幾步，如圖 5.12 所示。

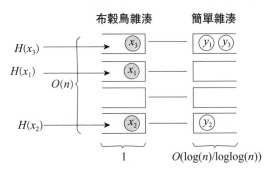

甲擁有集合 $X=\{x_1,x_2,x_3\}$ 乙擁有集合 $Y=\{y_1 , y_2 , y_3\}$

▲ 圖 5.12 以 OT 為基礎的私有集合交集

（1）其中一方（圖 5.12 中是甲）使用布穀鳥雜湊（Cuckoo Hash），選擇某雜湊函數，將其集合中的 n 個元素映射到 n 個雜湊桶（bin）內，每個桶內有 1 個元素。

（2）另外一方（圖 5.12 中是乙）使用簡單雜湊（Simple Hash），選擇相同的雜湊函數，將其集合中的 n 個元素映射到 n 個雜湊桶（bin）內，每個桶內至多有 $\log n / \log \log n$ 個元素。

（3）為了防止甲根據乙桶內元素個數反推出部分資訊，通常乙會將其所有雜湊桶內增加額外的虛擬元素（Dummy），使得其雜湊桶內的元素都有 $\log n / \log \log n$ 個元素。

（4）由於雙方選擇的雜湊函數相同，故而，相同的元素肯定會被分配到相同的雜湊桶內。因此，雙方只需要比較相同雜湊桶的元素即可。此時，雙方需要比較的次數為 $n \log n / \log \log n$，遠小於原來的 $O(n^2)$ 次。

OT 擴充協定（OT Extension）[122] 的主要思想是將少量基礎 OT 的計算代價透過對稱加密操作均攤到大量的 OT 操作。它從根本上減少了基礎 OT 的使用次數，因此可以達到一分鐘執行數百萬次的 OT 協定的效果。OT 擴充協定由於其實用性和安全性，被廣泛地應用到多種任務中，比如私有集合交集。同時，在相交過程中，OT 擴充協議可以平行使用，因此效率很高 [123]。

5.5 以同態加密為基礎的私有集合交集技術

同態加密技術允許人們對於加密進行特定形式的代數運算，然後對加密進行解密後得到的結果與明文進行特定代數運算後的結果進行比較。這項重要的密碼學技術在將資料託管給第三方時可以發揮巨大的作用。在第 3 章中我們已經介紹了幾種部分同態加密技術。全同態加密最早由 Gnetry C 在 2009 年列出了理論上的可能性 [124]，在 2013 年有人列出了一種使用矩陣的特徵向量為基礎，利用了 LWE 假設的全同態加密技術 [125]。

前面幾小節介紹了一些廣泛使用的私有集合交集技術，主要是參與方之間互動完成集合的交集計算。但是在一些運算資源有限的終端裝置和行動裝置上無法解決大規模資料集合的私有集合交集問題的計算，比如我們想知道自己的用戶端上安裝了哪些惡意軟體。假設我們擁有一台伺服器，伺服器上保存了惡意軟體的雜湊值。那麼如何更多地利用伺服器的運算能力完成私有集合交集呢？最近幾年來雲端運算的發展也越來越迅速，使得私有集合交集問題的研究熱點變為如何借用第三方雲端運算框架的運算能力來輔助私有集合交集的計算。

2015 年，Abadi 的學者提出了一種利用多項式差值和同態加密的私有集合交集協議[126]，下面我們簡單地描述該協定的基本思想（見圖 5.13）：

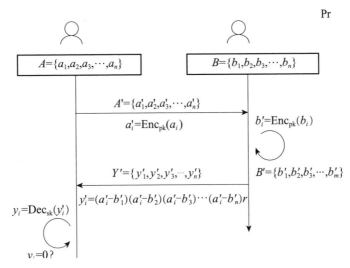

▲ 圖 5.13 以同態加密為基礎的私有集合交集

（1）甲方擁有集合 $A = \{a_1, a_2, a_3, \cdots, a_n\}$ ，擁有公開金鑰 pk 和私密金鑰 sk。

（2）乙方擁有集合 $B = \{b_1, b_2, b_3, \cdots, b_m\}$ ，擁有公開金鑰 pk。

- 這裡我們要注意，一般集合 B 會遠遠大於集合 A。

（3）甲方將 A 加密成 A' 併發送給乙， $A' = \{a_1', a_2', a_3', \cdots, a_n'\}$ ，其中， $a_i' = \text{Enc}_{pk}(a_i)$

（4）乙方接收到 A' 後進行以下計算得到 Y'，然後將 Y' 發送給甲。

- B' 為 B 加密後的結果， $B' = \{b_1', b_2', b_3', \cdots, b_m'\}$。
- $y_i' = (a_i' - b_1')(a_i' - b_2')(a_i' - b_3')\cdots(a_i' - b_m')r$ ，其中， r 為乙方生成的隨機數。
- $Y' = \{y_1', y_2', y_3', \cdots, y_n'\}$ 。

（5）甲接收到資料 Y' 後使用私密金鑰 sk 進行解密得到 Y，如果集合 Y 中的值為零，則證明 A 集合中這個資料與 B 集合中的某個資料相交。

上述演算法有兩點需要說明，一點是在演算法的第（4）步中用到了隨機數 r，這是因為根據同態加密的性質，加密後加密的差有可能洩露原文的一些資訊，所以乘以一個隨機數，來使協定的保密性更強。另外一點是如果只需要知道隱私集合中元素交集的大小，只需要將 Y' 中的元素的順序打亂，這樣便可以部分隱藏交集的資訊。

上述的演算法只是使用同態加密進行隱私集合相交的簡單的模型，在實際的使用中，還要考慮同態加密後的加密的大小及進行通訊所需要的一些負擔。一般還需要使用很多的最佳化方法，比如布穀鳥雜湊、切分技術等，有時還有一些同態加密中經常用到的批次處理、分窗、數模轉換等技術。

5.6 本章小結

私有集合交集是安全多方計算的重要應用。近些年來私有集合交集發展迅速，由最初的以傳統密碼學為基礎的加密機制，到以不經意傳輸協定和混淆電路為基礎再到現在雲端計算中應用廣泛的以同態加密為基礎的私有集合交集協定。私有集合交集協定的發展越來越趨向於安全性和高效性。可是在現代的巨量資料的背景下，已有的私有集合交集協定仍會在性能上有一些力不從心，未來可能需要更加高效的私有集合交集協定來滿足巨量資料隱私保護的需求。

CHAPTER

06

MPC 計算框架

本章將介紹如何將安全多方計算應用到實際應用中,透過分析近些年密碼學家在可信計算領域的探索,得到打破理論和實際應用之間門檻的實用安全多方計算普適方案,即如何去設計一個安全多方計算框架。

6.1 計算框架概述

前面的章節我們介紹了 MPC 的一些原理,不難看出,安全多方計算經過幾十年的發展,目前已經被廣泛地應用到各個領域。然而要設計開發完整的 MPC 計算框架仍然存在諸多挑戰:①目前 MPC 協定的研究日新月異,各種協定的研究表明,安全多方計算的性能遠還沒到瓶頸,這就導致如果僅採用目前流行的協定作為框架的後台,在不久的將來難以進行框架層面的改朝換代,如何使安全多方計算協定和使用者介面有效地分離,將安全多方計算協定部分盡可能獨立成一部分以備將來升級協定,是進行框架設計時需要慎重考慮的一點;②在研究階段,安全多方計算考慮的是如何實現圖靈完備，大多數協定的確實現了對基本算數運算和邏輯運算的支持，但將安全多方計算應用到工業界時，不單單要考慮最基本的運算，如果將所有的運算都採用最基本的加法乘法進行組合運算，顯然是不符合高效性的；如何為用戶提供 API 介面以便更高效率地執行安全多方計算協定，與此同時，對 MPC 上實現的演算法進行性能上的最佳化，對小量的演算法進行訂製化改造，其粒度考量也是框架設計的重點。為了解決上述這些問題，MPC 計算框架的想法就應運而生了。

一個 MPC 計算框架通常自底向上分為 3 部分：

（1）MPC 協定部分 (執行時期)。在該層面實現了底層的 MPC 協定，該協定包括基礎的密態加法和密態乘法，以及相關的密態邏輯運算，由於其是在執行時期被呼叫的，所以其也是框架的執行時期。除此之外，考慮到上層呼叫的效率，部分框架還包括了密態矩陣乘法，甚至是密態卷積等操作。

（2）解譯器 / 編譯器 / 最佳化器。在該層面，框架提供了編譯最佳化的功能，具體來說就是在使用者使用上層語言開發完演算法後，框架將演算法翻譯成安全多方計算協定的介面，以此來呼叫底層的 MPC 協定執行演算法，與此同時，還需要根據底層的 MPC 最佳化演算法結構，進行如圖最佳化（平行可以平行的資料流程，合併常數運算等）、網路優化等操作。由此可見，該部分是框架的核心，不同的框架採用同種 MPC 協定，其整體執行效率差異主要表現在該層面。

（3）使用者開發語言。透過替開發者提供進階程式語言，可以方便開發者進行演算法開發。語言通常保留了傳統進階開發語言的關鍵字和特性，便於開發者上手。同時，會增加一些表示安全性語義的關鍵字，為下層的編譯器提供一些編譯指導。

使用者使用框架提供的開發語言編寫函數描述，向下分發到編譯器，編譯器進行最佳化函數結構等工作後轉化為最佳的電路，然後在執行時期使用者輸入資料，資料登錄到電路生成的執行時期（MPC 協定呼叫），最後生成結果並輸出，如圖 6.1 所示。

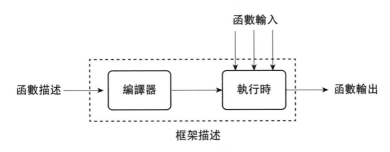

▲ 圖 6.1 正常 MPC 框架結構

有了 MPC 計算框架，開發者基本可以不需要感知底層的 MPC 計算細節，只需要在開發過程中，透過一些安全關鍵字對變數進行定義，編譯器就可以自動把這些程式編譯成對應的中間展現層。中間展現層會被輸入到計算框架的執行時期，透過 MPC 協定完成最終的計算。為了提升計算性能，有些 MPC 計算框架在執行時期提供了多種 MPC 協定，編譯器會根據計算的特點，選擇最合適的 MPC 協定進行編譯優化，從而提升整個計算的性能。當然，目前絕大多數 MPC 計算框架，都不能做到根據計算特點自動選擇協定。通常協定的選擇和轉換，都是透過在語言層以特殊函數明確指定的。

以下列出了常見的 MPC 框架的一段呼叫：

```
import latticex.rosetta as rtt      # 匯入 Rosetta
import tensorflow as tf             # 匯入 TensorFlow 作為計算後台
rtt.activate("SecureNN")            # 使用 SecureNN 作為底層實現的 MPC 協定
matrix_a = tf.Variable(rtt.private_console_input(0, shape=(3, 2)))
```

```
# 定義安全輸入
matrix_b = tf.Variable(rtt.private_console_input(1, shape=(2, 1)))
# 定義安全輸入
cipher_result = tf.matmul(matrix_a, matrix_b)   # 進行密態矩陣乘法
with tf.Session() as sess:
    sess.run(tf.global_variables_initializer())  #
    cipher_result = sess.run(cipher_result)# 使用 TensorFlow 執行定義的操作
    print('local ciphertext result:', cipher_result)
```

上述程式是某一 MPC 框架（Rosetta）的呼叫程式，其使用了 TensorFlow 作為其計算後台，在 TensorFlow 上實現了對私有變數的定義，以及對應的密態相關操作，可以猜測其對 TensorFlow 進行了多載改造，呼叫 TensorFlow 的部分 API 實現安全多方計算協定，並重新封裝成 TensorFlow 的介面。實際上 Rosetta 的確對 TensorFlow 在 C 部分的程式進行了部分改寫和封裝，其結構如圖 6.2 所示，由 MPC 協定向上構建 TensorFlow 的 C 語言介面及使用者介面（如私有輸入、協定選擇等），進一步向用戶提供 Python 的介面呼叫，Rosetta 在 TensorFlow 的 C 語言介面層面上對協定的呼叫過程進行了最佳化，實現了上述描述的解譯器 / 最佳化器部分。

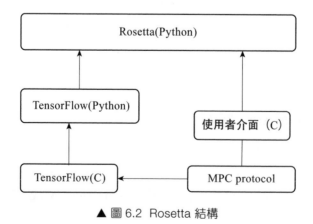

▲ 圖 6.2 Rosetta 結構

透過對上述程式的解讀，我們可以看出進行安全多方計算大致分為以下幾個過程。

1. 安全輸入

安全輸入，即資料提供方輸入隱私資料的過程，拋開安全多方計算本身，框架需要保證安全通訊，即參與計算的多方兩兩間維持可信的加密通訊通道，在此基礎上，資料提供方輸入資料，透過協定將資料轉為密態資料。在這裡，就不得不提對資料的編碼，大部分安全多方計算框架不支持整個實數集上的運算，需要將實數映射到域或環上再進行計算，目前有大量的安全多方計算支持在環上進行運算。大多數框架採用的都是定點數的補數標記法，即對一個輸入的實數，將其放大一定倍數然後採用補數表示。舉例來說，一個（16, 16）的安全多方計算框架（支持最高 16 位元整數部分和 16 位元小數部分），會將輸入的資料放大 2^{16} 倍，並採用補數來處理符號位元，-1 對應為 2^{32}-2^{16}。

2. 安全計算

實現安全計算的過程，重點在於底層的安全多方計算協定，不同協定支持的參與方數量不同，如兩方的 Yao 的混淆電路、secureNN、ABY2、Pond 等，三方的又如 BMR、ABY3、SPDZ 等，同時由於不同協定採用的密碼學手段不同，如以 additively secret share 為基礎的 SPDZ、以 Shamir secret share 為基礎的 GMW、以 replicated secret share 為基礎的 ABY3 等，由此可見，安全多方計算框架的設計是一項綜合的工作，其中包含了之前章節描述的密碼學技術（混淆電路、同態加密、秘密分享等），在這裡不再贅述。為此可以將目前的主要框架按實現技術分為：① 以混淆電路為基礎；② 以多方電路為基礎的協定（如上述的 GMW 等協定）；③另外就是目前主流的安全多方計算框架設計使用的方法——混合模型的安全多方計算框架，其將函數編譯成由一組最佳化的子函數來執行的組合操作。這組基本操作包含大量可以呼叫單一安全多方計算協議的電路操作。混合模型將所有中間值表示為一個大的有限域上的秘密分享，然後根據電路計算流，在計算時將中間值轉化為各種秘密學基本操作的格式。混合模型混合使用以資訊理論和加密為基礎的協定，因此，計算方的數量和威脅模型各不相同。

混合模型允許與嚴格的以電路為基礎的模型有非常不同的性能特性。舉例來說，在有限域中，比較、位移和相等性測試等操作作為算術電路來表示是非常昂貴的。具體來說，在該模式下安全多方計算框架的設計需要兼顧各種協定的實現，不同的密碼學基本操作對網路層和計算層的要求不盡相同，而在大多數情況下協定本身呼叫了不同的密碼學基本操作，這是由於不同的安全多方技術在不同的計算任務下各具優劣，採用 replicated secret share 或 masked secret share 進行環上的乘法操作，由於無須複雜的加解密，性能極佳，然而用其去處理比較操作時，其需要轉化為在 Z_2 上的大量進位加法和進位乘法操作，極大的通訊輪次導致其執行效率捉襟見肘，在這時候，採用混淆電路來處理，只需要進行一個輪次的混淆和評估就能完成任務，雖然需要加解密，但相較於大量通訊，耗時更少；④全同態加密演算法為安全多方計算提供了替代方案，目前有大量的函數庫實現了全同態加密演算法，如（HELib、PALISADE、SEAL 等），另外還有大量的工作是對 RAM- 模型程式（而非電路）進行混淆，但該部分的工作缺少實現方法，大多只以論文的形式呈現，在此不做分析。

如何設計相容各種操作並支持在未來的研究階段進一步擴充密碼學基本操作的安全多方計算框架，是目前的主要挑戰。

目前湧現了大量的安全多方計算框架，除了上述的 Rosetta 外，其他許多安全多方計算框架支持差分隱私、安全多方計算和同態運算，開放原始碼專案如 ABY、EMP-toolkit 等，本章我們會分析介紹目前市面上的許多計算框架，表 6.1 列出了許多影格架的資訊。

表 6.1　框架比較

框架名稱	協定	計算方數量	混合模式	半誠真實模式	惡意模式	是否開放原始碼
EMP-toolkit	GC	2	●	●	●	●
Obliv-C	GC	2	●	●	○	●
ObliVM	GC	2	●	●	○	●
Wysteria	MC	2+	●	●	○	●
ABY	GC，MC	2	●	●	○	●
SCALE-MAMBA	Hy	2+	●	●	●	●
Sharemind	Hy	3	●	●	○	○
PICCO	Hy	3+	●	●	○	●

其中，Garbled Circuits(GC) 指的是採用混淆電路，Multi-party Circuit protocols(MC) 指的是以多方電路為基礎的協定，Hybrid models(Hy) 指的是混合模型，可以支援安全計算的同時也支援非安全計算。惡意模式指的是是否支援在惡意威脅模型下執行，具體惡意威脅模型見下面的介紹。

接下來簡單地介紹表 6.1 中的各個框架。

1）EMP-toolkit 是一個以混淆電路為基礎的 MPC 框架，其包含了不經意傳輸呼叫函數庫、安全類型程式庫，以及支持自訂協定的呼叫函數庫（使用者可以使用自己設計的協定）。

2）Obliv-C 是一個 C 的擴充，在呼叫 Obliv-C 後使用者可以在定義類型時增加 obliv 關鍵字來申明該類型為安全類型。該框架支援兩方計算，其採用混淆電路來實現安全計算。

3）ObliVM 是一個支持兩方計算的混淆電路 MPC 框架，其實現了類似 Java 語言的編譯器，向上提供的類似 Java 的開發語言無須具有安全背景知識就可進行程式的開發。其支援大量的資料類型和使用者自訂的類型，不支援 Boolean 類型，但其可以進行邏輯操作。

4）Wysteria 與 ObliVM 類似地開發了一種新的進階函數程式語言。它為分散式安全計算設計。Wysteria 支持任意數量的計算方，其以布林電路為基礎的 GMW 協定實現了執行時期解譯器。

5）ABY 是一個混合協定框架，既支援混淆電路，又支援安全多方計算算術電路，該框架在下面的章節會具體介紹。

6）SCALE-MAMBA 實現了惡意威脅模型下的安全計算框架，是 SPDZ 協定的升級框架。其採用類似 Python 的語言模式供使用者呼叫。由於是以 SPDZ 協定族為基礎的，其採用了離線和線上階段的劃分，在離線階段生成隨機數，線上階段進行計算，SPDZ 協定會在接下來的章節中多作說明。

7）Sharemind 是一個安全資料處理框架，其採用了加法秘密分享的方法，以安全三分計算實現為基礎，由於其不開放原始碼，其實現與白皮書有許多差異，在下面的章節中會介紹其白皮書的部分內容。

8）PICCO 框架實現了一個安全編譯器，其包括三部分：建構了將 C 擴充翻譯成安全的 C 語言程式、建構了安全輸入 / 輸出的 I/O 程式、以混合模型為基礎的計算程式。

然而實際市面上的 MPC 框架遠遠超過表 6.1 所示的數量，如 PySyft、MP-SPDZ 等，但由於這些框架採用的底層協定本質上還是 ABY、secureNN 等類似的協定，所以不再贅述。

表 6.2 列出了許多框架支援的資料類型，其中動態陣列指的是可以進行陣列內容的增加和刪除的陣列類型，而結構則是支援使用者自訂類型的結構。

表 6.2 框架比較 - 支持的資料類型

框架名稱	布林	定點整數	浮點數	陣列	動態陣列	結構
EMP-toolkit	●	●	●	●	●	●
Obliv-C	●	●	○	●	●	●
ObliVM	○	●	●	●	●	●
Wysteria	●	●	○	○	○	●
ABY	●	●	○	●	○	●
SCALE-MAMBA	○	●	●	●	○	●
Sharemind	●	●	○	●	●	●
PICCO	●	●	●	●	●	●

表 6.3 列出了許多框架支援的操作類型。其中邏輯運算是在布林域上的操作，而比較則是在算術域上的操作。

表 6.3 框架比較 - 支援的操作類型

框架名稱	邏輯運算	比較	加法	乘法	除法	移位
EMP-toolkit	●	●	●	●	●	●
Obliv-C	●	●	●	●	●	●
ObliVM	●	●	●	●	●	●
Wysteria	●	●	●	●	○	○

框架名稱	邏輯運算	比較	加法	乘法	除法	移位
ABY	●	●	●	●	○	○
SCALE-MAMBA	○	●	●	●	●	●
Sharemind	●	●	●	●	●	●
PICCO	●	●	●	●	●	●

值得注意的是，由於以上介紹的框架設計均是為工業界設計的，對威脅模型而言要求採用半誠實的威脅模型。

接下來就 Sharemind、ABY 等框架展開詳細的介紹，在最後就更高安全性的框架，即針對惡意威脅模型或移動威脅模型的安全多方計算框架（SCALE-MAMBA 等）多作説明。其中 Sharemind 是一個三方協定框架，而 ABY 則是一個兩方協定框架。三方協定框架通常會用在資料方和計算方分離的場景中。以 Sharemind 為例，首先會假設有三個獨立的計算方去建構計算網路，資料方需要相信三個計算方不會相互勾結。而對於兩方協定框架，通常假設資料方和計算方是一體的，它通常解決的問題場景是兩個資料方在不信任任何第三方的情況下，如何去完成資料的協作計算。

6.2 協定說明

為了方便閱讀，這裡描述了一些安全多方計算的背景知識。在之前的章節仲介紹了許多安全的背景知識，故不再具體説明不經意傳輸（OT\C-OT\R-OT 等）、Yao 的混淆電路（Free-XOR、half-gate 等最佳化）、零知識證明等安全多方計算元件。

本章的重點不在於描述安全多方計算的安全性和安全性分析，所以不會就安全多方計算協定的正確性和隱私性等進行描述，但由於前面提到了敵手的威脅模型，所以就敵手的能力範圍做出部分說明，具體安全多方計算的安全性描述等可以參考 Yehuda Lindell 的 *Secure Multiparty Computation* (MPC)[127] 一文。

根據敵手可以允許的行為，將威脅模型分為以下三類。

1) 半誠實的威脅模型（Semi-honest Adversaries）：在半誠實的威脅模型中，即使是腐敗的計算方，也仍然遵守協定，但敵手會獲得腐敗方的所有狀態和內部資訊，其會嘗試根據這些內部資訊來獲取一些有關隱私的資訊（如輸入的明文等）。儘管這是一個較弱的威脅模型，但在該等級下可以有效地保證輸入的隱私性。並且在該威脅模型下，運算的效率更符合工業需求。該模型又稱為「誠實但好奇的」或是「被動的」模型。

2) 惡意的威脅模型（Malicious Adversaries）：在惡意的威脅模型中，腐敗方可以依照敵手的命令任意地破壞協定，這樣的威脅模型其安全性無疑是更強的，它可以確保敵手的攻擊無法成功，該模型又稱為「主動的」模型。

3) 轉換的威脅模型（Covert Adversaries）：此類威脅模型中，首先敵手是惡意的，腐敗方可以依照敵手的命令任意地破壞協定，但在該模型中即使敵手不嘗試進行攻擊，仍然要保證有較大的可能性將腐敗方檢測出來，而非如惡意的威脅模型一樣將其看作是誠實的。

實際上根據敵手控制腐敗方的策略，可以將惡意以上的威脅模型分為 3 類，即靜態腐蝕模型、自我調整\移動腐蝕模型、主動安全模型，但對其的討論大多出現在針對惡意威脅模型的諸多協定中，該部分的協定大多沒有被實際應用到工業界，未被開發成框架，所以在此不做討論。

6.3 Sharemind 框架

Sharemind 是國外的一家提供隱私保護技術的商業公司，它們在 2008 年發表的一篇論文 [128] 伸介紹了 Sharemind 的隱私保護計算框架，但由於 Sharemind 的安全多方計算框架並不開放原始碼，所以在此只描述其白皮書內容，而非其細節實現。整個框架由一個『執行時期』(Computation Runtime Environment) 和一個『程式設計函數庫（』Programming Library）組成，並支持在程式設計函數庫中增加自訂的協定。

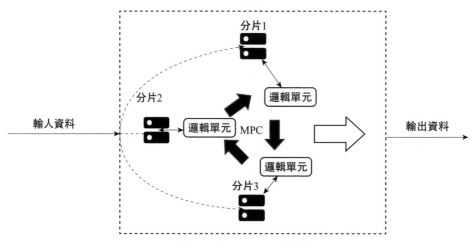

▲ 圖 6.3 Sharemind 結構圖

Sharemind 對多方安全計算的場景做了以下假設，它把資料提供方（Data Donors）和計算方（Miners）進行了區分，通常要求有 3 到 5 個獨立的計算方，而資料提供方需要將使用秘密分享（Secret Sharing）協定拆分後的資料，分別獨立傳輸給各個計算方，這裡假設了計算方之間不會相互勾結串通，以確保資料不會被除資料提供方之外的攻擊者拿到。計算完成後，結果獲取方透過對所有計算方的結果分片進行合併獲得最終的計算結果。整個計算框架支援半誠信（Semi-honest）的攻擊模型。圖 6.3 所示的是 Sharemind 2008 年的論文中展示的計算框架：三個計算方各自有自己的儲存單元和計算單元，資料和計算指令由外部輸入，三個計算方之間透過 MPC 協定進行互動，完成最終的計算並輸出計算結果。

可以看到，整個計算過程可以分成三個階段，即資料登錄、密態計算、結果輸出，其中資料登錄要解決的是把明文資料轉換成密態的過程，而結果輸出解決的是把密態資料轉換成明文的過程。

6.3.1 輸入和輸出

在 Sharemind 計算框架中，明文和密態之間的轉換，是採用加法秘密分享協定來完成的。

資料登錄：所有輸入的資料是使用加法秘密分享存放在每個計算方的，資料輸入過程中，從明文到密態的轉換過程如下：

（1）資料提供方（即圖 6.4 中的資料持有者）把數字 u 隨機拆分成三個數字 $[u]_1, [u]_2, [u]_3$，並確保 $u=[u]_1+[u]_2+[u]_3$。

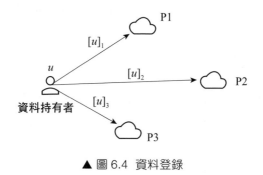

▲ 圖 6.4 資料登錄

（2）資料提供方把 $[u]_1$ 發送給計算方 1，即 P1。

（3）資料提供方把 $[u]_2$ 發送給計算方 2，即 P2。

（4）資料提供方把 $[u]_3$ 發送給計算方 3，即 P3。

結果輸出：當完成計算後，可以透過把所有計算方的結果合併在一起的方式，獲得最終的計算結果，輸出結果從密態到明文的轉換過程如下：

（1）計算方 1（P1）把結果 $[u]_1$ 發送給結果獲取方（即圖 6.5 中的資料持有者）。

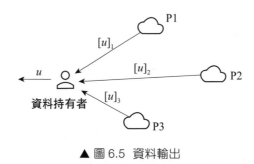

▲ 圖 6.5 資料輸出

（2）計算方 2（P2）把結果 $[u]_2$ 發送給結果獲取方。

（3）計算方 3（P3）把結果 $[u]_3$ 發送給結果獲取方。

（4）結果獲取方把三個分片 $[u]_1, [u]_2, [u]_3$ 相加獲得最終計算結果 u。

6.3.2 密態計算

解釋完輸入 / 輸出部分，再來看 Sharemind 的計算協定。計算協定都是在密態上進行的，以確保整個計算過程中不會有任何資訊洩露，整個協定可以大致分成三塊：加法協定、乘法協定和比較協定。

1. 加法協定

由於 Sharemind 是以加法秘密分享為基礎的,所以其具有加法同態性。所謂的加法同態,指的是透過對加密直接進行運算,可以得到明文的加法結果,較為正式地描述為:

$$f(x+y) = A[f(x), f(y)]$$

$$f(\alpha x) = \alpha \odot f(x)$$

其中,f 為明文到密態的映射函數,A 和 $\odot$ 為施加在加密上的操作函數,舉例來說,對於許多加法同態的加密演算法,f 為加密函數,$A(x, y) = x * y$,$\alpha \odot c = c^{\alpha}$。同樣對加法秘密分享來說,$f$ 對應為以下的函數:

$$f_i(u) = U_n^i(\{R_\kappa(1), R_\kappa(2), u - R_\kappa(1) - R_\kappa(2)\})$$

其中,$U_n^i(x_1, \cdots, x_n) = x_i$ 為集合的選擇函數,$R_\kappa(x)$ 為 PRF(偽隨機函數),用於生成隨機數,其中 $f_1(u) = R_\kappa(1) = [u]_1$,$f_2(u) = R_\kappa(2) = [u]_2$,$f_3(u) = u - R_\kappa(1) - R_\kappa(2) = [u]_3$,對應的 $A(x, y) = x + y$,$\alpha \odot c = \alpha * c$。

對此得到以下的演算法流程。假設有兩個數字 u 和 v 已經採用加法秘密分享存放在三個計算方:P1(擁有 $[u]_1, [v]_2$)、P2(擁有 $[u]_2, [v]_2$)、P3(擁有 $[u]_3, [v]_3$),則 $w=u+v$ 的流程以下(加法協定 $\boldsymbol{\Pi}_{add}(\boldsymbol{u}, \boldsymbol{v})$):

(1)計算方 1(P1)執行 $[w]_1 = [u]_1 + [v]_1$。

(2)計算方 2(P2)執行 $[w]_2 = [u]_2 + [v]_2$。

(3)計算方 3(P3)執行 $[w]_3 = [u]_3 + [v]_3$。對應地,需要進行 scale 操作時各方各內部執行 $[w]_i = \alpha[u]_i$。

2. 乘法協定

相比較於加法協定，以加法秘密分享為基礎的乘法協定，計算方之間需要進行互動來得到計算結果，即 $w = u \times v = [w]_1 + [w]_2 + [w]_3$。

乘法協議相對要複雜一些。假設有兩個數字 u 和 v 已經採用加法秘密分享存放在三個計算方：P1（擁有 $[u]_1, [v]_1$）、P2（擁有 $[u]_2, [v]_2$）、P3（擁有 $[u]_3, [v]_3$），則 $u \times v$ 可以表示成 $uv = \sum_{i \in Z_3} [u]_i [v]_i + \sum_{i \neq j, i \in Z_3, j \in Z_3} [u]_i [v]_j$，其中前半 $\sum_{i \in Z_3} [u]_i [v]_i$ 可以由計算方 P1、P2、P3 各自在本地進行計算，而後半部分 $\sum_{i \neq j, i \in Z_3, j \in Z_3} [u]_i [v]_j$ 則需要幾個計算方配合來完成，我們以 $[u]_1 [v]_2$ 為例看一下後半部分其中一項的計算過程。

觀察到 $u_1 u_2 = -(u_1 + r_1)(u_2 + r_2) + u_1(u_2 + r_2) + (u_1 + r_1)u_2 + r_1 r_2$，對第 2 方 P2 來說只知道 $u_1 + r_1$ 不會洩露 u_1 的資訊，同理對第 1 方 P1 來說只知道 $u_2 + r_2$ 不會洩露 u_1 的資訊，對此設計協定由第 3 方 P3 來輔助生成 r_1、r_2 來協作計算 $u_1 u_2$。

部分乘法協定 $\Pi'_{\text{mul}}(u_1, v_2)$，如圖 6.6 所示，計算流程如下。

（1）計算方 3（P3）隨機產生兩個隨機數 r_1, r_2。

（2）計算方 3（P3）把 r_1 發送給計算方 1（P1）。

（3）計算方 3（P3）把 r_2 發送給計算方 2（P2）。

（4）計算方 1（P1）計算 $x_1 = [u]_1 + r_1$，並將其發送給計算方 2（P2）。

（5）計算方 2（P2）計算 $x_2 = [u]_2 + r_2$，並將其發送給計算方 1（P1）。

（6）計算方 1（P1）計算 $[w'_{1,2}]_1 = -([u]_1 + r_1)x_2 + [u]_1 x_2$。

（7）計算方 2（P2）計算 $[w'_{1,2}]_2 = x_1 [u]_2$。

（8）計算方 3（P3）計算 $[w'_{1,2}]_3 = r_1 r_2$。

對此我們獲得了 $w'_{1,2} = [w'_{1,2}]_1 + [w'_{1,2}]_2 + [w'_{1,2}]_3 = [u]_1 [v]_2$。

接下來用上述方法可以計算出後半部分 $\sum_{i \ne j, i \in Z_3, j \in Z_3} [u]_i [v]_j$ 中的每一個乘積項，再把前後兩半部分相加就獲得了最終的計算結果，得到乘法協定。

乘法協定 $\Pi_{mul}(u, v)$，其計算流程如下。

（1）計算方 k 各自計算 $[w'_0]_k = [u]_k [v]_k$。

（2）所有計算方執行部分乘法協定 $\Pi'_{mul}(u_i, v_j); i, j \in Z_3, i \ne j$ 得到 $[w'_{i,j}]_k$。

（3）各方計算得到 $[w]_k = [w'_0]_k + \sum_{i,j} [w'_{i,j}]_k$。

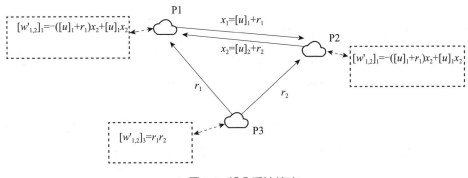

▲ 圖 6.6 部分乘法協定

當計算完成後，我們就獲得了乘法分片 $[w] = [u \times v] = [w]_1 + [w]_2 + [w]_3$，每個計算方存放 $u \times v$ 的密態分片資訊 $[u \times v]$。

3. 比較協定

比較協定要解決的問題是，兩個在密態的數 u 和 v，如何比較它們的大小。我們可以把這個問題轉換一下，先求出 $w = u - v$，再獲取 w 最高位元的值（Most Significant Bit, MSB），如果 w 的最高位為 0，則表示 $u \geq v$，反之則表示 $u < v$。$w = u - v$ 的計算可以用前面的加法協議解決，因此難點就變成了如何在密態下獲取 w 最高位的值。想要得到 MSB，首先需要將算術域上的分享百分比轉換成布林分享百分比，然後再取最高位元來得到 MSB。

假設計算方 1, 2, 3 分別擁有 $[w]_1$, $[w]_2$, $[w]_3$，目的是在密態下獲得 w 的最高位元 $w^{(31)} = [w^{(31)}]_1 + [w^{(31)}]_2 + [w^{(31)}]_3$，整個計算過程可以分成以下 3 步。

第 1 步：各個計算方生成隨機數 $[r]$，並用 $[r]$ 隱藏掉 $[w]$，得到 $[x] = [w] - [r]$，並讓計算方 1 獲得明文 x，此時就把獲取 w 最高位元的值的問題，轉換成了獲取 $x+r$ 最高位元的值的問題了（見下面的步驟（1）～步驟（5））。

第 2 步：把 x 的每一位元都轉換成一個分享態的變數 $[x^{(31)}], \cdots, [x^{(0)}]$（見下面的步驟（6）～步驟（8）），而 r 的每一位元也已經是一個分享態的變數了 $[r^{(31)}], \cdots, [r^{(0)}]$（見下面的步驟（1）～步驟（5））。

第 3 步：透過密態變數下的逐位元元加法，得到 32 位元布林分享百分比，最後截取 $x+r$ 最高位元的值，即 w 最高位元的值。

該過程稱為 A2B 協定 [A2B 協定 $\mathbf{\Pi}_{\mathbf{A2B}}(w)$]，計算步驟如下。

（1）計算方 1（P1）隨機生成 32 個隨機數 $[r^{(31)}]_1, \cdots, [r^{(0)}]_1 \in \{0,1\}$，並用這 32 個隨機數作為 32 個 bit，生成新的隨機數 $[r]_1 = 2^{31} \cdot [r^{(31)}]_1 + \cdots + 2^0 \cdot [r^0]_1$，用隨機數 $[r]_1$ 對 $[w]_1$ 做掩蓋 $[x]_1 = [w]_1 - [r]_1$。

（2）計算方 2（P2）隨機生成 32 個隨機數 $[r^{(31)}]_2, \cdots, [r^{(0)}]_2 \in \{0,1\}$，並用這 32 個隨機數作為 32 位元，生成新的隨機數 $[r]_2 = 2^{31} \cdot [r^{(31)}]_2 + \cdots + 2^0 \cdot [r^0]_2$，

用隨機數 $[r]_2$ 對 $[w]_2$ 做掩蓋 $[x]_2 = [w]_2-[r]_2$。

（3）計算方 2（P2）把 $[x]_2$ 發送給計算方 1。

（4）計算方 3（P3）隨機生成 32 個隨機數 $[r^{(31)}]_3,\cdots,[r^{(0)}]_3 \in \{0,1\}$，並用這 32 個隨機數作為 32 位元，生成新的隨機數 $[r]_3 = 2^{31}\cdot[r^{(31)}]_3 +\cdots+2^0\cdot[r^0]_3$，用隨機數 $[r]3$ 對做掩蓋 $[x]_3 = [w]_3-[r]_3$。

（5）計算方 3（P3）把 $[x]_3$ 發送給計算方 1。

（6）計算方 1（P1）合併得到 $x=[x]_1+[x]_2+[x]_3$，並可以得到 x 的 32 位元上的值，$x^{(31)},\cdots,x^{(0)} \in \{0,1\}$，然後初始化 32 個變數 $[x^{(31)}]_1 = x^{(31)},\cdots,[x^{(0)}]_1 = x^{(0)}$。

（7）計算方 2（P2）初始化 32 個變數 $[x^{(31)}]_2 = 0,\cdots,[x^{(0)}]_2 = 0$。

（8）計算方 3（P3）初始化 32 個變數 $[x^{(31)}]_3 = 0,\cdots,[x^{(0)}]_3 = 0$。

（9）此時計算方 1, 2, 3 擁有了密態的 $[x^{(31)}],\cdots,[x^{(0)}]$ 和 $[r^{(31)}],\cdots,[r^{(0)}]$，設 $w^{(0)} = 0$，按 $i=0\sim31$ 的順序，利用前兩節中的加法和乘法協定，計算 $w^{(i)} = x^{(i)}\cdot r^{(i)} + (1-x^{(i)}\cdot r^{(i)})\cdot w^{(i-1)}\cdot(x^{(i)} + r^{(i)})$，最終的 $w^{(31)}$ 就是 w 最高位元的值，即 u 和 v 的比較結果。

6.3.3 結果輸出

結果輸出的過程比較簡單，因為計算結果是利用加法秘密分享協定存放在各個計算方的，因此結果獲取方只需要從所有計算方中獲取計算結果的分片，然後自己對所有分片進行求和，就可以獲得完整的計算結果。

6.4 ABY 框架

ABY 是一個混合協定框架 [129]，同時支持以 Beaver Triple 為基礎的算術分享（Arithmetic Sharing）、以 GMW 協定為基礎的布林分享（Boolean Sharing）和以混淆電路為基礎的姚氏分享（Yao Sharing）。整個框架的設計有點像一個虛擬機器，支援固定長度的資料類型和最基本的運算運算元（例如：加、乘、與、互斥等）。混合協定加上基本運算運算元的設計，使得框架具備很強的靈活性：

- 由於有底層最基本的運算運算元的支援，上層可以使用不同的高階語言來描述複雜的演算法表示，演算法最終會被轉換成最基本的運算運算元執行。
- 由於採用混合協定，而每種協定具有完全不同的特性（比如姚氏分享的互動次數是常數，而布林分享支援離線計算等），因此在不同的應用場景中，可以採用不同的協定以提升整體的計算效率。

ABY 支持的三種協定在整體架構上比較類似，每種協定都支持明文態轉加密態、加密態轉明文態，以及以加密為基礎的基本運算，只是不同協定的明文與加密轉換方式不同，支援的基本運算也不同。

1. 算術分享

顧名思義，算術分享（即輸入資料階段）主要是針對數位的算術操作。我們先看看如何把一個數字從明文態轉成密文態。設兩方分別用計算方 0（P0）和計算方 1（P1）表示，計算方 0 同時兼具資料登錄方的角色，需要把明文數字 $x \in Z_{2^{32}}$ 轉成密文態，整個過程如下：

（1）計算方 0、1 在計算前持有相同的隨機數種子 k，計算方 0、1 使用 k 生成隨機數 $r \in Z_{2^{32}}$。

（2）計算方 0 用 x 和隨機數 r 生成自己的加密 $[x]_0^A = x - r$（這裡 $[x]$ 表示 x 的秘密分享態，上標 A 表示算術分享協定 (Arithmetic Sharing)，索引 0 表示資料存放在計算方 0），計算方 1 用隨機數 r 作為自己的加密 $[x]_1^A = r$，可以看到 $x = [x]_0^A + [x]_1^A$。

透過上述兩步，就完成了 x 從明文態轉換到加密態的過程。我們將這樣兩方的秘密分享，並需要兩方來打開秘密分享的 share 稱為 2-out-of-2 share，前一個 2 指的是打開需要的百分比數，後一個 2 指的是總共的百分比數。當需要打開秘密分享時，只需要其中一方把持有的加密發送給另一方，然後收到加密的這一方對兩個加密進行相加，就恢復出了明文。

可以看出這是一個加法同態的分享，所以進行密態加法時，只需要將本地的分享百分比相加即可，即，$x = [x]_0^A + [x]_1^A$，$y = [y]_0^A + [y]_1^A$，$[z]_i^A = [x]_i^A + [y]_i^A$。

x 和數字 y 的加密，記為 $[x]_0^A$、$[y]_0^A$ 和 $[x]_1^A$、$[y]_1^A$，求 $z = x \bullet y = [z]_0^A + [z]_1^A$，如圖 6.7 所示。

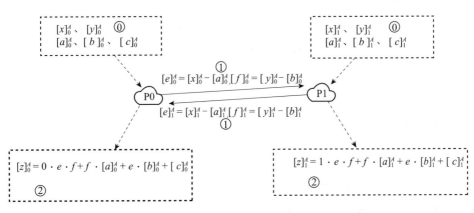

▲ 圖 6.7 算術乘法協定

算術乘法協定 $\Pi_{mul}^A(x, y)$，計算流程如下。

（1）首先計算雙方需要各自生成一組三元組（BeaverTriple）$[a]_i^A$、$[b]_i^A$、$[c]_i^A$，三元組中每個元素都是一個隨機值，與 x 和 y 的設定值完全無關，雙方不能知道對方的三元組設定值，且滿足條件：$c = a \cdot b = [c]_0^A + [c]_1^A = ([a]_0^A + [a]_1^A) \cdot ([b]_0^A + [b]_1^A)$。如何安全地生成三元組有多種實現，在這裡先不做描述。有了三元組之後，按照圖 6.7 所展示的步驟，雙方使用 Beaver 三元組來掩蓋 x 和 y 的值（$[e]_i^A = [x]_i^A - [a]_i^A, [f]_i^A = [y]_i^A - [b]_i^A$）。

（2）打開 e 和 f，得到 $e = x-a, f = y-b$，由於 a, b 與 x, y 完全獨立，所以 e 和 f 不會洩露任何有關 x, y 的資訊。

（3）計算得到 $[z]_i^A = i \cdot e \cdot f + f \cdot [a]_i^A + e \cdot [b]_i^A + [c]_i^A$。

可以進行簡單的驗證，打開 z 得到 $z = ef + fa + eb + c = xy$。至於先前討論的如何安全生成滿足條件的三元組，這裡有三種方法：第一種是計算雙方以同態加密技術為基礎來生成三元組；第二種是計算雙方以不經意傳輸協定為基礎來生成三元組；第三種是由一個半可信第三方來生成三元組，之後再把生成的三元組透過秘密頻道分發給計算雙方，為了增加安全性，可以讓可信執行硬體（TEE）來充當這個半可信的第三方。

2. 布林分享

布林分享與算術分享極為類似，唯一的區別在於算術分享在 $Z_{2^{32}}$ 上而布林分享在 Z_2 上，所以只需要將算術分享中的加法和減法運算替換為互斥運算，乘法運算替換為與運算即可。

（1）布林分享協定 $\Pi_{\text{share}}^{B}(x)$

① 計算方 0、1 在計算前持有相同的隨機數種子 k，計算方 0、1 使用 k 生成隨機數 $r \in Z_2$。

② 計算方 0 用 x 和隨機數 r 生成自己的加密 $[x]_0^B = x \oplus r$，計算方 1 用隨機數 r 作為自己的加密 $[x]_1^B = r$，可以看到 $x = [x]_0^B \oplus [x]_1^B$。

（2）布林互斥協定 $\Pi_{\text{xor}}^{B}(x, y)$

計算方 0、1 在本地對分享百分比進行互斥得到新的分享百分比，$[z]_i^B = [x]_i^B \oplus [y]_i^B$。

（3）布林與協定 $\Pi_{\text{and}}^{B}(x, y)$

① 計算雙方持有一位元的及閘三元組（ $c = a \cdot b$，計算方持有 $[a]_i^B$、$[b]_i^B$、$[c]_i^B$），雙方使用該三元組來掩蓋 x 和 y 的值（ $[e]_i^B = [x]_i^B \oplus [a]_i^B, [f]_i^B = [y]_i^B \oplus [b]_i^B$ ）。

② 打開 e 和 f，得到 $e = x \oplus a, f = y \oplus b$。

③ 計算得到 $[z]_i^B = i \cdot e \cdot f \oplus f \cdot [a]_i^B \oplus e \cdot [b]_i^B \oplus [c]_i^B$。

這裡需要提到的是，布林分享下生成及閘三元組，可以由一個 $R-\text{OT}_1^2$ 得到（見之前的 OT 章節）。

3. Yao 分享

在之前的章節仲介紹了 Yao 的混淆電路，其在做邏輯運算時比多方電路的協定速度快得多。在 Yao 的混淆電路協定中，參與計算的兩方其中一方作為混淆者一方作為評估者，混淆者將一個布林函數加密成混淆表，而評估者根據布林電路和混淆表及輸入評估電路，得到輸出。具體來說，混淆者對一個布林電路的每個門輸入端生成兩個端金鑰（$k_0^w, k_1^w \in \{0,1\}^\kappa$），然後混淆者使用對應的金鑰加密對應的輸出，如 $0 \cdot 1 = 0$，則採用 $k_0^{w_1}, k_1^{w_2}$ 來加密 $k_0^{w_3}$，將所有的可能都加密一遍生成混淆表，然後將該混淆表發送給評估者，同時將輸入對應的金鑰發送給評估者，評估者透過 OT 來獲取其他的輸入金鑰，然後依次解密得到最後的評估金鑰。對於混淆電路的各種優化可參見之前混淆電路的章節。

在協定描述中需要提及 free-XOR 和 point-and-permute 技術，採用該技術，混淆者選擇隨機數 R，且令 $R[0]=1$（為了使互斥後選擇位數值相反），對所有的門輸入端生成 $k_0^w \in \{0,1\}^\kappa$，令 $k_1^w = k_0^w \oplus R$，$k_1^w[0]$ 和 $k_0^w[0]$ 稱為置換位元（選擇位元）。

此時，計算方 0（P0）持有 k_0^w, k_1^w，計算方 1（P1）持有 k_x^w 但不知道 x 的值。

（1）Yao 分享協定 $\Pi_{\text{share}}^Y(x)$

① 計算方 0（P0）隨機生成上述的 k_0^w 和 R。

② 輸入方使用 OT 得到 k_x^w 並將 k_x^w 發送給計算方 1（P1）。由此 $[x]_0^Y = k_0^w$，$[x]_1^Y = k_x^w = k_0^w \oplus xR$。

由於只需要判斷 $[x]_0^Y$ 是否與 $[x]_1^Y$ 相等，若相等則明文為 0，若不等則明文為 1，所以重構協定非常簡單，雙方互相發送百分比的置換位元然後將其互斥得到明文。

（2）Yao 重構協定 $\Pi_{\text{open}}^Y(x)$

計算方發送 $[x]_i^Y[0]$，得到 $x = [x]_i^Y[0] \oplus [x]_{1-i}^Y[0]$。

（3）Yao 互斥協定 $\boldsymbol{\Pi}_{xor}^{Y}(x,y)$

計算方本地互斥得到新的百分比，$[z]_i^Y = [x]_i^Y \oplus [y]_i^Y$。

（4）Yao 與協定 $\boldsymbol{\Pi}_{and}^{Y}(x,y)$

① 計算方 0（P0）建構及閘的混淆表（由於其知曉 k_0^w 和 R ），將混淆表發送給計算方 1（P1），設定新的百分比為 $[z]_0^Y = k_0^{w_3}$。

② 計算方 1 根據 $k_x^{w_1}$ 和 $k_y^{w_2}$ 評估混淆表得到 $k_z^{w_3}$，設定新的百分比為 $[z]_1^Y = k_z^{w_3}$。

4. 百分比轉換

由於不同的分享方式具有在不同運算上的優勢，所以需要由轉換協定來進行不同分享百分比之間的轉換。

（1）Yao 百分比到布林百分比的轉換 (Y2B)

從 Yao 百分比轉化到布林百分比不需要進行網路通訊，兩方只需要在 Yao 百分比中取置換位元即可，即 $[x]_i^B = [x]_i^Y[0]$。

（2）布林百分比到 Yao 百分比的轉換 (B2Y)

布林百分比轉換成 Yao 百分比需要使用 OT，計算方 0（P0）隨機生成 $[x]_0^Y = k_0 \in \{0,1\}^\kappa$，以及 $R \in \{0,1\}^\kappa$，計算方 0（P0）使用 OT 輸入 $(k_0 \oplus [x]_0^B \cdot R; k_0 \oplus (1-[x]_0^B) \cdot R)$ 而計算方 1（P1）將自己的布林百分比 $[x]_1^B$ 作為選擇位元得到 $[x]_1^Y = [x]_1^B \oplus k_0 \oplus [x]_0^B \cdot R = [x]_1^B \oplus [x]_0^B \oplus k_0 \cdot R = k_0 \oplus x \cdot R$。

（3）算術百分比到 Yao 百分比的轉換 (A2Y)

算術百分比轉化為 Yao 百分比的過程較為簡單，但負擔較大，首先雙方各自將算術百分比作為輸入進行 Yao 百分比的分享，即執行 $\Pi_{share}^{Y}([x]_i^A[j])$，

其中 j 為算術域的位數，為此我們得到 $[[x]_0^A]_i^Y$ 及 $[[x]_1^A]_i^Y$，然後使用加法電路計算 $[x]_i^Y = [[x]_0^A]_i^Y + [[x]_1^A]_i^Y$。

（4）算術百分比到布林百分比的轉換 (A2B)

算術百分比轉化為布林百分比的方法有許多，較為常見的是使用加法電路，類似於 A2Y 的方法，兩方先將各自的算術百分比做一次布林分享，得到 $[[x]_0^A]_i^B$、$[[x]_1^A]_i^B$，再使用加法器對兩個布林百分比進行相加，得到 $[x]_i^B = [[x]_0^A]_i^B + [[x]_1^A]_i^B$。需要注意的是，這裡的加法是加密下的進位加法，不考慮最佳化的話每次進位需要進行兩次與操作，一個 32 位元的加法需要 64 次執行與操作，通訊負擔極大。因此可以考慮採用平行前綴加法器，將該負擔減少至原來的 1/6。而在 ABY 協定中採用了先將算術百分比轉化為 Yao 百分比，再將 Yao 百分比轉化為布林百分比的方法，即 $[x]_i^B = \text{Y2B}(\text{A2Y}([x]_i^A))$。

（5）布林百分比到算術百分比的轉換 (B2A)

布林百分比到算術百分比的轉換，可以採用 OT 來實現，以一位元的布林百分比為例，計算方 0（P0）隨機生成 $r \in \{0,1\}^l$，l 為算術域的位數，並將其作為算術百分比 $[x]_0^A = r$。計算方 0（P0）輸入 $([x]_0^B - r, 1 - [x]_0^B - r)$，計算方 1（P1）輸入 $[x]_1^B$ 作為選擇位元，得到 $[x]_0^A = [x]_0^B \oplus [x]_1^B - r = x - r$。對應多位的布林百分比只需要多次執行以上步驟，然後將得到的百分比在本地放大 $2j$ 倍相加即可。

（6）Yao 百分比到算術百分比的轉換（Y2A）

關於 Yao 百分比到算術百分比的轉換，直觀能想到的是某一方先 Yao 分享一個隨機值 $r \in \{0,1\}^\kappa$ 得到 $[r]_i^Y$，再使用減法電路計算 $[d]_i^Y = [x]_i^Y - [r]_i^Y$，然後向另一方打開 $d = x - r$，得到 d 和 r 這樣的算術百分比。但在 ABY 中可以先將 Yao 百分比轉為布林份額，然後由布林百分比轉為算術百分比，即 $[x]_i^A = \text{B2A}(\text{Y2B}([x]_i^Y))$。

至此，就可以實現整個協定了，其在計算乘法加法等操作時在 A 下完成，需要進行比較等邏輯操作時，先選擇轉換到 Y 或 B 上進行，然後權衡利弊採用 B 還是 A 或 Y 進行計算以此減少負擔，這是目前較為熱門的研究。

根據上面的描述，我們不難發現 ABY 的確無法處理惡意的威脅模式，其只能執行在半誠實模型下。並且，其在算術百分比上採用了最為古老的加法秘密分享，該方案在計算乘法時需要發送 $4l$ 的通訊量，而目前較優的方案只需 $2l$ 的通訊量。針對前一個問題，由於半誠實模型已經可以滿足絕大多數企業的安全需求，而對於後一個問題，ABY 的部分作者實際上提出了新的協定，雖然沒有具體實現到框架中，但接下來將大致描述新的協定。實際上對於 ABY 後來又名為 ABY3[130] 的研究，其在三方情況下設計了類似的協定，該協定採用了 replicated secret share 的形式，在三方情況下進行乘法需要 $3l$ 的通訊量。

5. ABY2.0

下面簡單介紹下 replicated secret sharing 和 Masked secret sharing。

replicated secret sharing（複製秘密分享）是一種 2-out-of-3 的分享，其形式為將 x 拆解為三份 $x=x_0+x_1+x_2$，然後對於計算的三方，每方持有其中的 $2/3$，即 P_i 持有 (x_i , x_{i+1})。進行乘法計算 $[z]=[xy]$ 時只需要將 $x_i y_{i+1}$ 發送至第 $i+1$ 方，每方設定 $[z]_i = x_i y_i + x_{i+1} y_i + x_{i-1} y_i$ 得到新的百分比，所以需要的通訊量為 $3l$。

Masked secret sharing 是 replicated secret sharing 協定在 2 方協定上的設計，是一種 2-out-of-2 的分享，同樣將 x 拆解為三份 $x = U - \delta_x$，$\delta_x = [\delta_x]_0 + [\delta_x]_1$，對應第 i 方持有 $(U, [\delta_x]_i)$。其生成方法為，計算方 i 對整個 MPC 電路的 x 變數生成 $[\delta_x]_i$，進行分享輸入時輸入方得到 δ_x 並生成 $U = x + \delta_x$ 然後發送至計算方 i。對於乘法 $z = xy$，類似於加法秘密分享，需要進行預計算，與加法秘密分享生成 Beaver 三元組不同，在該協定中只需要生成 $[\delta_{x,y}] = [\delta_x \cdot \delta_y]$，並且已知計算方對變數 x, y, z 生成量 $[\delta_x]_i, [\delta_y]_i, [\delta_z]_i$，該過程可以透過第三方計算、以 OT 為基礎的協定或是以同態加密等方法為基礎來產生。對此雙方設定 $[U]_i = i \cdot U_x U_y - U_x [\delta_y]_i - U_y [\delta_x]_i + [\delta_{x,y}]_i + [\delta_z]_i$，並將其發送給另一方，打開 $U = U_x U_y - U_x \delta_y - U_y \delta_x + \delta_{x,y} + \delta_z$，可以簡單地驗證 $U - \delta_z = U_x U_y - U_x \delta_y - U_y \delta_x + \delta_{x,y} = (U_x - \delta_x)(U_y - \delta_y) = x_y$，雙方持有 $(U, [\delta_z]_i)$。

ABY2.0[s131] 以 Masked secret sharing 為基礎實現。

（1）算術分享

計算方 i 持有 $[\![x]\!]_i^A = (U, [\delta_x]_i)$。計算方 i 在本地進行加法計算 $[\![x]\!]_i^A + [\![y]\!]_i^A = (U_x + U_y, [\delta_x]_i + [\delta_y]_i)$。對於分享協定和乘法協定如下。

- 算術分享協定 $\Pi_{\text{share}}^A(x)$

① 預計算：計算方 i 生成 $[\delta_x]_i$（使用 $\text{PRF}_j(k_i) \to [\delta_x]_i$，$k_i$ 為事先分配好的隨機金鑰，j 為第 j 個變數）。

② 輸入：輸入方輸入 $U = x + \delta_x$，然後給所有的計算方（使用 $\text{PRF}_j(k_i) \to [\delta_x]_i$，$\delta_x = \sum [\delta_x]_i$）。

- 算術乘法協定 $\Pi_{\text{mul}}^A(x, y)$

① 預計算：對 $z = xy$，計算方 i 在輸入階段已經生成 $[\delta_x]_i$，$[\delta_y]_i$，$[\delta_z]_i$，並協同另一方計算得到 $[\delta_x \delta_y]_i$（借助 OT 或 HE 或第三方）。

② 計算：計算方在本地計算 $[U_z]_i =_i \cdot U_x U_y - U_x [\delta_y]_i - U_y [\delta_x]_i + [\delta_{x,y}]_i + [\delta z]_i$，並透過 $2l$ 的通訊量打開 U_z，得到 $[\![z]\!]_i^A = (U_z, [\delta_z]_i)$。

（2）布林分享

對於布林分享，本質上為算術分享將範圍從 Z_{2^l} 轉到 Z_{2^l} 上，即計算方 i 持有 $[\![x]\!]_i^B = (U, [\delta_x]_i)$。計算方 i 在本地進行互斥計算 $[\![x]\!]_i^B \oplus [\![y]\!]_i^B = (U_x \oplus U_y, [\delta_x]_i \oplus [\delta_y]_i)$。

對於分享協定和乘法協定如下。

■ 布林分享協定 $\Pi_{share}^B(x)$

① 預計算：計算方 i 生成 $[\delta_x]_i$（使用 $PRF_j(k_i) \to [\delta_x]_i$）。

② 輸入：輸入方輸入 $U = x \oplus \delta_x$，然後給所有的計算方（使用 $PRF_j(k_i) \to [\delta_x]_i$，$\delta_x = [\delta_x]_0 \oplus [\delta_x]_1$）。

■ 算術乘法協定 $\Pi_{mul}^A(x, y)$

① 預計算：對 $z = xy$，計算方 i 在輸入階段已經生成 $[\delta_x]_i, [\delta_y]_i, [\delta_z]_i$，並協作另一方計算得到 $[\delta_x \delta_y]_i$（借助 OT 或 HE 或第三方）。

② 計算：計算方在本地計算 $[U_z]_i = i \cdot U_x U_y \oplus U_x [\delta_y]_i \oplus U_y [\delta_x]_i \oplus [\delta_{x,y}]_i \oplus [\delta_z]_i$，並透過 2bits 的通訊量打開 U_z，得到 $[\![z]\!]_i^B = (U_z, [\delta_z]_i)$。

（3）Yao 分享

對於 Yao 分享，該協議採用與 ABY 完全一致的方法，即 $[\![x]\!]_0^Y = k_0^w$，$[\![x]\!]_1^Y = k_x^w = k_0^w \oplus xR$，其具體描述見 6.3.1 節。

（4）百分比轉換

■ Y2B

對於 $[\![x]\!]_i^Y$，透過 $[\![x]\!]_0^Y[0] \oplus [\![x]\!]_1^Y[0]$ 來得到 x，所以兩計算方各自做一次 $\Pi_{share}^B([\![x]\!]_i^Y)$ 得到 $[\![x]\!]_{0i}^{YB}$ 和 $[\![x]\!]_{1i}^{YB}$，兩方在本地計算 $[\![x]\!]_i^B = [\![x]\!]_{0i}^{YB} \oplus [\![x]\!]_{1i}^{YB}$。

- B2Y

將布林百分比轉為 Yao 百分比的過程與 Y2B 類似，首先計算方計算 $x_i = (1-i)U_x \oplus [\delta_x]_i$，然後兩方各自將 x_i 做 $\Pi^Y_{\text{share}}(x_i)$ 得到 $[\![x]\!]^Y_{0i}$ 和 $[\![x]\!]^Y_{1i}$，由於採用 free-XOR 的技術，做 Yao 下的互斥操作可以直接在本地進行加密互斥操作來實現，所以得到 $[\![x]\!]^Y_i = [\![x]\!]^Y_{0i} \oplus [\![x]\!]^Y_{1i}$。

- A2Y

在該協定中 A2Y 採用與 ABY 類似的方法，首先計算方計算 $xi=(1-i)U_x-[\delta_x]_i$，顯然 $x=x_0+x_1$，然後採用 ABY 中的方法先使用 $\Pi^Y_{\text{share}}(x_i)$ 得到 x^Y_{0i} 和 x^Y_{1i}，然後採用加法電路計算 $[\![x]\!]^Y_i = [\![x]\!]^Y_{0i} + [\![x]\!]^Y_{1i}$。

- Y2A

與 ABY 類似，一方先做一次 $\Pi^Y_{\text{share}}(r)$，得到 $[\![r]\!]^Y_i$，使用加法電路得到 $[\![d]\!]^Y_i = [\![x]\!]^Y_i + [\![r]\!]^Y_i$，然後令另一方得到 $d = x + r$，接下來再分別做一次 $\Pi^A_{\text{share}}(r)$ 和 $\Pi^A_{\text{share}}(d)$，得到 $[\![r]\!]^A_i$ 和 $[\![d]\!]^A_i$，然後在本地計算 $[\![x]\!]^A_i = [\![d]\!]^A_i - [\![r]\!]^A_i$。

- A2B

與 ABY 類似，可以採用兩種方法實現 A2B，一種是計算 $x_i=(1-i)U_x-[\delta_x]_i$，再將 x_i 使用 $\Pi^B_{\text{share}}(x_i)$ 得到布林百分比 $[\![x]\!]^B_{0i}$ 和 $[\![x]\!]^B_{1i}$，然後採用加法器得到 $[\![x]\!]^B_i = [\![x]\!]^B_{0i} + [\![x]\!]^B_{1i}$，其中該加法器可以採用平行字首加法器來最佳化乘法次數。另一種則採用 Y2B(A2Y($[\![x]\!]^A_i$)) 來實現。

- Bit2A

對於一位元的布林百分比 $[\![x]\!]^B_i$，$x = U_x \oplus \delta_x$ 可以將其轉化到算術域 Z_{2^l} 上，其表達為 $x = U_x + \delta_x - 2U_x\delta_x$，故計算方在本地計算 $[x]_i = iU_x + (1-2U_x)[\delta_x]_i$，同時執行 $\Pi^A_{\text{share}}([x]_0)$ 和 $\Pi^A_{\text{share}}([x]_1)$ 得到 $[\![x]_0]\!]^A_i$ 和 $[\![x]_1]\!]^A_i$，最後計算 $[\![x]\!]^A_i = [\![x]_0]\!]^A_i + [\![x]_1]\!]^A_i$。

■ B2A

與 Y2A 類似，可以採用先 $\Pi^B_{\text{share}}(r)$，得到 $[\![r]\!]^B_i$，再使用減法器計算 $[\![d]\!]^B_i = [\![x]\!]^B_i + [\![r]\!]^B_i$，然後打開 d，再分別做一次 $\Pi^A_{\text{share}}(r)$ 和 $\Pi^A_{\text{share}}(d)$ 得到 $[\![r]\!]^A_i$ 和 $[\![d]\!]^A_i$，最後在本地計算 $[\![x]\!]^A_i = [\![d]\!]^A_i + [\![r]\!]^A_i$。由於此方法的輪次與算術域的範圍 l 有關，所以不是常數輪的通信。考慮到這點，可以採用 Bit2A 的方法，$[v_j]^A_i = \text{Bit2A}([\![x]\!]^B_i[j])$，$[x]^A_i = \sum_j 2^j [v_j]^A_i$。

6.5 惡意威脅模型下的框架

在半誠實的威脅模型下，我們不需要考慮使用者的作惡情況，但在某些情況下，需要考慮更高的安全性。某些協定支援惡意威脅下的安全性，對於該類協定，可以透過是否需要滿足誠實的大多數（允許作惡方是否超過半數）將其劃分為兩類。目前此類框架最為流行的是由 SPDZ2 框架進一步開發的 MP-SPDZ[132] 和 SCALE-MAMBA[133]。

6.5.1 SPDZ 和 BMR

SPDZ[134] 是一類可以執行在惡意威脅模型下的 MPC 協定。其於 2012 年被提出後，在接下來的許多年中被不斷最佳化和改進，衍生出一類協定。

相對應的 BMR 是另外一種協定，表現為 Yao 的混淆電路的三方版本，其採用了一系列措施，使其能執行在惡意威脅模型下。

對應上面提到的種種安全多方計算電路協定和混淆電路協定，SPDZ 和 BMR 可以看作是其在惡意威脅環境下的表現。

表 6.4 列出了 SPDZ 的各種協定和 BMR 的協定的比較。

表 6.4 協定比較 [132]

安全模型	作用在域上（Z_p）	作用在環上（Z_{2^n}）	作用在布林上（Z_{2^1}）	基於混淆電路
惡意威脅模型，不誠實的大多數	MASCOT	SPDZ2k	Tiny	BMR
轉換威脅模型，不誠實的大多數	CowGear/ ChaiGear	N/A	N/A	N/A
半誠實威脅模型，不誠實的大多數	Semi/Hemi/Soho	Semi2k	SemiBin	Yao/BMR
惡意威脅模型，誠實的大多數	Shamir/Rep3	Brain/Rep3	Rep3/CCD	BMR
半誠實威脅模型，誠實的大多	Shamir/Rep	Rep3	Rep3/CCD	BMR

其中 MASCOT 和 SPDZ2k，其中一個是採用 OT 進行預計算的版本，一個是將 SPDZ 擴充到環上的版本，而 Tiny 指的是 SPDZ2k 中將 k 取為 1 的情況。Semi2k 是 SPDZ2k 去掉用於確保惡意威脅下安全手段的版本，即去除了 ZKP 等功能的 SPDZ2k 版本，而 Semi 則是同等的 MASCOT 去掉用於確保惡意威脅下安全手段的版本。SemiBin 是採用 OT 生成及閘三元組的方法。CowGear 和 ChaiGear 分別對應 LowGear 和 HighGear 的 convert 版本，而 Hemi 和 Soho 是對應的 semi-honest 的版本。

LowGear 和 HighGear 在論文 *Overdrive: Making SPDZ Great Again*[135] 中提出，其採用了 SPDZ 原先的 SHE 方法和 ZKP 的內容，透過統一驗證的方法去除了驗證乘法三元組準確性的過程，減少了計算時間。Rep3 是 Araki[136] 等人在複製秘密分享（見半誠實框架的介紹）上應用到惡意威脅模型的方案，其採用了複製秘密分享用於產生乘法三元組，其驗證三元組的正確性使用類似 SPDZ 的「犧牲」技術。Shamir 類似的是生成三元組的方法更換成 Shamir 秘密分享，而 CCD 是 Shamir 秘密分享在布林域上的協定方案。

6.5.2 SPDZ 協定相關

SPDZ 協定能抵禦惡意的威脅模型關鍵在於採用了附帶 MAC（Message Authentication Code）的方法，確保資料不被篡改。這是由於在秘密分享的協定中，惡意方可以透過提供不正確的百分比來使結果出錯（$x' = \sum x_i + \Delta \rightarrow x+\Delta$），如果引入 MAC，則惡意方修改百分比後還需要修改百分比的 MAC，對應的 MAC 的修改值為 $\Delta' = \alpha\Delta$，由於惡意方無法得到 MAC 金鑰 α，所以惡意方無法透過 MAC 檢查。

1. SPDZ

SPDZ 協定仍然採用了加法秘密分享的形式，但與傳統加法秘密分享不同的是，SPDZ 採用的加法秘密分享附帶了 MAC 檢查。

具體來説，$\langle a \rangle := (\delta, (a_0, a_1, \ldots, a_{n-1}), (\gamma(a)_0, \ldots, \gamma(a)_{n-1}))$。其中 $a = \sum a_i$，$\gamma(a) = \sum \gamma(a)_i = \alpha(a+\delta)$，第 i 方持有 $\langle a \rangle_i = (\delta, a_i, \gamma(a)_i)$。對應的 ai 為資料部分，而 $\gamma(a)_i$ 為 MAC 部分。

顯然其具有與傳統秘密分享相同的性質，即

$$\langle a \rangle + \langle b \rangle = \langle a+b \rangle, e \cdot \langle a \rangle = \langle ea \rangle, e + \langle a \rangle = \langle e+a \rangle$$

其中，$\langle a+b \rangle_i = (\delta_a + \delta_b, a_i + b_i, \gamma(a)_i + \gamma(b)_i)$，$\langle ea \rangle_i = (e\delta_a, ea_i, e\gamma(a)_i)$，$e+\langle a \rangle = ((\delta - e, (a_0+e, a_1, \cdots, a_{n-1}), (\gamma(a)_0, \cdots, \gamma(a)_{n-1}))$，即，加法和放大常數倍只需要所有方在本地進行對應的操作，而加上常數則要求第 0 方在本地加上對應的常數而所有方在 δ 上減去該常數。

加法秘密分享中的乘法，最為常見的計算方法為使用 Beaver Triple，所以在確保使用 Beaver Triple 計算階段的正確性外，還需要確保生成的

Beaver Triple 的正確性，在 SPDZ 中將該兩個階段分為線上階段和離線階段（預計算階段）。

SPDZ 另外一個特點為，其採用了「犧牲」的方法來確保離線階段生成的 Beaver Triple 的正確性。以下列出了實現 SPDZ 協定的一些子協定，其中使用 ⟨·⟩ 來表示帶 MAC 的加法秘密分享，使用 [·] 來表示正常的加法秘密分享。值得注意的是，由於直接打開分享若將 MAC 部分也打開會導致 MAC 金鑰的洩露，所以在輸出階段前採用部分打開的方法，即，類似於傳統加法秘密分享，只打開分享百分比的數值部分，而不打開 MAC 部分。

■ 分享協定 $\Pi_{share}(x)$

① 各方在離線階段已經生成了 $\langle r \rangle$ 和 $[r]$，當第 i 方要輸入資料時將 $[r]$ 打開給 P_i。
② P_i 廣播 $x_i - r \to \epsilon$。
③ 所有計算方計算 $\langle r \rangle + \epsilon \to \langle x_i \rangle$。

■ 乘法協定 $\Pi_{Mul}(x, y)$

1）離線階段（「犧牲」一對三元組檢查另一對三元組）
各方在離線階段生成了兩對 Beaver Triple，記為 $(\langle a \rangle, \langle b \rangle, \langle c \rangle)$，$(\langle f \rangle, \langle g \rangle, \langle h \rangle)$，其中 $c = ab$，$h = fg$。另外生成了隨機加法秘密分享 $[t]$。

① 打開 $[t]$。
② 部分打開 $t \cdot \langle a \rangle - \langle f \rangle \to \rho$，$\langle b \rangle - \langle g \rangle \to \sigma$。
③ 計算並部分打開 $\zeta \leftarrow t \cdot \langle c \rangle - \langle h \rangle - \sigma \cdot \langle f \rangle - \rho \cdot \langle g \rangle - \sigma \cdot \rho$，檢查 ζ 是否為 0，若不為 0 則説明兩對三元組中至少有一對出錯，各方停止計算。

2）線上階段
線上階段的計算與傳統加法秘密分享類似。

① 各方計算並部分打開 $\langle x \rangle \text{-} \langle a \rangle \rightarrow \epsilon$，$\langle y \rangle \text{-} \langle b \rangle \rightarrow \delta$。

② 計算得到 $\langle z \rangle = \langle c \rangle + \epsilon \langle b \rangle + \delta \langle a \rangle + \epsilon \delta$。

3）輸出階段

在該階段我們需要驗證所有計算過程中值的正確性。在離線階段已經生成了隨機加法秘密分享 $[e]$。

① 令 $a_0, \cdots, a_T$ 代表之前所有部分打開的資料，而

$$\langle a_j \rangle = (\delta_j, (a_{j,0}, \cdots, a_{j,n}), (\gamma(a_j)_0, \cdots, \gamma(a_j)_n))$$

打開 $[e]$，所有計算方計算 $\sum e^j a_j \rightarrow a$。

② 每方 P_i commit（密碼學操作，類似於隱藏一個資訊，將隱藏後的加密公佈，確保無法透過修改明文來獲得相同的加密，對於打開操作為公佈明文的，見之前的章節，在這裡為了防止打開 MAC 金鑰後惡意方修改百分比以透過 MAC）$\sum e^j \gamma(a_j)_i \rightarrow \gamma_i$，對需要的輸出 $\langle z \rangle$ 同時 commit 其百分比 z_i 和 MAC 百分比 $\gamma(z)_i$。

③ 打開 MAC 金鑰 α。

④ 每方 P_i 打開 commit 的內容得到 γ_i，並檢查 $\sum \gamma_i = \alpha(a + \sum e^j \delta_j)$。如果不相等，則停止計算。

⑤ 每方 P_i 打開 commit 的內容得到 z_i、$\gamma(z)_i$，每方計算 $y = \sum y_i$ 並檢查 $\sum \gamma(y)_i = \alpha(y + \delta)$，如果透過則輸出結果，不通過則停止協定。

到這裡，計算方即可成功進行乘法計算，但對離線階段，還有一個問題，那就是如何生成 Beaver Triple？生成隨機加法秘密分享較為簡單，只需要每方生成對應的百分比便可（對應的 MAC 的金鑰同理）。以下介紹如何生成 Beaver Triple。SPDZ 中採用了 SHE（Somewhat Homomorphic

Encryption）SIMD[137] 的方案，其是一種深度為 1 的同態加密方法，具體來説該同態加密可以做一次乘法和任意多次的加法運算。這裡介紹同態加密採用 BGV[138] 的方法。

具體來説，其具有三個部分：一是金鑰生成 KeyGen 函數，產生一個私密金鑰和公開金鑰；二是加密 Enc，將明文加密為加密；三是解密 Dec，將加密解密為明文。值得注意的是，BGV 支援分散式解密的方法，即私密金鑰被秘密分享給多方，多方協作解密明文。

■ 三元組生成協定 $\Pi_{\text{triple\_gen}}()$

① P_i 隨機生成 a_i，b_i，c'_i，然後將其作為秘密分享進行廣播得到 $[a_i]$, $[b_i]$, $[c'_i]$。

② 所有計算方計算 $[a]_j = \sum_i [a_i]_j$，$[b]_j = \sum_i [b_i]_j$，$[c']_j = \sum_i [c'_i]_j$。

③ 使用 Enc 加密 $[a]_j$, $[b]_j$ 和 $[c']_j$（使用零知識證明來確保正確加密），各方一起計算 $\delta' = (\sum[a]_j, \sum[b]_j) - \sum[c']_j$。

④ 各方進行分散式解密得到 $\delta = \text{Dec}(\delta')$。

⑤ P_0 設定本地分享百分比為 $a_0, b_0, c'_0 + \delta$，其他方 P_i 設定本地分享百分比為 a_i，b_i，c'_i。值得注意的是，在上述協定的③中需要採用零知識證明來確保正確加密，具體零知識證明的內容請參考之前的章節，這裡不做展開。同理，採用這種方法來生成 MAC，至此協定完成。

2. SPDZ 的衍生協定

（1）MASCOT

採用同態加密的產生乘法 Triple 無疑是一種低效的方法。在 MACSOT 協定中作者採用 OT 生成乘法三元組（包括生成 MAC）。這裡採用了一種

COPE（Correlated Oblivious Product Evaluation）的方法，該方法可以在一方持有 x，另一方持有 y 的情況下，生成 xy 的加法秘密分享。

下面簡單介紹 OPE（Oblivious Product Evaluation）。如圖 6.8 所示，P_0 持有 a，P_1 持有 b，兩方使用 OT 來生成 $t+q=ab$，首先對 $a, b \in Z_p$，P_0 生成 $t_j \in Z_p$, $j \in \{0,\cdots, k-1\}$，對應的 P_1 將 b 逐位元拆解，得到 $b=\sum b \cdot 2^i$，P_0 輸入 $(t_i, a+t_i)$，P_1 透過向 OT 輸入 b_i 得到 $q_i=a \cdot b_i+t_i$，然後兩方分別計算 $t =-\sum t_i \cdot 2_i$，$q =-\sum q_i \cdot 2_i$。可以簡單地驗證 $t+q=\sum a \cdot b_i+t_i-t_i= ab$。

注意到該方法可以採用類似的 correlated OT 的方法進行通訊最佳化，採用預計算的方法來最佳化該過程。

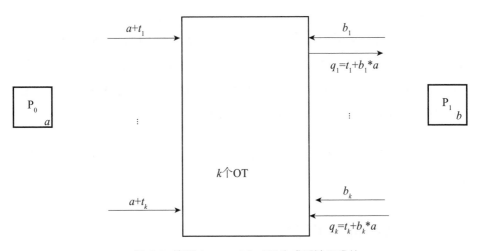

▲ 圖 6.8 使用 1-out-of-2 OT 生成乘法百分比

■ 預計算

① P_i 拆分 $b = \sum b_i \cdot 2_i$，向 OT 依次輸入 b_i。

② P_0 隨機生成 k 對種子 $\{(k_0^i, k_1^i)\}_{i=0}^{k-1}$ 並依次向 OT 輸入。

③ P_1 得到 $k_{b_i}^i$。

■ 計算

① P_0 向 P_1 發送 $u_i = k_0^i - k_1^i + a$。

① P_1 計算 $q_i = b_i u_i + k_{b_i}^i = k_0^i + b_i a$。

③ P_1 計算 $q = \sum q_i \cdot 2^i$，P0 計算 $t = -\sum k_0^i \cdot 2^i$

現在我們得到 $t+q = ab$。該改進方法使計算階段無須執行 OT 直接進行一輪的網路通訊就獲得了百分比。

MASCOT 採用以上的 OT 方案代替原先 SPDZ 中的同態方案。其離線階段較 SPDZ 有所提升。

（2）SPDZ2k

由於 SPDZ 需要做 MAC 等操作，所以其執行在模質數 $p(Z_p)$ 的域上，SPDZ2k 的工作將這一範圍擴充到更為一般的環上（ Z_{2^k} ）。其設計了在環上同態的 MAC 協定，將其應用到 SPDZ 上面，建構了惡意節點多數環境下的 MPC 協定，且效率與傳統域上的 SPDZ 效率保持一致。

其他類似的 SPDZ 協定見表 6.4 描述，讀者可以參考相關的整體說明文章。

6.5.3 BMR 協定相關

如果 SPDZ 是安全多方計算電路在惡意威脅環境下的解決方案，那麼 BMR（Beaver-Micali-Rogaway）[139] 協定作為 Yao 的混淆電路在多方協定的解決方案中同樣能解決惡意威脅問題。

在 Yao 的混淆電路模型中，兩個計算方其中一方作為混淆者一方作為評估者，而在 BMR 協定中，混淆表由多方協作生成。具體來說，首先每

方 i 都會類似於混淆電路的對電路的每個門的輸入端 w 生成 0/1 對應的金鑰，記為 $s_{w,i}^0$，$s_{w,i}^1$。然後所有方會廣播 $s_{w,i}^1$。最後將所有的 $s_{w,i}^0$ 聚合成 s_w^0，所有的 $s_{w,i}^1$ 聚合成 s_w^1，具體方法為透過 PRG 擴充到需要的長度然後進行串聯或互斥操作，即 $s_w^k = \mathrm{PRG}(s_{w,0}^k) \| \mathrm{PRG}(s_{w,1}^k) \dots \| \mathrm{PRG}(s_{w,n-1}^k)$。控制 PRG 的輸出位數 κ，以確保 $\kappa n = L$，其中 L 為需要的金鑰長度。

由此我們生成了所有門的所有金鑰，然而生成混淆表時還需要一個遮罩來隱藏真實的值（不然計算方得到輸入時，只需要查看自己生成的位元就能知道輸入）。我們將 w 對應的隱藏記為 λ_w，所有門的真實值 τ_w 為 λ_w 與生成金鑰 s_w^k 代表值的互斥，即 $\tau_w = \lambda_w \oplus k$。$\lambda_w$ 需要以秘密分享的方法共用給所有方以確保不洩露 λ_w 明文，該分享方法可以採用各種方法，無論是加法秘密分享還是其他形式均可，在 2010 年第一次實現 BMR 的論文 FairplayMP[140] 中採用 BGW[141]（一種採用 Shamir 秘密分享實現的協定，詳情請參考安全多方計算概述的章節）的方法來實現。我們使用 f_g 來代表第 g 個門，記其對應的輸入端為 w_0，w_1，輸出端為 w_2，進行混淆時需要評估 $f_g(\lambda_{w_0}, \lambda_{w_1}) == \lambda_{w_2}$ 來確定採用 $s_{w_0}^0$，$s_{w_1}^0$ 加密 $s_{w_2}^0$ 還是 $s_{w_2}^1$，此過程由於處於混淆階段，在離線階段完成。

在輸入階段，輸入方透過 λ_w 和 w 端的真實輸入，確定選擇 s_w^0 或 s_w^1 作為輸入。在計算階段，計算方進行混淆表的計算，得到輸出 s_o^Λ，然後將輸出 Λ 發表給輸出方，輸出方透過 $z = \lambda_o \oplus \Lambda$ 得到輸出結果。具體協定描述如下。

- 混淆協定 $\Pi_{\mathrm{garble}}()$

① 所有計算方 i 對所有的門輸入端 w 生成 $s_{w,i}^0$ 和 $s_{w,i}^1$，透過 PRG 滿足長度需求，並廣播結果。

② 所有計算方 $s_w^k = \mathrm{PRG}(s_{w,0}^k) \| \mathrm{PRG}(s_{w,1}^k) \dots \| \mathrm{PRG}(s_{w,n-1}^k)$。

③ 所有計算方協作生成 $[\lambda_w]$（ $[\cdot]$ 代表秘密分享）。

    a) 若為加法秘密分享，則各方隨機生成 $[\lambda_w]_i \in Z_2$，若 w 為輸出端，則對輸入端對應的輸入方打開 λ_w。

    b) 若為 BGW，則若 w 為輸出端，則由對應的輸入方使用 t-out-of-n 的布林 Shamir 秘密分享方式分享 λ_w 給 n 方，若 w 為中間計算端，則所有方隨機生成對應的布林 Shamir 秘密分享百分比。

    c) 若採用其他的形式請參考對應文獻。

③ 對於 g 門，其對應的輸入端為 w_0、w_1，輸出端為 w_2，所有計算方在不打開 λw 的情況下評估以下條件。

    a) $f_g(\lambda_{w_0}, \lambda_{w_1}) = \lambda_{w_2}$，則 $T_0 = \mathrm{Enc}_{s_{w_0}^0, s_{w_1}^0}(s_{w_2}^0)$。$f_g(\lambda_{w_0}, \lambda_{w_1}) \neq \lambda_{w_2}$，則 $T_g^0 = \mathrm{Enc}_{s_{w_0}^0, s_{w_1}^0}(s_{w_2}^1)$。

    b) $f_g(\lambda_{w_0}, \overline{\lambda_{w_1}}) = \lambda_{w_2}$，則 $T_0 = \mathrm{Enc}_{s_{w_0}^0, s_{w_1}^1}(s_{w_2}^0)$。$f_g(\lambda_{w_0}, \overline{\lambda_{w_1}}) \neq \lambda_{w_2}$，則 $T_g^1 = \mathrm{Enc}_{s_{w_0}^0, s_{w_1}^1}(s_{w_2}^1)$。

    c) $f_g(\overline{\lambda_{w_0}}, \lambda_{w_1}) = \lambda_{w_2}$，則 $T_0 = \mathrm{Enc}_{s_{w_0}^1, s_{w_1}^0}(s_{w_2}^0)$。$f_g(\overline{\lambda_{w_0}}, \lambda_{w_1}) \neq \lambda_{w_2}$，則 $T_g^2 = \mathrm{Enc}_{s_{w_0}^1, s_{w_1}^0}(s_{w_2}^1)$。

    d) $f_g(\overline{\lambda_{w_0}}, \overline{\lambda_{w_1}}) = \lambda_{w_2}$，則 $T_0 = \mathrm{Enc}_{s_{w_0}^1, s_{w_1}^1}(s_{w_2}^0)$。$f_g(\overline{\lambda_{w_0}}, \overline{\lambda_{w_1}}) \neq \lambda_{w_2}$，則 $T_g^3 = \mathrm{Enc}_{s_{w_0}^1, s_{w_1}^1}(s_{w_2}^1)$。

至此我們對 g 門生成混淆表 $T_g = (T_g^0, T_g^1, T_g^2, T_g^3)$，類似對作用所有的門得到混淆電路 $C = \|_g T_g$。

這裡需要提一下的是，在加密下評估 $f_g(\overline{\lambda_{w_0}}, \overline{\lambda_{w_1}}) = \lambda_{w_2}$，需要在加密下計算 $[f_g(\overline{\lambda_{w_0}}, \overline{\lambda_{w_1}}) - \lambda_{w_2}]$，然後打開觀察是否為 0，具體及閘和互斥或閘的操作

見之前介紹的協定（加法秘密分享採用 Beaver 方法，而 Shamir 秘密分享採用 BGW 中的類似乘法協定的及閘協定）。

■ 輸入協定 $\Pi_{\mathbf{input}}(x)$

使用者根據 λ_{w_x} 和 x 得到 $k_{w_x} = x \oplus \lambda_{w_x}$，廣播 k_{w_x}。

■ 計算協定 $\Pi_{\mathbf{evl}}(x)$

① 計算方根據使用者輸入 k_{w_x}，選擇 $s_{w_x}^{k_{w_x}}$，再根據混淆表依次生成仲介結果 s_w^k，安裝混淆表依次評估得到輸出 s_o^{Λ}。

② 將 Λ 發送給輸出方。

■ 輸出協定 $\Pi_{\mathbf{evl}}(\Lambda)$

① 所有方將 λ_o 打開給輸出方。

② 輸出方輸出結果 $z = \lambda o \oplus \Lambda$。

到這裡就完成了 BMR 協定。我們可以很簡單地發現，BMR 的大部分內容是天生支援少數惡意節點的惡意威脅模型環境的，因為在進行隨機數廣播後，所有方都會持有其他任意方的隨機數，這就轉為拜占庭將軍問題[142]。在少量節點（$t < \dfrac{n}{3}$）作惡的情況下，誠實節點可以檢查最後的輸出是否正確。值得注意的是，最後需要考慮的是惡意節點不通過向不同方發送不一致的隨機數，而是透過產生某些特點的隨機數來破壞協定，所以需要使用零知識證明的方法來證明 PRG 的正確使用。這也是 BMR 負擔最大的一部分。

在之後的研究中出現了大量的 BMR 改進協定，這些研究大多將目光聚焦在安全性上，就如何提升 BMR 協定的安全性做出了改進，並將其應用到惡意者佔多數環境[143]，也應用到 convert 環境中等。

6.6 本章小結

本章介紹了目前主流的安全多方計算框架，以及採用的安全多方計算協議。不難看出，目前的確出現了許多具有實際應用能力的安全多方計算框架，它們各具優點，有些面向底層的電腦語言編譯運行，有些面向上層的機器學習隱私保護問題，在使用這些框架進行一些數理統計任務、機器學習模型評估等工作時具有良好的表現，但由於其引入了通信層，與明文下的計算仍然具有巨大的差距。所以目前大多數工作仍然聚焦在協議的改進上，以此達到降低通信、提高安全性等目的。

CHAPTER

07

線性模型

本章將介紹隱私保護線性模型,首先簡單回顧邏輯回歸這一線性模型,然後介紹兩類隱私保護的線性模型方法,即以秘密分享為基礎的方法、以同態加密和秘密分享為基礎的混合協定方法。

7.1 邏輯回歸簡介

在本章,我們將以邏輯回歸模型為例,介紹在多方聯合建模的場景下,如何構造能夠保護隱私的線性模型。

為此,我們將首先介紹一下邏輯回歸模型。邏輯回歸模型是實際上最常用的模型之一,由於其具備簡單性、堅固性、良好的可解釋性等優勢,已經被廣泛應用於廣告點擊率預測 [144]、信用違約模型 [145-146] 和反詐騙 [147] 等應用中。

假設某資料集 $\mathcal{D} = \{(x_i, y_i)\}_{i=1}^n$，其中 n 為樣本數量，$x_i \in \mathbb{R}^{1 \times d}$ 代表第 i 個樣本的特徵，d 表示特徵的維數；y_i 代表第 i 個樣本的標籤。邏輯回歸的目標是學習一個模型 w，用於最小化下列目標函數：

$$\mathcal{L} = \sum_i^n - y \cdot \log(\hat{y}_i) - (1-y) \cdot \log(1 - \hat{y}_i)$$

其中，$\hat{y}_i = 1/(1 + e^{-x_i \cdot w})$ 表示第 i 個樣本的預測值。邏輯回歸模型可以透過使用梯度下降法來最小化目標函數。一般來說我們使用 mini-batch 梯度下降法來做。具體而言，我們用 B 表示每個 batch，用 $|B|$ 表示 batch size，用 X_B 和 y_B 表示當前 batch 的特徵及標籤，則神經網路模型會按照以下方式來更新：

$$\theta \leftarrow \theta - \frac{\alpha}{|B|} \cdot \frac{\partial \mathcal{L}}{\partial w}$$

這裡，α 指學習率，$\frac{\partial \mathcal{L}}{\partial w}$ 指模型的梯度。對於邏輯回歸模型而言

$$\frac{\partial \mathcal{L}}{\partial w} = (\hat{y}_B - y_B)^\mathrm{T} \cdot X_B$$

可以看出，在以上的模型更新迭代中，包括矩陣乘法 $x_i \cdot w$ 及邏輯函數的計算。因此，如何高效率地計算矩陣乘積及邏輯函數將是實現安全邏輯回歸演算法的關鍵。

由於邏輯函數（Logistic）是非線性的連續函數，對於密碼學技術（比如安全多方計算和同態加密）而言，很難直接進行精確的計算。因此，已有研究提出了不同的方法來近似邏輯函數，比如泰勒（Taylor）展開[148]、MiniMax 近似[149]、Global 近似[148]、分段函數（PieceWise）近似

[150]。我們將幾種近似方法的效果複習在圖 7.1 中。可以看出，整體而言，Minimax 近似方法效果最好，因此我們選擇了該方法。在實際的應用中，大家也可以根據不同的場景，選擇不同的近似方法。

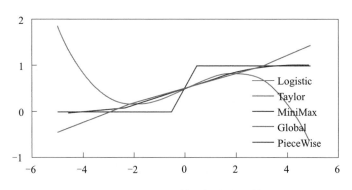

▲ 圖 7.1 邏輯函數近似方法比較

有了邏輯函數的近似，我們便可以使用不同的密碼學技術來訓練隱私保護的邏輯回歸演算法。在本章中，我們提出了兩種方法，一種是以秘密分享為基礎的方法，另一種是以秘密分享和同態加密混合協定（HESS）為基礎的方法。

7.2 以秘密分享為基礎的方法

本小節將介紹如何使用秘密分享技術來構造安全的邏輯回歸模型。

我們針對兩種資料切分形式，即水平切分和垂直切分，提出了兩種基於秘密分享的演算法。為了將問題簡化，同時考慮到邏輯回歸是在線性回歸的基礎上多了邏輯函數，我們先介紹如何做資料水平切分場景下的線性回歸。

7.2.1 資料水平切分場景下的方法

首先討論資料水平切分情況下的安全線性回歸模型演算法。我們假設有 n 個資料方，他們水平地切分了完整的資料，包括特徵（X）和標籤（y），其中所有參與方的特徵都是 d 維的向量。即，對於資料方 $i \in [n]$，其特徵為 X^i，標籤為 y^i。我們將其使用秘密分享技術建構安全線性回歸的過程複習在以下演算法中。該演算法的基本思想是參與方將各自的特徵及標籤秘密分享給其他參與方（演算法 7-1 第 5 行）。然後，根據分配率，$X \cdot w$ 便可以由多方協作計算，如下：

$$X \cdot w = \sum_i X^i \cdot w = \sum_i (\sum_j <X^i>_j \cdot \sum_j <w>_j)$$
$$= \sum_i (\sum_j <X^i>_j \cdot <w>_j + \sum_j \sum_{k \neq j} <X^i>_j \cdot <w>_k)$$

這裡，$1 \leqslant i, j, k \leqslant n$，可以看出，$X \cdot w$ 的計算可以分為兩類：第一類是 X 的百分比（share）和 w 的百分比在同一參與方的情況，即公式的第一項；第二類是 X 的百分比（share）和 w 的百分比不在同一參與方的情況。前者可以由參與方獨自計算（演算法 7-1 第 6、8 行），後者需要不同的參與方協作計算（演算法 7-1 第 9~10 行），這裡需要用到安全矩陣乘法，即 Secure Matrix Multiplication（SMM）。SMM 正常的做法有兩種，一種是以 Beaver's Triple[151] 為基礎，另一種是不需要 Triple 的方法 [152]。之後，每個參與方將其本地的中間百分比進行整理（演算法 7-1 第 13 行），得到各自的 $X \cdot w$ 的百分比。同時，每個參與方結合各自標籤的百分比，計算得到誤差（err）的百分比（演算法 7-1 第 14 行）。接著，參與方便開始協作計算梯度，該計算過程跟 $X \cdot w$ 的計算過程類似（演算法 7-1 第 17~22 行）。最後，每個參與方整理得到各自梯度的百分比（演算法 7-1 第 24 行）之後，便可以更新各自的模型百分比（演算法 7-1 第 25 行）。

$$\sum_i (\sum_j < X^i >_j \cdot \sum_j < w >_j)$$

從以上過程可以看出，在資料水平切分情況下，整個模型的訓練過程中，不僅特徵及標籤是秘密分享的，同時，模型在整個過程中也是以秘密分享形式存在的。也就是説，任何一個參與方在模型的訓練過程中，也得不到各自完整的模型，充分保證了演算法的安全性。

有了以上以秘密分享為基礎的安全線性回歸演算法，我們可以輕鬆地改造資料水平切分下的安全邏輯回歸演算法。其主要區別在於誤差的計算。對於線性回歸，其預測值 $\widehat{y_i} = x_i \cdot w$。邏輯回歸模型對 $x \cdot w$ 用邏輯函數做了變換。前面已介紹過，邏輯函數可以透過多種方式進行近似計算，對於多項式展開：

$$\frac{1}{1+e^{-z}} \approx \sum_{j=0}^{k} q_j z^j$$

不同的多項式展開方式的差別在於係數的不同，以 MiniMax 展開方式為例，$q_0 = 0.5$，$q_1 = 0.197$，$q_2 = 0$，$q_3 = 0.004$。這樣一來，邏輯函數的計算也轉換成了矩陣的加法和乘法，便可以輕鬆地使用秘密分享技術實現，這裡不再贅述。

演算法 7-1　資料水平切分下的安全線性回歸

輸入：資料方 $\mathcal{A}_i, \forall i \in [n]$ 擁有特徵矩陣 X^i 及標籤向量 y^i，迭代輪數 T，學習率 α

輸出：資料方 $\mathcal{A}_i, \forall i \in [n]$ 擁有訓練好的模型百分比 w_i，滿足 $w = \sum_i w_i$

1：　資料方 $\mathcal{A}_i, i \in [n]$ 分別初始化模型百分比 w_i

2： for $t = 1$ to T do

3： 隨機從 n 個資料方中選擇一個資料方，記為 $\mathcal{A}_i$

4： $\mathcal{A}_i$ 隨機選擇一個 batch 的訓練資料 $X_B^{\ i}$ 和 $y_B^{\ i}$

5： $\mathcal{A}_i$ 將 $X_B^{\ i}$ 和 $y_B^{\ i}$ 轉為秘密分享態 $\{\langle X_B^{\ i}\rangle_j\}_{j\in[n]}$ 和 $\{\langle y_B^i\rangle_j\}_{j\in[n]}$，並將 $\{\langle X_B^{\ i}\rangle_j\}_{j\neq i}$ 和 $\{\langle y_B^i\rangle_j\}_{j\neq i}$ 給到資料方 $\mathcal{A}_j$

6： $\mathcal{A}_i$ 本地計算 $\langle X_B^{\ i}\rangle_i \times w_i$，作為第 i 個百分比

7： for $j = 1$ to n 且 $j \neq i$ do

8： $\mathcal{A}_j$ 本地計算 $\langle X_B^i\rangle_j \times w_j$，作為第 j 個百分比

9： $\mathcal{A}_i$ 和 $\mathcal{A}_j$ 使用安全矩陣乘法（SMM）計算 $\langle X_B^{\ i}\rangle_i \times w_j$，之後 $\mathcal{A}_i$ 得到第 i 個百分比 $\langle\langle X_B^{\ i}\rangle_i \times w_j\rangle_{ji}$，$\mathcal{A}_j$ 得到第 j 個百分比 $\langle\langle X_B^{\ i}\rangle_i \times w_j\rangle_j$

10： $\mathcal{A}_i$ 和 $\mathcal{A}_j$ 使用安全矩陣乘法（SMM）計算 $\langle X_B^{\ i}\rangle_j \times w_i$，之後 $\mathcal{A}_i$ 得到第 i 個百分比 $\langle\langle X_B^{\ i}\rangle_j \times w_i\rangle_i$，$\mathcal{A}_j$ 得到第 j 個百分比 $\langle\langle X_B^{\ i}\rangle_j \times w_i\rangle_j$

11： end for

12： for $j = 1$ to n 平行 do

13： $\mathcal{A}_j$ 本地將其所有的第 j 個百分比資料做加法，記為 $\langle X_B^{\ i} \times w\rangle_j$

14： $\mathcal{A}_j$ 本地計算誤差 $\text{err}_j = \langle X_B^{\ i} \times w\rangle_j - \langle y_B^i\rangle_j$

15： $\mathcal{A}_j$ 將其所有的第 j 個百分比歸零

16： end for

17： $\mathcal{A}_i$ 本地計算 $\langle X_B^{\ i}\rangle_i^T \times \text{err}_i$，作為第 i 個百分比

18： for $j = 1$ to n 平行 do

19： $\mathcal{A}_j$ 本地計 $\langle X_B^{\ i}\rangle_j^T \times \text{err}_j$，作為第 j 個百分比

20： $\mathcal{A}_i$ 和 $\mathcal{A}_j$ 使用安全矩陣乘法（SMM）計算 $\langle X_B^{\ i}\rangle_i^T \times \text{err}_j$，之後 $\mathcal{A}_i$ 得到第 i 個百分比 $\langle\langle X_B^{\ i}\rangle_i^T \times \text{err}_j\rangle_i$，$\mathcal{A}_j$ 得到第 j 個百分比 $\langle\langle X_B^{\ i}\rangle_i^T \times \text{err}_j\rangle_j$

21： $\mathcal{A}_i$ 和 $\mathcal{A}_j$ 使用安全矩陣乘法（SMM）計算 $\langle \boldsymbol{X}_B^{\ i} \rangle_j^T \times \mathrm{err}_i$，之後 $\mathcal{A}_i$ 得到第 i 個百分比 $\langle \langle \boldsymbol{X}_B^{\ i} \rangle_j^T \times \mathrm{err}_i \rangle_i$，$\mathcal{A}_j$ 得到第 j 個百分比 $\langle \langle \boldsymbol{X}_B^{\ i} \rangle_j^T \times \mathrm{err}_i \rangle_j$

22： end for

23： for j = 1 to n 平行 do

24： $\mathcal{A}_j$ 本地將其所有的第 j 個百分比資料做加和，記為 $\langle \mathrm{grad} \rangle_j$

25： $\mathcal{A}_j$ 本地更新各自的模型百分比 $\boldsymbol{w}_j \leftarrow \boldsymbol{w}_j - \dfrac{\alpha}{|B|} \langle \mathrm{grad} \rangle_j$

26：end for

27：end for

有了資料水平切分的安全線性迴歸和邏輯迴歸模型演算法，我們接著講解如何去做資料垂直切分場景下的線性模型。

7.2.2 資料垂直切分場景下的方法

在資料垂直切分情況下，多方分別擁有一筆樣本特徵的一部分，此時，為了保護模型的隱私，只需要將模型秘密分享到多方即可。其核心的流程可以複習如下：首先，參與方初始化模型（第 2 行）並將模型秘密分享出去（第 3 行）。在模型的更新迭代過程中，有標籤的參與方將其標籤也秘密分享出去（第 5 行）。之後，與資料水平切分的場景類似，根據分配率，$X \cdot w$ 便可以由多方協作計算，即

$$\boldsymbol{X} \cdot \boldsymbol{w} = \sum_i \boldsymbol{X}^i \cdot \boldsymbol{w}_i = \sum_i (\boldsymbol{X}^i \sum_j < \boldsymbol{w}_i >_j) = \sum_i (\boldsymbol{X}^i \cdot < \boldsymbol{w}_i >_j + \sum_{j \neq i} \boldsymbol{X}^i \cdot < \boldsymbol{w}_i >_j)$$

同樣，這裡的 $1 \leq i, j \leq n$。與資料水平切分不同的是，資料垂直切分下，參與方 i 的特徵 X^i 不再是 d 維的向量，而是所有參與方的特徵維度之和為 d。同樣，這裡 $X \cdot w$ 的計算可以分為兩類：第一類是 X^i 和 w 的百分比

（share）在同一參與方的情況，即公式的第一項；第二類是 X^i 和 w_i 的百分比（share）不在同一參與方的情況。前者可以由參與方獨自計算（演算法 7-2 第 7 行），後者需要不同的參與方協作計算（演算法 7-2 第 8~10 行），這裡同樣需要用到安全矩陣乘法（SMM）。之後的誤差計算、梯度計算、模型更新過程與資料水平切分的情景比較類似，這裡不再贅述。與資料水平切分所不同的是，資料垂直切分的情況下，在模型迭代訓練之後，n 個資料方需要根據秘密分享恢復出各自特徵所對應的模型（演算法 7-2 第 30~35 行）。

從以上過程可以看出，資料垂直切分時，在整個模型的訓練過程中，特徵一直由各個參與方自己保留，標籤和模型在整個過程中也是以秘密分享形式存在的。垂直切分情況下的秘密分享線性回歸演算法，也可以改造為安全邏輯回歸演算法。其主要區別同樣在於誤差的計算。邏輯回歸的非線性邏輯函數可以透過多項式展開轉換成線性的加法和乘法操作。

演算法 7-2　資料垂直切分下的共用智慧安全線性回歸

輸入：資料方 $\mathcal{A}_i, \forall i \in [n]$ 擁有特徵矩陣 $\boldsymbol{X}^i$，資料方 $\mathcal{A}_k, \forall k \in [n]$ 擁有標籤向量 y，迭代輪數 T，學習率 α

輸出：資料方 $\mathcal{A}_i, \forall i \in [n]$ 擁有訓練好的模型百分比 w_i，滿足 $\boldsymbol{w}^T = ((\boldsymbol{w}_1)^T, (\boldsymbol{w}_2)^T, \cdots, (\boldsymbol{w}_n)^T)$

1：　n 個資料方共同選擇 T 個 batch 的資料 $\boldsymbol{B}_1, \boldsymbol{B}_2, \cdots, \boldsymbol{B}_T$

2：　$\mathcal{A}_i, \forall i \in [n]$ 分別初始化與各自特徵對應的模型 w_i

3：　$\mathcal{A}_i, \forall i \in [n]$ 將 w_i 轉為秘密分享態 $\{\langle w_i \rangle_j\}_{j \in [n]}$，並將 $\{\langle w_i \rangle_j\}_{j \neq i}$ 給到資料方 $\mathcal{A}_j$

4：　for $t = 1$ to T do

5： 資料方 $\mathcal{A}_k$ 將本次 batch 中的標籤轉為秘密分享態 $\{\langle \boldsymbol{y}_{B_t} \rangle_j\}_{j \in [n]}$，並將 $\{\langle \boldsymbol{y}_{B_t} \rangle_j\}_{j \neq i}$ 給到資料方 $\mathcal{A}_j$

6： for $i = 1$ to n do

7： $\quad$ $\mathcal{A}_i$ 本地計算 $\boldsymbol{X}_{B_t}{}^i \times \langle \boldsymbol{w}_i \rangle_i$，作為第 i 個百分比

8： $\quad$ for $j = 1$ to n 且 $j \neq i$ do

9： $\quad\quad$ $\mathcal{A}_i$ 和 $\mathcal{A}_j$ 使用安全矩陣乘法（SMM）計算 $\boldsymbol{X}_{B_t}{}^i \times \langle \boldsymbol{w}_i \rangle_j$，之後 i 得到第 i 個百分比 $\langle \boldsymbol{X}_{B_t}{}^i \times \langle \boldsymbol{w}_i \rangle_j \rangle_i$，$\mathcal{A}_j$ 得到第 j 個百分比 $\langle \boldsymbol{X}_{B_t}{}^i \times \langle \boldsymbol{w}_i \rangle_j \rangle_j$

10： $\quad\quad$ end for

11： $\quad$ end for

12： for $j = 1$ to n 平行 do

13： $\quad$ $\mathcal{A}_j$ 本地將其所有的第 j 個百分比資料做加法，記為

14： $\quad$ $\mathcal{A}_j$ 本地計算誤差 $\text{err}_j = \langle \boldsymbol{X}_{B_t}{}^i \times \boldsymbol{w} \rangle_j - \langle \boldsymbol{y}_{B_t} \rangle_j$

15： $\quad$ $\mathcal{A}_j$ 將其所有的第 j 個百分比歸零

16： end for

17： for $i = 1$ to n do

18： $\quad$ $\mathcal{A}_i$ 本地計算 $\langle \text{err} \rangle_i^T \times \boldsymbol{X}_{B_t}{}^i$，作為 $\langle \text{grad} \rangle_i$ 的第 i 個百分比

19： $\quad$ for $j = 1$ to n 且 $j \neq i$ do

20： $\quad\quad$ $\mathcal{A}_i$ 和 $\mathcal{A}_j$ 使用安全矩陣乘法（SMM）計算 $\langle \text{err} \rangle_i^T \times \boldsymbol{X}_{B_t}{}^j$，之後 $\mathcal{A}_i$ 得到 $\langle \text{grad} \rangle_j$ 的第 i 個百分比 $\langle \langle \text{err} \rangle_i^T \times \boldsymbol{X}_{B_t}{}^j \rangle_i$，$\mathcal{A}_j$ 得到 $\langle \text{grad} \rangle_j$ 的第 j 個百分比 $\langle \langle \text{err} \rangle_i^T \times \boldsymbol{X}_{B_t}{}^j \rangle_j$

21： $\quad\quad$ end for

22： end for

23： for $i = 1$ to n 平行 do

24： for $j = 1$ to n do

25： $\mathcal{A}_i$ 本地將其 $\langle grad \rangle_j$ 所有的第 j 個百分比資料做加法，記為 $\langle\langle \mathbf{grad} \rangle_i \rangle_j$

26： $\mathcal{A}_j$ 本地更新各自的模型百分比 $\langle \boldsymbol{w}_i \rangle_j \leftarrow \langle \boldsymbol{w}_i \rangle_j - \dfrac{\alpha}{|\boldsymbol{B}|} \cdot \langle\langle \mathbf{grad} \rangle_i \rangle_j$

27： end for

28： end for

29： end for

30： for $i = 1$ to n do

31： for $j = 1$ to n 且 $j \neq i$ do

32： $\mathcal{A}_j$ 將 $\langle \boldsymbol{w}_i \rangle_j$ 發送給 $\mathcal{A}_i$

33： end for

34： $\mathcal{A}_i$ 本地計算所有 w_i 的百分比之和 $\{\langle \boldsymbol{w}_i \rangle_j\}_{j \in [n]}$，記為 w_i

35： end for

7.3 以同態加密和秘密分享混合協定為基礎的方法

從上面以秘密分享為基礎的安全邏輯演算法可以看出，模型訓練過程中一個核心的技術是安全矩陣乘法。安全矩陣乘法通常有兩種：一種是以 Beaver's Triple 為基礎的，這種做法需要為參與方提前（offline）生成隨機數三元組（稱為 Triplets）；另一種不需要提前生成隨機數，但犧牲了一些安全性。以上兩種秘密分享的做法都不能處理大規模稀疏矩陣的乘法。因此，在面臨高維稀疏資料的場景下，效率很低，但恰恰高維稀疏資料在工業界是普遍存在的。

為了解決這一問題，我們提出了一種以秘密分享和同態加密（HESS）為基礎的混合協定。在詳細介紹該協定之前，我們先介紹如何在同態加密領域做秘密分享，如演算法 7-3 所示。假設擁有一個同態加密的矩陣 $[\boldsymbol{Z}]_b$，即它是一個用的公開金鑰（pk_b）對矩陣 Z 加密的結果。如何將該同態加密的矩陣轉換成秘密分享的形式呢？主要可以分為三個步驟：首先，在有限域（$\mathbb{Z}_\varphi$）內生成一個隨機數 $\langle Z \rangle 1$（演算法 7-3 第 1 行）；其次，使用同態加密計算另一個百分比（演算法 7-3 第 2 行），並將該加密的份額（$[\langle Z \rangle]_b$）給到。最後，使用其私密金鑰（sk_b）解密得到另一個百分比的明文 $\langle Z \rangle_2$（演算法 7-3 第 3 行）。

演算法 7-3　同態加密域的秘密分享

輸入：$\mathcal{A}$ 方擁有使用方公開金鑰加密後的矩陣 $[\boldsymbol{Z}]_b$，$\mathcal{B}$ 方擁有同態加密的公私密金鑰對（$\{pk_b, sk_b\}$）

輸出：$\mathcal{A}$ 方得到隨機矩陣 $\langle \boldsymbol{Z} \rangle_1$，$\mathcal{B}$ 方得到隨機矩陣 $\langle \boldsymbol{Z} \rangle_2$，且滿足 $\boldsymbol{Z} = \langle \boldsymbol{Z} \rangle_1 + \langle \boldsymbol{Z} \rangle_2 \bmod \phi$

1：$\mathcal{A}$ 方本地從有限域（$\mathbb{Z}_\phi$）內生成秘密百分比 $\langle \boldsymbol{Z} \rangle_1$

2：$\mathcal{A}$ 方計算 $[\langle \boldsymbol{Z} \rangle_2]_b = [\boldsymbol{Z}]_b - \langle \boldsymbol{Z} \rangle_1 \bmod \phi$，然後將 $[\langle \boldsymbol{Z} \rangle_2]_b$ 發送給 $\mathcal{B}$ 方

3：$\mathcal{B}$ 方解密 $[\langle \boldsymbol{Z} \rangle_2]_b$ 得到 $\langle \boldsymbol{Z} \rangle_2$

有了同態加密矩陣到秘密分享矩陣的轉換協定，接下來介紹安全矩陣乘法協定。我們假設有兩方，$\mathcal{A}$ 和 $\mathcal{B}$，其中，$\mathcal{A}$ 擁有一個高維稀疏矩陣 X，而 $\mathcal{B}$ 擁有另一個矩陣 Y。同時，擁有同態加密的公私密金鑰對（$\{pk_a, sk_a\}$），擁有同態加密的公私密金鑰對（$\{pk_b, sk_b\}$）。該協定也可以分為三個步驟完成，如演算法 7-4 所示。首先，$\mathcal{B}$ 使用其公開金鑰（pk_b）加密 Y 並將

其加密 $[Y]_b$ 給到 $\mathcal{A}$（演算法 7-4 第 1 行）。其次，使用同態加密計算明文矩陣和加密矩陣的乘積（演算法 7-4 第 2 行）。這裡只需要用到加法同態加密即可。此外，同態加密過程比較耗時，這裡也可以引入分散式運算技術來加速。最後，得到加密後的矩陣，便可以使用同態加密到秘密分享的轉換協定，將其轉換到秘密分享域。如此一來，安全矩陣乘法的結果是和雙方各有乘法結果的百分比。

演算法 7-4　以秘密分享和同態加密為基礎的安全矩陣乘法

輸入：$\mathcal{A}$ 方擁有矩陣 X，$\mathcal{B}$ 方擁有矩陣 Y，$\mathcal{B}$ 方擁有同態加密的公私密金鑰對（$\{pk_b, sk_b\}$）

輸出：$\mathcal{A}$ 方得到隨機矩陣 $\langle Z \rangle_1$，$\mathcal{B}$ 方得到隨機矩陣 $\langle Z \rangle_2$，且滿足

$X \cdot Y = \langle Z \rangle_1 + \langle Z \rangle_2 \bmod \phi$

1：$\mathcal{B}$ 方加密 Y 並將 $[Y]_b$ 發送給 $\mathcal{A}$ 方

2：$\mathcal{A}$ 方本地計算 $[Z]_b = X \cdot [Y]_b$

3：$\mathcal{A}$ 方使用演算法 7-1，將 $[Z]_b$ 從同態加密域轉為秘密分享域，使得 $\mathcal{A}$ 方得到隨機矩陣 $\langle Z \rangle_1$，$\mathcal{B}$ 方得到隨機矩陣 $\langle Z \rangle_2$

有了安全矩陣乘法協定，我們現在介紹如何實現資料垂直切分下的安全邏輯回歸演算法。這裡，為了方便表述，我們假設只有兩參與方，$\mathcal{A}$ 和 $\mathcal{B}$。其中，擁有特徵 X_a，擁有特徵 X_b 和標籤 y。整個過程如下所示。整個演算法的主要思想是，和首先將各自的模型秘密分享給對方（演算法 7-5 第 5、6 行），使得在訓練過程中沒有任何一方擁有模型的明文，直到模型訓練結束，雙方才會恢復模型明文（演算法 7-5 第 30~33 行）。與此同時，$\mathcal{A}$ 和 $\mathcal{B}$ 各自維護好特徵和標籤隱私資訊。模型迭代訓練過程中，

我們使用以上的安全矩陣乘法計算 $X \cdot w$（演算法 7-5 第 10~13 行），同時使用多項式來近似邏輯函數（演算法 7-5 第 14、15 行）。之後，計算預測值的加密，並將其轉為秘密分享域（演算法 7-5 第 16 行）。接著，和計算誤差的百分比（演算法 7-5 第 18、19 行），並使用安全矩陣乘法計算梯度的百分比（演算法 7-5 第 21~24 行）。最後，他們各自更新自己的模型百分比（演算法 7-5 第 26、27 行）。以上迭代整個過程中，隱私資料及模型是以秘密分享或同態加密的形式存在的，直到模型訓練結果。如果將整個邏輯回歸演算法當作一個安全計算函數，那麼該安全邏輯回歸演算法即是一個多方安全計算的函數。

以秘密分享和同態加密為基礎的邏輯回歸演算法相對於以秘密分享為基礎的邏輯回歸算法的優勢：我們記 $|B|$ 為演算法迭代的 batch size，記 n 為樣本數，d 為雙方特徵數之和，則該演算法的通訊複雜度為 $O(7|B|+2d)$，也就是過一遍完整的資料通訊複雜度為 $O(7n+2nd \, / \, |B|)$。相比而言，對以秘密分享為基礎的邏輯回歸演算法，過一遍完整的資料通訊複雜度為 $O(4nd)$。可以看出，以秘密分享和同態加密為基礎的邏輯回歸演算法在通訊上具有非常大的優勢。雖然它引入了同態加密，但這部分的計算負擔可以透過分佈式計算來解決。因此在多方聯合建模的場景下，大部分參與方都是擁有很強計算能力的商業機構，但機構之間的網路狀況不一定有保證，因此如何最佳化通訊複雜度是演算法設計的核心。

演算法 7-5　以秘密分享和同態加密為基礎的邏輯回歸演算法

輸入：$\mathcal{A}$ 方擁有特徵 X_a，$\mathcal{B}$ 方擁有特徵 X_b 和標籤 y，$\mathcal{B}$ 方擁有矩陣 Y，$\mathcal{A}$ 方擁有同態加密的公私密金鑰對（$\{\mathrm{pk}_a , \mathrm{sk}_a\}$），$\mathcal{B}$ 方擁有同態加密的公私密金鑰對（$\{\mathrm{pk}_b , \mathrm{sk}_b\}$），最大迭代次數（$T$），多項式係數（$q_0 , q_1 , q_2$）

輸出：$\mathcal{A}$方得到與 X_a 對應的模型 w_a，$\mathcal{B}$方得到與 X_b 對應的模型 w_b

1：\\ 初始化

2：$\mathcal{A}$方和 $\mathcal{B}$方分別初始化邏輯回歸模型的參數 w_a 和 w_b

3：$\mathcal{A}$方和 $\mathcal{B}$方交換公開金鑰 pk_a 和 pk_b

4：\\ 秘密分享模型

5：$\mathcal{A}$方將模型 w_a 秘密分享為 $\langle w_a \rangle_1$ 和 $\langle w_a \rangle_2$，自己保留 $\langle w_a \rangle_1$，並將 $\langle w_a \rangle_2$ 給 $\mathcal{B}$方

6：$\mathcal{B}$方將模型 w_b 秘密分享為 $\langle w_b \rangle_1$ 和 $\langle w_b \rangle_2$，自己保留 $\langle w_b \rangle$，並將 $\langle w_b \rangle_1$ 給 $\mathcal{A}$方

7：\\ 模型訓練

8：for $t = 1$ to T do

9：\\ 計算預測值

10：$\mathcal{A}$方計算 $\langle z_a \rangle_1 = \mathrm{X}_a \cdot \langle w_a \rangle_1$

11：$\mathcal{A}$方和 $\mathcal{B}$方使用演算法 7-2 安全的計算 $\langle z_a \rangle_2 = X_a \cdot \langle w_a \rangle_2$，之後 $\mathcal{A}$方得到 $\langle\langle z_a \rangle_2 \rangle_1$，$\mathcal{B}$方得到 $\langle\langle z_a \rangle_2 \rangle_2$

12：$\mathcal{B}$方 $\langle z_b \rangle_2 = X_b \cdot \langle w_b \rangle_2$

13：$\mathcal{A}$方和 $\mathcal{B}$方使用演算法 7-4 安全的計算 $\langle z_b \rangle_1 = X_b \cdot \langle w_b \rangle_1$，之後 $\mathcal{A}$方得到 $\langle\langle z_b \rangle_1 \rangle_1$，$\mathcal{B}$方得到 $\langle\langle z_b \rangle_1 \rangle_2$

14：$\mathcal{A}$方計算 $\langle z \rangle_1 = \langle z_a \rangle_1 + \langle\langle z_a \rangle_2 \rangle_1 + \langle\langle z_b \rangle_1 \rangle_1$，$\langle z \rangle_1^2$ 和 $\langle z \rangle_1^3$，並將加密 $[\langle z \rangle_1]_a$，$[\langle z \rangle_1^2]_a$ 和 $[\langle z \rangle_1^3]_a$ 發送給 $\mathcal{B}$方

15：$\mathcal{B}$方計算 $\langle z \rangle_2 = \langle z_a \rangle_2 + \langle\langle z_a \rangle_2 \rangle_2 + \langle\langle z_b \rangle_1 \rangle_2$，$[z]_a = [\langle z \rangle_1]_a + \langle z \rangle_2$ 和 $[z^3]_a = [\langle z \rangle_1^3]_a + 3[\langle z \rangle_1^2]_a \odot \langle z \rangle_2 + 3[\langle z \rangle_1]_a \odot \langle z \rangle_2^2 + \langle z \rangle_2^3$

16：$\mathcal{B}$方計算 $[\hat{y}]_a = q_0 + q_1[z]_a + q_2[z^3]_a$，並使用演算法 7-3 將 $[\hat{y}]_a$ 轉為秘密分享態，之後 $\mathcal{A}$方得到 $\langle \hat{y} \rangle_1$，$\mathcal{B}$方得到 $\langle \hat{y} \rangle_2$

17：\\ 計算秘密分享態的誤差

18：$\mathcal{A}$ 方計算誤差 $\langle \boldsymbol{e} \rangle_1 = \langle \hat{\boldsymbol{y}} \rangle_1$

19：$\mathcal{B}$ 方計算誤差 $\langle \boldsymbol{e} \rangle_2 = \langle \hat{\boldsymbol{y}} \rangle_2 - \boldsymbol{y}$

20：\\ 計算梯度

21：$\mathcal{B}$ 方計算 $[\boldsymbol{e}]_a^T = [\hat{\boldsymbol{y}}]_a - \boldsymbol{y}$ 和 $[\boldsymbol{g}_b]_a = [\boldsymbol{e}]_a^T \cdot \boldsymbol{X}_b$

22：$\mathcal{B}$ 方使用演算法 7-1 將 $[\boldsymbol{g}_b]_a$ 轉為秘密分享態，之後 $\mathcal{A}$ 方得到 $\langle \boldsymbol{g}_b \rangle_1$，$\mathcal{B}$ 方得到 $\langle \boldsymbol{g}_b \rangle_2$

23：$\mathcal{A}$ 方計算 $\langle \boldsymbol{g}_a \rangle_1 = \langle \boldsymbol{e} \rangle_1^T \cdot \boldsymbol{X}_a$

24：$\mathcal{A}$ 方和 $\mathcal{B}$ 方使用演算法 7-2 安全的計算 $\langle \boldsymbol{g}_a \rangle_2 = \langle \boldsymbol{e} \rangle_2^T \cdot \boldsymbol{X}_A$，之後 $\mathcal{A}$ 方得到 $\langle\langle \boldsymbol{g}_a \rangle_2 \rangle_1$，$\mathcal{B}$ 方得到 $\langle\langle \boldsymbol{g}_a \rangle_2 \rangle_2$

25：\\ 更新模型

26：$\mathcal{A}$ 方更新 $\langle \boldsymbol{w}_a \rangle_1$ 和 $\langle \boldsymbol{w}_b \rangle_1$，$\langle \boldsymbol{w}_a \rangle_1 \leftarrow \langle \boldsymbol{w}_a \rangle_1 - \alpha \cdot (\langle \boldsymbol{g}_a \rangle_1 + \langle\langle \boldsymbol{g}_a \rangle_2 \rangle_1)$，$\langle \boldsymbol{w}_b \rangle_1 \leftarrow \langle \boldsymbol{w}_b \rangle_1 - \alpha \langle \boldsymbol{g}_b \rangle_1$

27：$\mathcal{B}$ 方更新 $\langle \boldsymbol{w}_a \rangle_2$ 和 $\langle \boldsymbol{w}_b \rangle_2$，$\langle \boldsymbol{w}_a \rangle_2 \leftarrow \langle \boldsymbol{w}_a \rangle_2 - \alpha \cdot \langle\langle \boldsymbol{g}_a \rangle_2 \rangle_2$，$\langle \boldsymbol{w}_b \rangle_2 \leftarrow \langle \boldsymbol{w}_b \rangle_2 - \alpha \langle \boldsymbol{g}_b \rangle_2$

28：end for

29：\\ 恢復（重構）模型

30：$\mathcal{A}$ 方將 $\langle w_b \rangle_1$ 發送給方

31：$\mathcal{B}$ 方將 $\langle w_a \rangle_2$ 發送給方

32：$\mathcal{A}$ 方重構恢復模型 $w_a = \langle w_a \rangle_1 + \langle w_a \rangle_2$

33：$\mathcal{B}$ 方重構恢復模型 $w_b = \langle w_b \rangle_1 + \langle w_b \rangle_2$

我們採用了以下的架構來實現該演算法。該架構包含了一個協調者
（Coordinator），以及兩個分散式的計算叢集（Cluster），分別對應兩個
參與方。該協調者主要控制演算法的開始和結束，比如根據迭代輪數等
條件。分散式運算叢集中的節點又分為服務節點（Server）和計算節點
（Worker）。Server 主要負責參與雙方各自模型的儲存、秘密分享相關的
計算，以及通訊互動。Worker 主要負責同態加密相關的計算。之所以這
樣設計，是因為我們經過分析，發現同態加密計算會消耗大量的時間，
因此 Server 將該部分使用分散式的思想在多個 Worker 上來計算。該框架
如圖 7.2 所示。

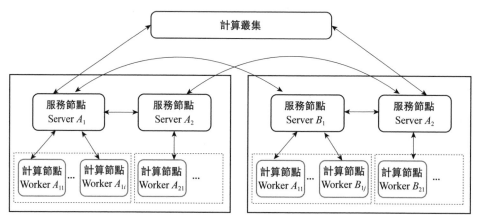

▲ 圖 7.2 以秘密分享和同態加密為基礎的邏輯回歸演算法實現框架

7.4 本章小結

本章介紹了邏輯回歸模型，同時提出了兩種可證安全的邏輯回歸演算
法，即以秘密分享為基礎的方法與以同態加密和秘密分享為基礎的混合
協定方法。其實除了這兩種方法之外，在學術界和工業界，還有許多技
術可以在隱私保護的情況下訓練線性模型。

Zhu 等人 [153] 建立外包資料的互動式協定用於訓練邏輯回歸模型，其中使用者與雲端伺服器進行多輪通訊。該協定中的通訊成本由資料集的大小和維度決定，同時也取決於使用者的計算成本。Kim 等人 [154] 針對實數計算最佳化問題，設計了新型同態加密方案用於邏輯回歸的最小平方近似演算法，獲得了較好的準確率和效率。Zhang 等人 [155] 提出了一種函數機制用於線性回歸，他們透過向損失函數的係數增加雜訊，然後用梯度下降演算法求解參數，來執行差分隱私，從而完成隱私保護的線性模型訓練。

其實，除了同態加密、秘密分享、差分隱私，其他一些密碼學的技術如不經意傳輸、亂碼電路也被應用於隱私保護的機器學習中。根據不同的應用場景，這些技術通常不會單獨使用，而是與同態加密等技術結合起來建構符合應用場景的協定，以實現隱私保護、準確率、效率這三個目標。

● 7.4 本章小結

CHAPTER

08

樹模型

本章中，我們將介紹安全樹模型的相關內容。首先，回顧用於改造安全版本的梯度提升樹的原理，接著介紹以 MPC 為基礎的決策樹演算法，以及在多方垂直聯合建模的場景下，業界目前如何去做保護隱私的樹模型，包括傳統的以 MPC 為基礎的決策樹演算法、Cheng 等人提出的 Secure Boost 演算法和 Fang 等人提出的可證安全 HESS- XGB。

8.1 梯度提升決策樹簡介

梯度提升樹 GBDT（Gradient Boosting Decision Tree）[156] 是由多棵回歸決策樹組合而成的，屬於整合模型中 Boosting 方式，這些回歸決策樹之間有依賴關係，需要串列生成。GBDT 在業界被廣泛使用 [160]，因為它具有一系列優良的性質。其一，GBDT 天然支援處理非線性資料及資料缺失問題；其二，它既可用於分類問題，也能用於回歸問題，模型性能較高且易於調參，在實際使用中，它通常優於線性模型和隨機森林；其三,諸多開放原始碼實現及最佳化,極大提高了模型訓練的效率,能支援自訂損失函數;其四,樹模型能提供全域、局部的可解釋性,便於模型了解和預測歸因。這裡我們回顧一下 GBDT 及它的最常用實現版本 XGBoost[161] 相關的理論基礎。

機器學習問題通常是一個函數估計問題,首先需要定義一個合適的損失函數 $L(y, F(x))$,用來衡量預測值與標籤之間的差異,然後函數估計最佳化的目標就是最小化所有訓練樣本上的損失:

$$\begin{aligned}
F^* &= \arg\min_{F(x)} E_{x,y} L(y, F(x)) \\
&= \arg\min_{F(x)} E_x[E_y(L(y, F(x)) \mid x)] \\
&= \arg\min_{F(x)} E_y[L(y, F(x)) \mid x]
\end{aligned}$$

不同於一般機器學習中使用的參數估計,GBDT 是在函數空間上的數值最佳化。

在每個樣本點 x 上的預測值 $F(x)$ 被看作一個參數,最小化目標函數被轉為 $F(x)$ 相關的函數:

$$\phi(F(x)) = \arg\min_{F(x)} E_{x,y} L(y, F(x))$$

使用梯度下降的數值最佳化方式求解最佳解 F^*,F^* 會表示成加法迭代的形式:

$$F^* = \sum_{m=0}^{M} f_m$$

其中,f_0 是初值,$\{f_m\}_1^M$ 是 M 個後續迭代中更新值。每一步更新當中,下降的方向由梯度 g_m 決定,步進值由透過沿負梯度方向最小化目標函數決定:

$$g_m = g_{im} = \frac{\partial E_y[\, L(y, F(x))|x_i]}{\partial F}\Big|_{F=F_{m-1}}$$

$$\rho_m = \arg\min_{\rho} E_{x,y} L(y, F_{m-1} - \rho g_m)$$

$$f_m = -\rho_m g_m$$

在具體資料集上的每一步函數估計中，單一弱分類器被用來平滑和泛化樣本之間的梯度值，用帶有參數的函數來表示：

$$g_{im} = g_m(x_i) \simeq h(x_i; \alpha_m)$$

每一輪最佳化就變成了擬合一個最佳的弱分類器 $h_m = \{h(x_i; \alpha_m)\}_1^N$ 最小化所有樣本上與負梯度的差值，求解最佳參數 α_m：

$$\alpha_m = \arg\min_{\alpha, \beta} \sum_{i=1}^{N} [-g_m(x_i) - \beta h(x_i; \alpha)]^2$$

使用單輪擬合得到的最佳化方向 $h(x_i; \alpha_m)$ 進而得到最佳化步進值：

$$\rho_m = \arg\min_{\rho} \sum_{i=1}^{N} L(y_i, F_{m-1}(x_i) + \rho h(x_i; \alpha_m))$$

預測值上累加本輪的更新：

$$F_m(x) = F_{m-1}(x) + \rho_m h(x_i; \alpha_m)$$

GBDT 使用決策回歸樹模型作為弱分類器，使用表示葉節點 j 的區域 R_j 和它的節點權重 b_j，可以將樹模型表示如下，其中指示函數 I 表示一個樣本是否落在節點 j 上：

$$h(x; \{b_j, R_j\}_{j=1}^{J}) = \sum_{j=1}^{J} b_j \mathbb{I}(x \in R_j)$$

將 h 的表示代入 α_m 的求解式子當中，最終得到葉節點的權重參數為當前梯度的加權平均值，即：

$$b_{jm} = \frac{\sum_{x_i \in R_{jm}} w_i g_{im}}{\sum_{x_i \in R_{jm}} w_i} = \bar{g}_m$$

我們可以透過這個葉節點權值估計，得到分裂方案的目標函數增益值，透過列舉所有的分裂特徵和分裂值，逐步尋求最佳就能貪心地訓練出一棵完整的決策樹。此外，線搜索參數 ρ_m 不必單獨求解，在實際求解中通常將它合併到葉節點權重 b_j，$F(x)$ 的迭代式可以寫成：

$$F_m(x) = F_{m-1}(x) + \rho_m \sum_{j=1}^{J} b_{jm} \mathbb{I}(x \in R_j) = F_{m-1}(x) + \sum_{j=1}^{J} \gamma_{jm} \mathbb{I}(x \in R_j)$$

最終各個葉節點合併權重 γ_{jm} 的計算相互獨立，由落在它上面的所有樣本共同決定：

$$\gamma_{jm} = \arg\min_{\gamma} \sum_{x_i \in R_j} L(y_i, F_{m-1}(x_i) + \gamma)$$

XGBoost 在此基礎之上，將一階最佳化的隨機梯度下降演算法，替換為目標函數的二階泰勒展開，並且對葉節點個數和葉節點權重加上了懲罰因數，再從葉節點的維度重新定義式子：

$$\begin{aligned}
O^{(m)} &= \sum_{i=1}^{N} L(y_i, F_{m-1}(x_i) + f_m(x_i)) + \Omega(f_m) \\
&\simeq \sum_{i=1}^{N} \left[g_{im} f_m(x_i) + \frac{1}{2} h_{im} f_m^2(x_i) \right] + \left(\eta J + \frac{1}{2} \lambda \sum_{j=1}^{J} \gamma_{jm} \right) \\
&= \sum_{j=1}^{J} \left[\left(\sum_{x_i \in R_{jm}} g_{im} \right) \gamma_{jm} + \frac{1}{2} \left(\sum_{x_i \in R_{jm}} h_{im} + \lambda \right) \gamma_{jm}^2 \right] + \eta J \\
&= \sum_{j=1}^{J} \left[G_{jm} \gamma_{jm} + \frac{1}{2} (H_{jm} + \lambda) \gamma_{jm}^2 \right] + \eta J
\end{aligned}$$

其中，G_{jm} 和 H_{jm} 分別表示葉節點 J 上樣本的一階、二階梯度。這樣，最佳權重和對應的目標函數值為：

$$\gamma_{jm} = -\frac{G_{jm}}{H_{jm} + \lambda}$$

$$O^{(m)} = -\frac{1}{2}\sum_{j=1}^{J}\frac{G_{jm}^2}{H_{jm} + \lambda} + \eta J$$

同樣，訓練過程使用這個目標函數的估計值可以評估分裂，進而得到最佳樹結構；而葉節點的權值也能根據落在葉節點上所有樣本資料，由上面運算式計算得出。

8.2 MPC 決策樹

以安全多方計算為基礎的決策樹方案通常需要在多方伺服器下完成，使用者的隱私數據以 Share 的形式儲存在多台伺服器上，任意一台伺服器上的單一 Share 都無法獲得使用者的隱私資料，只有當多台伺服器聯合計算時，才能得到使用者的隱私資料。本節中，將以伺服器作為例子，解釋以 MPC 為基礎的決策樹模型。在該模型中，決策樹的模型結構可以是公開的，決策樹內部節點的權重是模型擁有方的隱私資料，該權重和使用者隱私資料類似，以 Share 的形式儲存在第三台伺服器上，決策樹葉子節點的權重值是公開的。

本節首先描述了安全多方計算的資料處理方法，再介紹對浮點數的處理方法，最後介紹以安全多方計算為基礎的決策樹預測協定。

8.2.1 安全多方計算的資料處理

1. 秘密分享與重構：Additive Sharing

當三方之間共用一個秘密值 x 時，可以先隨機生成兩個隨機數 x_1, x_2，第三個秘密值透過計算 $x_3 = x-x_1-x_2$ 得到，每一方的秘密值可以記作 $[x]$。重構可以透過將三方伺服器簡單相加得到，即 $x = x_1 + x_2 + x_3$，該方案可以擴充至 N 方，當有 N 方參與秘密分享時，只要有不超過 $T = N-1$ 方惡意合作，秘密就處於隱私保護的狀態。從另一個角度說，只要有不超過 $T = N-1$ 方被攻擊，洩露的隱私就不會超過 T 方資料。

2. 線性操作：加法和減法

（1）加法

當需要對秘密值 x, y 進行加法操作時，先將 x, y 分成 Share 的形式 $[x],[y]$，即三方分別得到 $\{x_1, y_1\},\{x_2, y_2\},\{x_3, y_3\}$，每一方伺服器把自己擁有的兩個 Share 值相加，然後發送給第三方可信伺服器整合，則該可信伺服器得到 $(x_1+y_1) + (x_2 + y_2) +(x_3 + y_3)$，即為 $x + y$。

（2）減法

當需要對秘密值 x, y 進行減法操作時，先將 x, y 分成 Share 的形式 $[x],[y]$，即三方分別得到 $\{x_1, y_1\},\{x_2, y_2\},\{x_3, y_3\}$，每一方伺服器把自己擁有的兩個 Share 值相減，然後發送給第三方可信伺服器整合，則該可信伺服器得到 $(x_1-y_1) + (x_2-y_2) + (x_3-y_3)$，即為 $x-y$。

3. 乘法操作：Beaver Triple

乘法部分採用乘法三元組（Beaver Triple）的方法 [159]，該步操作分為離線階段和線上階段兩個階段，離線階段不依賴於隱私資料，可以提前前置處理計算，因此在預測過程中可以加快執行速度。

離線階段需要先秘密分享三個值，即 a, b, c，其中，a, b 是隨機數，$c = a \times b$，假設每一方 P_i 得到的資料為 $[a],[b],[c] = \{a_i, b_i, c_i\}$。線上階段，當需要計算使用者隱私資料 x, y 的乘積 $z = x \times y$ 時，先將隱私資料秘密分享到三方，則 P_i 方擁有的隱私資料為 $[x],[y] = \{x_i, y_i\}$，每一方計算 $[\alpha] = [x]-[a]$, $[\beta] = [y]-[b]$，三方整合將所有 $[\alpha],[\beta]$ 分別相加，結果即為 α, β 值打開的過程，如圖 8.1 所示。

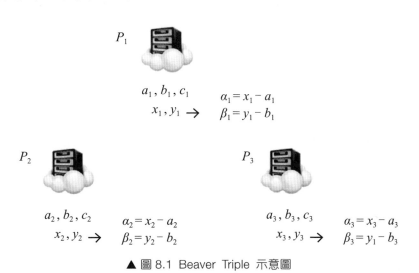

▲ 圖 8.1 Beaver Triple 示意圖

8.2.2 協定對浮點數的處理

由於使用了安全多方計算的手段，需要將資料映射到有限環上或有限域上，只能處理定點資料，所以需要將浮點數轉為定點數來處理。本框架可以手動調節計算支援的範圍，初始化時預設為支援 $(2^{-8}, 2^{15})$ 範圍的運算，將所有的浮點數轉為定點數後，按支持的範圍輸入到框架中進行計算。對於 2^{-8} 的部分由於乘法會引發精度的增加，需要進行 truncation 的操作。

8.2.3 安全多方計算協定

1. A2B 協定

該協定進行比較時需要將 Arithmetic 的百分比轉為 Binary 的百分比，即 $x = x_0 + x_1$ 轉為 $x = x_0' \oplus x_1'$，這樣的話，我們可以截取 Share 的第一位元來判斷符號。在本協定中，先將 x_0 和 x_1 分別 Reshare 成 Binary 的分享 $[x_0]^b, [x_1]^b$，即 $x_0 = x_0^0 \oplus x_1^0$ 及 $x_1 = x_0^1 \oplus x_1^1$，然後採用進位加法器計算 $[x]^b = [x_0]^b + [x_1]^b$，得到 Binary Share。

2. B2A 協定

該協定使用符號位元進行判斷時需要用到 B2A 將 Binary 的百分比轉為 Arithmetic 的百分比，具體操作為，對於 $x = x_0 \oplus x_1$，我們先將 x_0 和 x_1 分別 Reshare 成加法的分享 $x_0 = x_0^0 + x_1^0$ 及 $x_1 = x_0^1 + x_1^1$，然後我們消去進位，即計算 $[x]^a = [x_0]^a + [x_1]^a - 2 \times [x_0]^a \times [x_1]^a$，得到 Arithmetic Share。

8.2.4 以 MPC 為基礎的決策樹預測協定

在預測過程中，公司想要檢驗資料是否為惡意攻擊資料，但根據相關法律法規，不能直接儲存使用者明文資料，就可以採用以秘密分享技術為基礎的檢測方案。將使用者資料分成多個百分比儲存在多台伺服器上進行安全計算。最終的預測結果也將分享到多方，多台伺服器端將自己的百分比發送給可信第三方進行整合，就能得到最終的預測結果。

對於使用者輸入待預測的隱私資料 x，首先用 Arithmetic 下的 Additive Sharing 演算法將資料分為 n 份，不同 $[x_i]$ 儲存在不同的伺服器上，當對 x 進行判別時，需要在各個伺服器上對 $[x_1], [x_2], \cdots, [x_n]$ 這 n 份資料分別按

決策樹預測演算法進行分類，分類結果發送給可信第三方，整合後得到
最終分類結果。

接下來描述對於一台伺服器，如何對一個秘密分享 [x] 進行決策樹預測演
算法（後面用 [x] 表示秘密分享形式下的 x 值）。以秘密共用為基礎的隨
機森林演算法、GBDT 演算法均由多棵決策樹組成，對於一個輸入資料
[x]，每棵決策樹會列出一個判別結果值，將多棵決策樹的決策結果求平
均，透過該平均值大於閾值還是小於閾值，獲得對於該資料的最終判斷
結果。

一棵決策樹的拓撲結構一般是一個二元樹結構，如圖 8.2 所示，樹的每一
個內部節點 CMD 都進行一個比較運算，該內部節點對應了輸入資料的特
徵編號和一個閾值，當輸入一個新資料時，先提取該內部節點對應的資
料特徵值，再與閾值比較大小，若該資料的特徵小於閾值，則比較運算
的結果是 0；若特徵大於閾值，則該內部節點的運算結果為 1。在遍歷樹
時，如果前一個內部節點的輸出是 0，則走左子分支，若為 1 則走右子分
支。底層每一個葉子節點為一個權重值，遍歷一次決策樹會輸出一個權
重值。

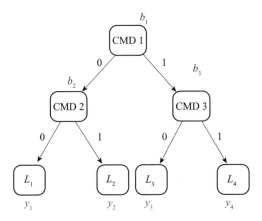

▲ 圖 8.2 安全多方計算決策樹預測示意圖

下面對安全多方計算的決策樹預算協定進行詳細描述。

1. 輸入

使用者待預測的 $x = \{x_1,..., x_m\}$ 隱私資料,該隱私資料封包含 m 個特徵值。

假設訓練完成的決策樹模型如圖 8.2 所示,決策樹內部節點 CMD_1, CMD_2, CMD_3 的特徵和判斷閾值為隱私資料 $\{f_1, t_1\}, \{f_2, t_2\}, \{f_2, t_2\}$,決策樹葉節點 L_1, L_2, L_3, L_4 的權重值分別為 y_1, y_2, y_3, y_4,作為公開資料。

2. 資料前置處理:脫敏與儲存

將使用者隱私資料、模型閾值資料在 Arithmetic 下用 Additive Sharing 的方式分成三份儲存在三個伺服器上:$[x_{f_1}], [x_{f_2}], [x_{f_3}]$ 和 $[t_1], [t_2], [t_3]$。舉例來說,$[x_{f_1}] = x_{f_{1,1}} + x_{f_{1,2}} + x_{f_{1,3}}$,$[t_1] = t_{1.1} + t_{1.2} + t_{1.3}$。

3. 隱私計算

假設我們需要用安全多方計算的方法計算圖 8.2 所示決策樹的輸出。

在明文下預測時,對於 $CMD_1 \to CMD_2 \to L_1$ 路徑,L_1 節點的表達式為 $(1-b_1)*(1-b_2)*y_1$,若資料落入該路徑,則該運算式的值為 y_1,若資料沒有落入該路徑,則該運算式的值為 0。因此可以累加所有路徑的運算式,即可得到該決策樹的最終預測結果。

在安全多方計算下,CMD_1 節點判斷結果為 $[b1] = msb([x_{f_1}]-[t_1]) = msb((x_{f_{1,1}}-t_{1.1})+(x_{f_{1,2}}-t_{1.2})+(x_{f_{1,3}}-t_{1.3}))$,其中 $msb(a-b)$ 為 binary 上的比較函數,需要先將 msb() 內的資料利用 A2B 協定轉換到 Binary 上,該函數的輸出結果是 $a-b > 0$ 或 $a-b < 0$ 的 Binary Share 結果。

假設 CMD_1, CMD_2, CMD_3 節點的判斷結果分別為 $[b_1]$,$[b_2]$,$[b_3]$，則對於 L_1 葉節點，其對應的輸出值為：

$[L_1] = ((1-[b_1]) \times (1-[b_2])) \times y_1 = (1+ [b_1] \times [b_2] - [b_1] - [b_2]) \times y_1$。前半部分括號內為 Binary Share，$(1+ [b_1] \times [b_2] - [b_1] - [b_2])$ 利用 Beaver Triple 進行運算。y_1 為浮點數，因此 $\times y_1$ 運算是需要在 Arithmetic 上操作的，需要先對前半部分進行 B2A，再 $\times y_1$。

同理可得其餘幾個葉節點為：

$$[L_2] = ((1-[b_1]) \times [b_2]) \times y\_2 = ([b_2] - [b_1] \times [b_2]) \times y_2$$
$$[L_3] = ([b_1] \times (1-[b_3])) \times y_3 = ([b_1] - [b_1] \times [b_3]) \times y_3$$
$$[L_4] = ([b_1] \times [b_3]) \times y_4$$

該決策樹的安全多方計算隱私計算過程如下。

（1）用平行的方式對 CMD_1, CMD_2, CMD_3 這三個內部節點進行隱私保護比較運算，運算結果分別記為 $[b_1]$, $[b_2]$, $[b_3]$。

（2）計算標籤 L_1, L_2, L_3, L_4 對應的輸出值：

a） L_1：$[L_1] = ((1-[b_1]) \times (1-[b_2])) \times y_1$

b） L_2：$[L_2] = ((1-[b_1]) \times [b_2]) \times y_2$

c） L_3：$[L_3] = ([b_1]) \times (1-[b_3]) \times y_3$

d） L_4：$[L_4] = ([b_1] \times [b_3]) \times y_4$

計算結果中，$[L_1]$, $[L_2]$, $[L_3]$, $[L_4]$ 之中只存在一項為 1，其他項為 0。

4. 輸出

該棵決策樹的預測結果為 $Y = [L_1]+[L_2]+[L_3]+[L_4]$。

L_1, L_2, L_3, L_4 所有葉子節點的輸出中，除了有一項不為 0，其餘均為 0，因此輸出所有葉子節點之和即為輸出。

8.3 Secure Boost 演算法

經典 XGBoost 演算法用在傳統的集中式建模當中，而 Secure Boost 演算法則是在 2019 年由 Cheng 等人提出 [157] 的，以 XGBoost 為基礎的演算法原理，結合第 3 章所述的同態加密的技術，用在多方聯合安全建模的場景中。演算法用於垂直切分的資料聯合，擁有標籤的一方稱為主動方，其餘參與方僅含有特徵。多個參與方首先會使用第 5 章中提到的私有集合交集技術，求得共同客戶作為建模樣本集。

8.3.1 單棵決策樹訓練演算法

單棵決策樹的訓練演算法的執行由主動方主導，單棵樹的訓練分為以下步驟。

1) 主動方根據標籤和當前預測值，計算每個樣本 i 的一階導 g_i 和二階導 h_i，並將二者同態加密得到 $[g_i]$ 和 $[h_i]$。

2) 主動方將當前分裂節點包含的樣本資訊及同態加密的導數（$[g_i]$ 和 $[h_i]$）發送給被動方。

3) 被動方列舉己方持有特徵及分桶資訊（舉例來説，按收入將樣本等頻劃分為 20 桶），計算每個分桶內樣本的導數累積和，值得注意的是這裡使用同態加法，被動方可以在不獲得導數明文的情況下，實現導數累積和的計算。

4) 被動方將所有潛在分裂點的導數累積和加密發送給主動方。

5) 主動方解密各個參與方回傳的導數累積和。

6）　主動方列舉所有參與方、特徵及分桶，使用解密得到的明文導數累積和，即可採取 XGBoost 演算法中的計算增益、選擇最佳分裂節點的方式，得到最佳分裂資訊，包括特徵分裂參與方、特徵編號及分桶編號。

7）　主動方通知當前節點的最佳分裂參與方，同步特徵編號和分桶編號。

8）　最佳分裂參與方根據返回的特徵編號和分桶編號，增加一筆分裂記錄，記下本地對應的特徵名和分裂值，並將分裂記錄 ID、樣本劃分資訊返回給主動方。

9）　主動方在樹結構的對應節點，記錄分裂方和返回的 ID，用於預測；依據返回資訊劃分樣本，生成左右子節點。

10）如果子節點達到分裂停止條件，則計算葉節點權重；否則對左右子節點遞歸執行分裂步驟 2）～ 10）。

可以看出，該演算法的核心在於改造節點分裂過程，利用資料垂直切分的特點，單一特徵的累加完全可以在持有方本地進行計算；為了不透露主動方的標籤資訊，將導數資訊用同態加密的方法保護起來，利用同態的性質執行加密下的計算。分裂過程參與方間的互動，如圖 8.3 所示，除了分桶累積、計算和模型保存，演算法主流程都是由主動方執行的，且與一般的 XGBoost 差異不大。

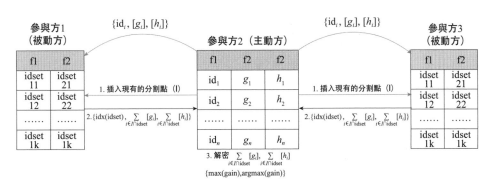

▲ 圖 8.3 Secure Boost 訓練演算法節點分裂參與方互動示意圖

按照上述訓練步驟，最後模型訓練後的保存由各方共同完成，每方持有一部分資訊，如圖 8.4 所示，一共有三個參與方，其中參與方 2 為主動方，保存樹結構及葉節點權值。主動方的分裂資訊不同於集中式的 XGBoost，用於儲存分裂方與記錄 ID，具體的分裂資訊則是由特徵持有方本地查閱資料表（Lookup Table）中的記錄，每個參與方都會生成一個查閱資料表，預測時主動方根據節點保存的記錄 ID 進行分裂資訊尋找。

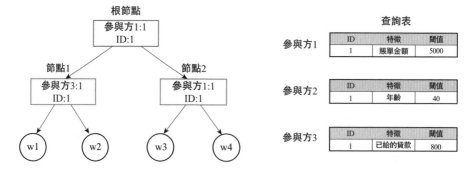

參與方1（被動方）

舉例	賬單金額	受教育程度
×1	2036	2
×2	15090	3
×3	13700	2
×4	6043	1
×5	290	1

參與方2（主動方）

舉例	年齡	性別	是否已婚	標籤
×1	20	1	0	0
×2	30	0	0	1
×3	38	1	1	1
×4	47	1	1	2
×5	10	0	0	3

參與方3（被動方）

舉例	已給的借款
×1	5000
×2	300000
×3	250000
×4	300000
×5	300

查詢表

參與方1

ID	特徵	閾值
1	賬單金額	5000

參與方2

ID	特徵	閾值
1	年齡	40

參與方3

ID	特徵	閾值
1	已給的貸款	800

▲ 圖 8.4 Secure Boost 訓練演算法模型保存

8.3.2 單棵決策樹預測演算法

在這種模型保存方式下，預測演算法也由主動方主導，單棵樹預測演算法的執行過程如下。

1）主動方根據當前節點記錄的分裂方（也可能是主動方自身），向對應的特徵持有方發送記錄 ID。

2）分裂方根據記錄 ID，可以得到分裂特徵和分裂值，根據預測樣本對
應的特徵值後，向主動方返回預測樣本，預測路徑為左分支還是右分
支。

3）重複步驟 1）～ 2），直到預測抵達葉節點，獲得單棵樹的預測值。

最後將多棵樹的預測結果相加，即為最終預測值，具體範例如圖 8.5 所
示。

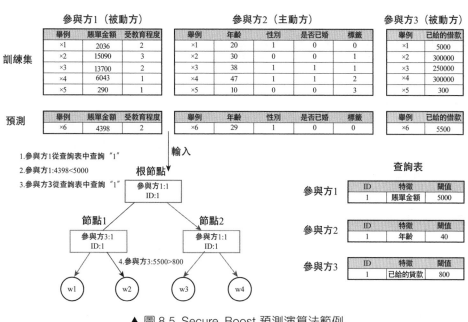

▲ 圖 8.5 Secure Boost 預測演算法範例

Secure Boost 演算法提供了不需要資料明文互動的梯度提升樹模型方案，
在一定程度上保護了使用者資料隱私。整個訓練大部分流程是在主動方
的明文下進行的，需要互動、加密計算步驟較少，因此在演算法性能上
具有優勢，適用於實際業務場景。但是，該演算法存在一定的中間資訊
的洩露機率，有資料安全風險。首先，所有參與方都知道每個節點上樣

本的分佈情況，一方面，所有節點都會據此推斷出部分的特徵排序資訊，另一方面，屬於同一葉節點的樣本往往標籤是相同或相近的，因此葉節點的父節點持有方可以知道這個相近資訊。針對第二個問題，Secure Boost 論文中的改進方案是第一棵樹由主動方獨立完成，則後續洩露的是殘差的相似性，文中認為這個洩露可接受。其次，主動方知道被動方導數累積和原始值，有反推出被動方特徵排序的風險，比如極端情況下當導數值各不相同，且分桶數等於樣本個數時。

8.4 HESS-XGB 演算法

Secure Boost 雖然能提供高性能，但在很多實際應用場景中，無法接受對應的安全妥協和資訊洩露帶來的潛在風險。本節我們介紹由螞蟻集團在 2019 年提出的可證安全演算法方案 [157]，使用多方安全計算的技術建構 XGBoost 演算法。

在第 3 章中了解了秘密分享 SS（Secret Sharing）和同態加密 HE（Homomorphic Encryption）兩項密碼學技術，採用不同的想法實現非明文的多方安全計算。兩種技術各有千秋，SS 的計算性能優越，但通訊成本較高；HE 加解密會引入較大的計算消耗，而減少通訊量。實際業務中，頻寬往往是多方聯合建模的瓶頸所在，HESS 框架的主要想法則是將二者結合起來，頻寬巨大的計算步驟，使用 HE 來優化，用計算換通訊。最典型的最佳化場景就是大的稀疏矩陣乘法，由於 SS 採用稠密的方式儲存，乘法計算過程的通訊量和相乘的矩陣大小成正比，直觀地看，這會帶來巨大的通訊量。同樣，HESS 框架也可以用於 XGB 演算法的實現和最佳化上。下面首先會說明如何僅用 SS 來實現安全版本的 XGBoost 演算法，然後使用 HESS 框架來進一步最佳化演算法效率。

XGBoost 演算法的核心步驟包括：a. 計算導數；b. 特徵排序；c. 分桶累積；d. 計算增益；e. 最佳分裂；f. 樣本劃分；g. 計算分值。其主要使用 SS 方案來實現，首先將需要聯合計算的變數都轉為 SS 變數，這樣步驟 a、d、g 就能依據公式呼叫底層的 SS 運算元安全計算，步驟 e 需要借助 SS 的 argmax 運算元協定實現。因為資料是垂直切分的，單一特徵僅分佈在一個參與方，因此步驟 b 可以在本地明文中進行，而不會帶來安全隱憂。直接改造步驟 c 則會造成資訊洩露，這裡用一個例子來說明。如圖 8.6 所示，A 方擁有年齡特徵，5 個樣本按年齡從小到大排序，一階導數 <gi> 均被轉化為秘密分享

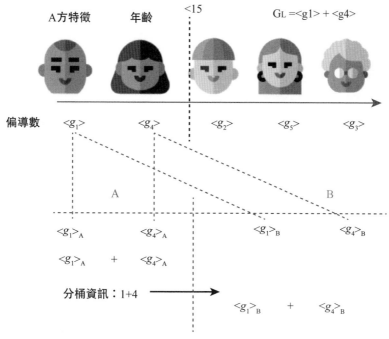

▲ 圖 8.6 分桶累積步驟的資訊洩露

變數，$<g_i>_A$ 和 $<g_i>_B$ 分別是樣本 i 的一階導數在 A 方和 B 方的分片。當需要計算分裂值為 15 的時候，需要將樣本 1 和樣本 4 的導數相加，由於 A 知道樣本此時的分桶資訊，可以將本地分片相加，但 B 方本地分片計算則需要 A 方同步這一分桶資訊。當 B 收到所有分裂值下的分桶資訊時，實際上 A 方特徵的排序資訊就完全曝露了。

顯然，不能直接將分桶資訊傳到 B 方，因此演算法安全改造中（見圖 8.7），將分桶資訊變為 0、1 標示向量，用來標識求和的樣本，然後將向量轉為安全的秘密分享變數，透過執行與一階導數向量的內積，從而實現分桶內樣本導數累積求和。此時，由於分桶資訊被秘密分享了，因此 B 方無法知道分桶包括的樣本，A 方特徵安全性得以確保。

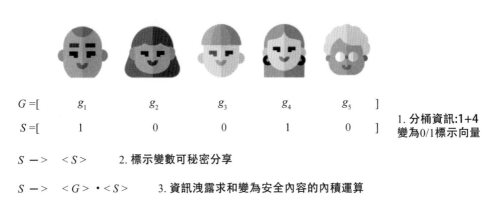

$G = [\qquad g_1 \qquad g_2 \qquad g_3 \qquad g_4 \qquad g_5 \qquad]$

$S = [\qquad 1 \qquad 0 \qquad 0 \qquad 1 \qquad 0 \qquad]$

1. 分桶資訊:1+4 變為0/1標示向量

$S \longrightarrow \ <S>$ **2. 標示變數可秘密分享**

$S \longrightarrow \ <G> \cdot <S>$ **3. 資訊洩露求和變為安全內容的內積運算**

▲ 圖 8.7 分桶累積資訊洩露的解決方案

接下來的步驟 f 同樣包括一個安全問題，當確定當前節點的最佳分裂之後，需要將樣本分為左右子樹的時候，會曝露樣本的分佈資訊。如圖 8.8 所示，遞迴建樹的過程，需要知道後續子樹的樣本劃分情況，後續的分裂僅以劃分到該子樹為基礎的樣本。

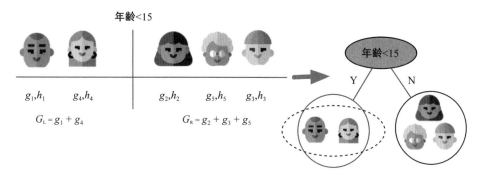

▲ 圖 8.8 樣本劃分步驟的資訊洩露

為了保護樣本劃分資訊，也需要將其轉變為秘密分享的變數，同時用它來更新一階導向量 G、二階導向量 H，更新方式為對應元素相乘。舉例來說，圖 8.9 中表示按照年齡 15 作為最後分裂以後，對左子樹（包含樣本 1 和樣本 4）做的更新操作，由於樣本 2、3、5 對應的子樹劃分標示位元被置 0，向量對應元素相乘操作以後，這些樣本的導數實際上被置 0。

編號		G	S_L	$G_L = G \cdot S_L$
1		$\langle g_1 \rangle$	$\langle s_{11} \rangle$: 1	$\langle g_1 \rangle$
2		$\langle g_2 \rangle$	$\langle s_{12} \rangle$: 0	$\langle 0 \rangle$
3		$\langle g_3 \rangle$	$\langle s_{13} \rangle$: 0	$\langle 0 \rangle$
4		$\langle g_4 \rangle$	$\langle s_{14} \rangle$: 1	$\langle g_1 \rangle$
5		$\langle g_5 \rangle$	$\langle s_{15} \rangle$: 0	$\langle 0 \rangle$

▲ 圖 8.9 用樣本劃分標示向量更新一階導向量

在後續左子樹遞迴分裂中，舉例來說，要計算根據性別特徵來進行分裂的一階導累積和，雖然我們生成的標示向量仍然為 5 個（包括了不在本子樹的樣本），但因為一階導在更新時已經被置為 0，因此計算內積的時候，不在該子樹的樣本實際上未被累積，與原始 XGB 計算效果等效，如圖 8.10 所示。

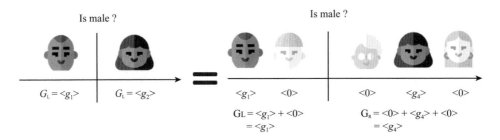

▲ 圖 8.10 子樹分裂分桶累積示意

有了上述改造，便可以實現以 SS 為基礎的安全 XGB 演算法。演算法的輸出模型是兩邊分別有多個滿二元樹（層數由演算法參數設定），對於中間節點，只有分裂特徵持有方記錄分裂資訊，另一方則不含任何資訊，只有一個偽節點；對於葉節點的權值，以 SS 變數的形式存在，以防曝露帶來的潛在安全風險。

雖然演算法安全得以實現，但演算法的性能卻有待商榷。回顧分桶累積的過程，實際上可以精簡為一個稀疏矩陣的乘法。如圖 8.11 所示，假設樣本數為 M，特徵總數為 N，特徵分桶數為 K，生成的分桶標示矩陣 S（M 行，$N \times K$ 列），每一清單示某個特徵某個分裂值下所產生的標示向量，等頻分桶的稠密度可由特徵分桶個數計算（$1/K$）；將 M 個樣本的 g、h 寫成行向量拼接成一個矩陣 P（2 行，M 列），分桶累積和的求解實際就是矩陣 S 和矩陣 P 的乘積。在進行安全矩陣乘法協定的時候，需要相互傳遞一個和矩陣，分別同 S 和 P 的大小相同，S 矩陣的規模（ $M \times N \times K$ ）相當大且不必要，因此演算法進一步借助 HESS 框架來最佳化這一過程。

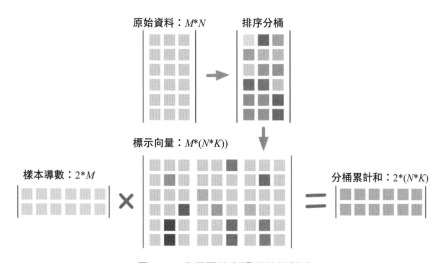

▲ 圖 8.11 分桶累積和過程的矩陣表示

下面展開以上述垂直切分為基礎的資料設定和特殊的模型保存方式，所做的安全預測演算法設計。對一般的 XGBoost 預測來說，根據樹的路徑可以路由到最終預測的葉節點，並取得其上的權值（如圖 8.12 中的上半部分，一棵完整的樹，明文的葉節點權值）。

然而在 HESS-XGB 中的預測則更困難，兩方的樹結構互補，而葉節點的權值也是秘密分享的。如圖 8.12 中的下半部分，n_2、n_3 在 A 方分裂，因此 B 方對樣本抵達這兩個節點時該如何向下路由一無所知。相似地，$n2$ 在 B 方分裂，A 方的偽節點也無法知道前進分支。為此，演算法定義單方本地路由規則如下：

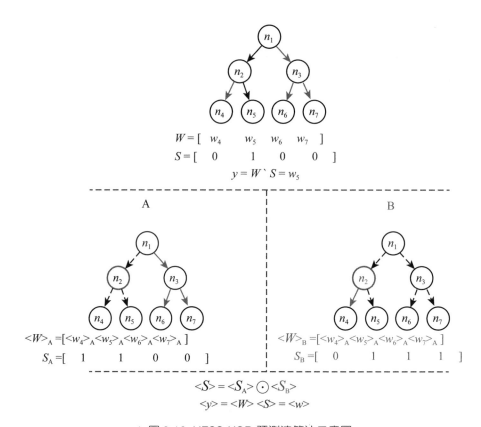

▲ 圖 8.12 HESS-XGB 預測演算法示意圖

如果分裂節點在本方,那麼本方同時持有分裂資訊和對應分裂特徵值,則按照兩者所確定的分支前進(舉例來説,A 方中 n_1 節點可以確定唯一前進方向為左子樹;B 方 n_2 節點同理)。

如果分裂節點不在本方,那麼兩個子樹方向均前進(舉例來説,A 方的 n_2 節點,B 方的 n_1、n_3 節點)。

根據這個規則,參與雙方都可以得到一個葉節點預測的標示向量(圖 8.12 中的 S_A 和 S_B),很顯然,兩個標示向量逐位元求積,即可得到原始樹預測的一位元有效（one-hot）標示向量 S。原因是單方已經把能確定不會經過的節點都剪枝了，對應葉節點置 0，兩邊確定的預測資訊相交，也就得到原樹預測結果了。注意：出於安全預測資訊隱藏的考慮，這裡 S_A 和 S_B 是秘密分享的變數。最後，標示向量 S 和權值向量 W 求內積，就能得到一棵樹的預測值。最終預測值只需將所有樹的預測結果加起來，此時的預測值為秘密分享的狀態，可以使用 SS 還原運算元公佈預測結果。

8.5 本章小結

本章我們說明了隱私保護樹模型方面的內容，從傳統的 MPC 決策樹演算法，到正常 XGBoost 演算法原理開始，延伸到業界對安全樹演算法的探索工作。其中，包括 Secure Boost 演算法，能實現高效但有一定安全妥協的方案，以及螞蟻集團的 Hess-XGB 演算法，可證安全且效率可實用的方案。針對不同業務的安全訴求、資料集規模等因素，靈活進行演算法選取，在實際工業場景中實踐。

● 8.5 本章小結

CHAPTER

09

神經網路

本章我們將介紹多方安全的神經網路的相關內容。我們先對神經網路做簡要回顧，然後對多種實現隱私保護的神經網路的方法進行詳細說明，包括聯邦學習、拆分學習、密碼學方法及伺服器輔助的隱私保護機器學習。

9.1 神經網路簡介

神經網路是一種廣為流行的機器學習方法，由於其極強的表達能力，已經被廣泛應用於各個領域，比如風控 [162-165]、推薦系統 [166-167]、銷量預測 [168]。如 2.4 節所介紹，神經網路是一種分層的結構，如圖 9.1 所示。其前向計算的過程是由下向上的，即從底層的特徵（輸入層的特徵，X），逐層計算，最終得到預測結果（輸出層的標籤），即 $\hat{y} = f(X, \theta)$。對於一個 L 層的神經網絡，f 可被看作是 L 個子函數的集

合，即 $f_{l|l\in[1,L]}$。將這 L 個子函數串聯起來，得到最終的模型輸出，即
$f(X) = f_L(\cdots f_2(f_1(X,\boldsymbol{\theta}_0),\boldsymbol{\theta}_1)\cdots,\boldsymbol{\theta}_{L-1})$。

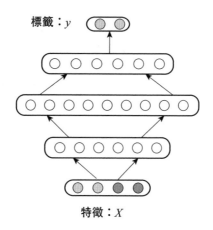

▲ 圖 9.1 神經網路模型

假設我們有一個資料集 $\mathcal{D} = \{(x_i,y_i)\}_{i=1}^n$，這裡 n 指的是樣本個數，x 是指第 x_i 個樣本特徵，y_i 表示其對應的標籤。神經網路的目標函數是根據最小化所有樣本的誤差所建構的，即

$$\mathcal{L} = \sum_i^n l(y_i,\hat{y}_i)$$

這裡，$l(y_i,\hat{y}_i)$ 是由任務決定的，比如分類任務通常取 Softmax，而回歸任務通常取均方絕對誤差。

模型的更新過程是透過後向計算（反向傳播）完成的，即從輸出層得到殘差，然後得到最後一層模型的梯度，進而更新最後一層模型；接著使用鏈式法則，求得倒數第二層的模型梯度並更新；依此類推，更新整個神經網路模型。

具體而言，模型的更新通常使用 mini-batch 梯度下降及其變種（如 Adam）來完成。以 mini-batch 梯度下降而言，我們用 B 表示每個 batch，用 $|B|$ 表示 batch size，用 X_B 和 y_B 表示當前 batch 的特徵及標籤，則神經網路模型會按照以下方式來更新：

$$\theta \leftarrow \theta - \frac{\alpha}{|B|} \cdot \frac{\partial \mathcal{L}}{\partial \theta}$$

這裡，α 指學習率，$\frac{\partial \mathcal{L}}{\partial \theta}$ 指模型的更新，由上述的反向傳播方法得到。

眾所皆知，神經網路的成功依賴於巨量資料及強大的運算能力。但實際中，由於資料孤島問題的存在，單一機構／個人所擁有的資料量不足以訓練一個有效的神經網路模型。因此，如何在保護資料隱私的前提下，多方協作訓練一個安全的神經網路，成為當下一個非常熱門的研究問題。

9.2 聯邦學習

聯邦學習是由 Google 在 2016 年所提出的一種能夠保護資料隱私的模型訓練方法 [169]，被應用於 Android 手機的輸入法預測任務 [170]。聯邦學習借鏡了參數伺服器 [171] 的思想，引入一個中心伺服器與多個資料方進行互動，從而協作訓練機器學習模型（見圖 9.2）。參與模型訓練的節點可以分為兩類，即伺服器（Server）及用戶端（Clients）。相對於傳統的集中式模型訓練範式而言，在聯邦學習範式中，為了資料的隱私安全，資料不會被傳輸給伺服器，而是一直保留在用戶端。同時，全域的模型保留在伺服器端，用戶端和伺服器端透過一定的互動過程完成模型的訓練。已有研究 [172] 將聯邦學習定義如下：

Federated learning is a machine learning setting where multiple entities (clients) collaborate in solving a machine learning problem, under the coordination of a central server or service provider. Each client's raw data is stored locally and not exchanged or transferred; instead focused updates intended for immediate aggregation are used to achieve the learning objective.

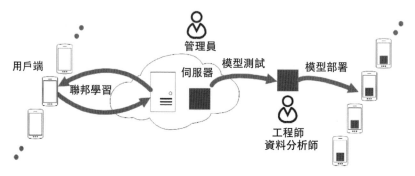

▲ 圖 9.2 聯邦學習 [Kairouz 2019]

我們將其翻譯如下:聯邦學習是一種機器學習範式,它是指在中央伺服器或服務提供商協調下,多個實體(用戶端)協作解決機器學習問題。每個用戶端的原始資料儲存在本地,不進行交換或傳輸;取而代之的是使用即時聚合更新的方式來達到模型學習的目的。

聯邦學習的主要特點是,參與方都是使用者終端(如手機,Pad 等),參與方數量許多且資料並非獨立同分佈。同時,由於參與方裝置不穩定,會受各種環境(如電量、網路、使用者關閉處理程式等)的影響,模型的訓練也往往面臨更大的挑戰。

根據聯邦學習文章的整體説明 [172],在一個典型的聯邦學習範式中,模型訓練的核心過程可以分為以下幾步。

1）用戶端選擇：由於用戶端數量巨大且狀態不一，在每輪訓練中，伺服器需要隨機挑選一些符合預設要求的用戶端參與模型訓練。這些要求通常從電量、網路、數量等角度出發。

2）廣播：本輪所選擇的用戶端從伺服器下載最新的模型及訓練程式，用於接下來進行梯度的計算。

3）用戶端計算：用戶端使用各自的資料，根據訓練程式及模型，計算當前資料所對應的模型梯度。

4）聚合：伺服器對用戶端計算出的梯度進行安全聚合。

5）模型更新：伺服器根據聚合好的梯度，更新全域模型。

在以上步驟中，一個核心技術點是多方梯度的安全聚合。對這一過程的設計需要從多個角度進行考慮。一方面，為了提高效率，一旦有足夠數量的裝置返回結果，其他未及時回饋的掉隊者可以被放棄。另一方面，為了保證安全性，伺服器不能直接獲取用戶端的梯度，而需要採用密碼學技術 [173] 或差分隱私技術 [174]。

9.3 拆分學習

拆分學習（Split Learning）的主要思想是將模型的執行圖按層切分為兩部分，一部分放在資料擁有方（Client），另一部分放在伺服器端 [180]，如圖 9.3 所示。對於一個 L 層的神經網路，可以將前 $l(1 \leq l < L)$ 層放在用戶端執行，後 $L\text{-}l$ 層放在伺服器端執行。其前向傳播過程主要分為以下幾個步驟。

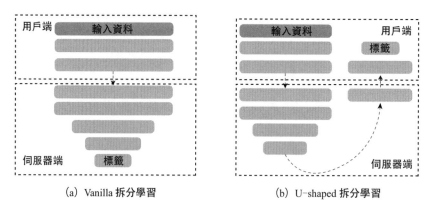

(a) Vanilla 拆分學習　　　　　　(b) U-shaped 拆分學習

▲ 圖 9.3 Vepakomm 的拆分學習方案 [180]

1）用戶端首先使用各自的資料，前向計算得到神經網路的部分隱藏層，
並將隱藏層傳輸給伺服器端。

2）伺服器端將從多個用戶端處得到的隱藏層拼接（Concat）起來，得到
一個中間層，我們稱為「分割層」，然後以隱藏層繼續為基礎做前向
傳播，得到輸出層。

3）根據標籤所在位置進行不同計算過程。第一種場景如圖 9.3(a) 所示，
多個資料擁有方擁有特徵資訊，而伺服器端擁有標籤資訊，此時由
伺服器端計算預測值與殘差，進而進行反向傳播。第二種場景如圖
9.3(b) 所示，標籤資訊由用戶端持有，因此伺服器端將與標籤預測相
關的計算重新返回給資料持有方進行。

從以上過程可以看出，拆分學習在模型的訓練／預測過程中，特徵資料一
直被客戶端所擁有，因此可以達到保護資料隱私的目的。同時，資料擁
有方與伺服器透過互動完成機器學習模型的訓練和預測。以圖 9.3(a) 為
例，其前向傳播的過程中，首先，用戶端使用各自的隱私資料，計算得
到神經網路的某個隱藏層。接著，伺服器端將多個用戶端處得到的隱藏
層拼接（Concat）起來，最後以隱藏層為基礎繼續做前向傳播，得到預測

值。在後向傳播的過程中，伺服器端先計算殘差，使用反向傳播更新伺服器端的許多層模型。接著，伺服器端將模型相對於分割層的梯度返回給各個用戶端，用戶端根據此梯度及各自的當前模型和輸入資料，更新各自持有的模型。

以上的拆分學習方法適用於多方資料水平切分及垂直切分的場景。在有些場景下，資料擁有方沒有強大的運算能力，卻希望訓練複雜的神經網路模型。為了解決以上的隱私保護問題 [181]，人們提出了以下方案的拆分學習技術，如圖 9.4 所示。假設 Alice 是資料擁有者，她擁有豐富的資料卻缺少運算能力，Bob 具備強大的計算能力，在這種情況下，Alice 希望依賴 Bob 的運算能力訓練模型，但同時需要保護自身的資料隱私。該方法的想法基本與圖 9.3 一樣，即前向計算時 Alice 使用自己的資料計算神經網路的前幾層，然後給到 Bob 做進一步的計算；反向傳播的過程剛好相反。同時，該技術也區分了 Alice 是否需要將標籤資訊共用給 Bob 的情況。圖 9.4(a) 中 Alice 需要將標籤發送給 Bob，圖 9.4(b) 中則不需要。

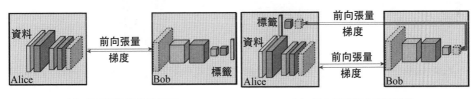

(a) 共用標籤的訓練過程　　　　　　(b) 不共用標籤的訓練過程

▲ 圖 9.4 Gupta 的拆分學習方案 [181]

除了上述方法，拆分學習還被應用到其他的場景下，如分散式機器學習 [182]、依賴於可信計算環境的方法 [183]、使用者端的資料建模 [184]。其基本的想法都是對神經網絡模型按層進行拆分，放在不同方進行計算。

9.4 密碼學方法

現有的以密碼學為基礎的隱私保護神經網路方法可以分為兩大類，即以同態加密為基礎的方法和以安全多方計算（MPC）為基礎的方法。同時，每類方法中也會分為兩個子類，即訓練和預測。

9.4.1 以安全多方計算為基礎的神經網路

我們先介紹以安全多方計算為基礎的神經網路。首先介紹安全神經網路的訓練，此類方法的核心想法是使用秘密分享的思想，將參與方的資料秘密地分片併發送給若干台機器（PC），進而透過這些機器之間的互動完成模型的訓練，如圖 9.5 所示。

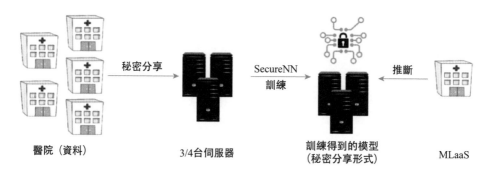

秘密分享　SecureNN 訓練　推斷

醫院（資料）　　3/4台伺服器　　訓練得到的模型　　MLaaS
（秘密分享形式）

▲ 圖 9.5 安全神經網路模型訓練和預測 [185]

目前，已有的方法主要可以分為三類，即 2PC、3PC 和 4PC，這裡的 n PC 是指所有參與方將各自的資料利用秘密分享的方式切分到 n 台機器上。2PC 的方式有 ABY [186] 和 SecureML [175]，二者的主要思想是所有參與方將各自的資料秘密分享到兩台機器上，接著使用安全多方計算技術進行模型訓練，關於安全多方計算的框架我們在第 3 章中已經做過詳細介紹。3PC 的方法包括 ABY3[187] 和 FALCON[188]，二者都用到了 2-out-of-3 秘密分享的方式。也就是說，3 台機器中的任意兩台都可以合作恢復出原始資料。4PC 的方法包括 PrivPy[189]、Trident[190] 和 FLASH[191]。一般來說參與訓練的機器數量越多，實際應用起來的難度也就越大。該類的神經網路演算法具有可證明安全性，但是由於引入了安全多方計算技術，因此，計算效率上有一定的瓶頸。其次，以安全多方計算為基礎的神經網路預測近年來也被廣泛研究，採用的技術相較於訓練過程略有不同。比如 MiniONN[162] 結合了混淆電路、秘密分享和同態加密三種方法；DeepSecure [192] 使用了混淆電路；EzPC[193] 使用了秘密分享和混淆電路；Chameleon[194] 結合了混淆電路、GMW 和秘密分享；具體複習見表 9.1。

表 9.1 安全神經網路模型預測 [194]

Framework	Methodology	Non-linear Activation and Pooling Functions
Microsoft CryptoNets[36]	Leveled HE	×
DeepSecure[31]	GC	√
SecureML[14]	Linearly HE, GC, SS	×
MiniONN (Sqr Act.)[1]	Additively HE, GC, SS	×
MiniONN (ReLu+Pooling)[1]	Additively HE, GC, SS	√
EzPC[32]	GC, Additive SS	√
Chameleon[33]	GC, GMW, Additive SS	√

此外，Astra[195] 提出了多種安全運算元，能被用於多種機器學習模型的預測中，包括 SVM、線性回歸、邏輯回歸。以上方法的核心想法是將機器學習模型的預測考慮為一個安全多方計算的函數，在計算過程中不洩露任何隱私相關資訊，從而達到了隱私保護的目的。

9.4.2 以同態加密為基礎的神經網路

接下來介紹以同態加密為基礎的隱私保護神經網路訓練方法。該類方法應用了同態加密技術對資料進行加密，並在加密後的資料上進行神經網路模型的訓練，代表性的方法有 Non-interactive Privacy-preserving Multi-party Machine Learning (NPMML)[196]。其訓練框架如圖 9.6 所示。該模型中，包括的參與方有三個類別。

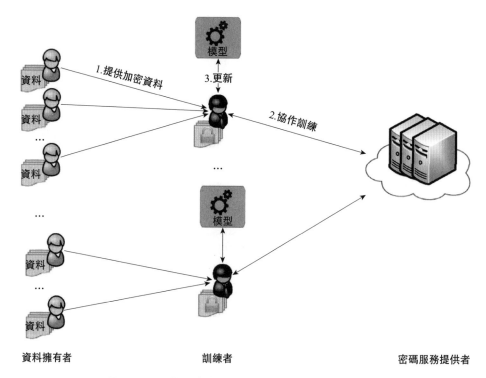

▲ 圖 9.6 以同態加密為基礎的隱私保護神經網路訓練 [196]

■ 資料擁有者（Data Owner），即訓練資料的提供者，它們將各自的資料加密後再給到訓練者用作模型訓練。他們不需要模型訓練的結果，所以通常只在訓練之前出現。

- 訓練者（Trainer），其任務是訓練模型，他們會對模型進行初始化、更新，從而得到最終模型。
- 密碼服務提供者（Crypto Service Provider，CSP），負責提供同態加密技術，包括將公開金鑰發送給資料擁有者，並參加模型的協作訓練。

該方法假設 CSP 與訓練者不會合謀作惡。相對於以安全多方計算為基礎的方法，該方法的優勢在於通訊負擔較小。但是由於引入了同態加密技術，計算時間複雜度將明顯增加，因此該方法適用於訓練者有強大的運算能力，但通訊能力很差的情況下。

已有的以同態加密為基礎的隱私保護神經網路主要集中在模型的預測方面。此類方法主要研究集中在 client-server 模式，如圖 9.7 所示。該模式下，client 是資料提供者，它擁有隱私資料，而 server 是模型擁有方，即伺服器，它擁有隱私模型。隱私保護神經網路預測的目的是：在保護 client 的資料隱私與 server 的模型隱私的基礎上，進行模型預測。此類方法的研究文章包括 CryptoNets[197]、GAZELLE[198]、GELU-Net[196]、BAYHENN [197]、ENSEI[198]。其主要做法是 client 將資料同態加密後給到 server 進行運算，並將運算結果返回給 client，解密後得到評分結果。同時為了防止 client 從評分結果反推出 server 的模型資訊，也可以使用差分隱私或貝氏神經網路等技術加入雜訊，造成干擾。

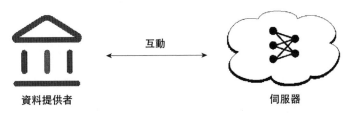

資料提供者　　　　　　　　　　　　　　　　伺服器

▲ 圖 9.7　以同態加密為基礎的隱私保護神經網路預測

9.5 伺服器輔助的隱私保護機器學習

9.5.1 動機

眾所皆知,不同的隱私保護(或安全)機器學習方案在安全性、準確性和效率等方面有所不同,而且這三方面之間往往是互相影響的。舉例來說,安全性越高的方案效率往往也就越低。學界一直試圖尋找到這三點之間的平衡,一方面透過提供多種解決方案,在不同安全性、準確性和效率之間進行平衡,以應對不同應用場景的需要;另一方面也透過一些深入的研究,使得解決方案在安全性、準確性和效率上都能有更好的效果。

我們用一個具體的例子來講解幾種建構資料垂直切分時的安全神經網路的方法。我們假設只有兩個資料方,用 A 和 B 表示,他們擁有共同的一批使用者(可以使用隱私保護相交得到),A 擁有使用者特徵 X_A 及標籤 y_A,B 擁有使用者特徵 X_B。A 和 B 想共同建構一個風控模型,同時,在這個過程中,他們希望保護各自的資料隱私。

圖 9.8(a) 所示的是現有的密碼學隱私保護機器學習方案。可以看出,整個模型訓練的過程都使用安全多方計算技術來完成。這類技術往往時間複雜度較高,特別是在多方聯合建模時,如果多方之間網路環境不佳,時間負擔將進一步增長,因此很難處理巨量資料量的問題。圖 9.8(b) 所示的是現有的拆分學習方案,這類方案主要有兩個缺陷:一方面,對於底層的神經網路模型,由於各個資料擁有方之間是獨立訓練的,因此無法直接刻畫特徵之間的連結關係;另一方面,直接將隱藏層發送給伺服器,而不做任何防禦措施,也容易造成資訊洩露。

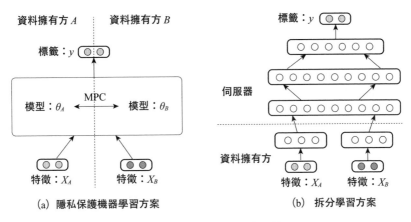

(a) 隱私保護機器學習方案　　　(b) 拆分學習方案

▲ 圖 9.8　現有技術方案比較

9.5.2　模型整體介紹

針對複雜的神經網路模型，螞蟻金服提出了一種全新的學習範式，來追求安全性、準確性和效率等方面的平衡，相較於傳統的密碼學解決方案，這種新範式引入了伺服器來輔助計算。伺服器輔助的隱私保護神經網路學習方案，如圖 9.9 所示。

總體而言，在伺服器輔助的隱私保護機器學習中，神經網路模型被分為兩類：一類是與隱私資料相關的模型（即圖中的藍色和綠色部分），另一類是與隱私資料不相關的模型（即圖中的粉色部分，對應的模型為 θ_s）。第一類模型在資料擁有方處執行，而第二類模型放在半誠實的伺服器處執行。其中，與隱私資料相關的模型又可以分為兩類：與特徵相關的模型（即圖中淺藍色部分，對應的模型為 θ_A 和 θ_B），以及與標籤相關的模型（即圖中淺綠色部分，對應的模型為 θ_y）。由於與特徵相關的模型包括多方的隱私特徵資料，伺服器輔助的隱私保護機器學習技術以同態加密和安全多方計算為基礎，提出了多方共同計算的安全模式；由於與標籤相關的模型只包括標籤資訊，則由標籤的資料擁有方來完成計算；而其他的中間模型包括大量的非線性運算，如非線性的啟動函數和卷積等，使用密碼學技術進行這類運算會帶來準確性及效率的損失，因此這類非線性運算被放在一個半誠實的伺服器處執行。這裡的半誠實是指該伺服器在計算過程中會遵守預先設定的協定，但會盡可能地根據中間過程結果反推輸入的隱私資料。

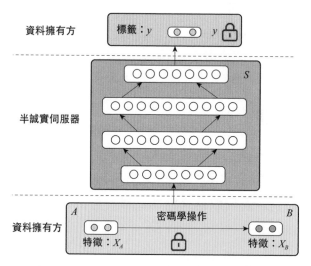

▲ 圖 9.9 伺服器輔助的隱私保護神經網路學習方案

伺服器輔助的神經網路方案可以詳細描述為演算法 9-1。其中，我們只詳細描述了前向計算過程，其後向傳播的過程可以反向依次計算。在整個迭代過程中，計算可以分為三個過程：

- $\mathcal{A}$ 和 $\mathcal{B}$ 協作計算神經網路的第一個隱藏層（h_1），對應演算法中的第 6 行。計算隱藏層的方法可以使用同態加密或多方安全計算。

- 伺服器根據第一個隱藏層及對應的模型，計算出最後一個隱藏層，即 $h_L = f(h_1; \theta_S)$，對應演算法中的第 8 行。

■ 標籤持有方 $\mathcal{A}$ 根據最後一個隱藏層，計算預測值，對應演算法中的第 10 行。

演算法 9-1　伺服器輔助的神經網路前向計算過程

輸入：$\mathcal{A}$ 方擁有特徵 X_A，$\mathcal{B}$ 方擁有特徵 X_B，伺服器 $\mathcal{S}$，迭代輪數 T

輸出：$\mathcal{A}$ 方得到預測值 $\hat{y}$

1：　\\ 初始化

2：　$\mathcal{A}$ 方初始化 θ_A 和 θ_y，$\mathcal{B}$ 方初始化 θ_B，伺服器初始化 θ_S

3：　for =1 to T do

4：　　for 訓練集中每個 mini-batch 的資料 do

5：　　　\\ 由 $\mathcal{A}$ 方和 $\mathcal{B}$ 方執行跟隱私特徵相關的計算

6：　　　$\mathcal{A}$ 方和 $\mathcal{B}$ 方使用秘密分享（演算法 9-2）或同態加密演算法（演算法 9-3）協作計算第一個隱藏層（h_1）

7：　　　\\ 由伺服器 $\mathcal{S}$ 執行神經網路隱藏層相關的複雜計算

8：　　　伺服器 $\mathcal{S}$ 計算輸出隱藏層 $h_L = f(h_1; \theta_S)$

9：　　　\\ $\mathcal{A}$ 方執行跟隱私標籤相關的計算

10：　　　$\mathcal{A}$ 方計算預測值 $\hat{y} = f(h_L; \theta_y)$

11：　　end for

12：end for

可以看出，伺服器輔助的隱私保護機器學習方案結合了現有的隱私保護機器學習和拆分學習的思想。一方面，根據拆分學習的思想，神經網路的計算被分為兩部分，分別在用戶端和伺服器端來執行；另一方面，根

據密碼學隱私保護機器學習的想法，神經網路的前許多層由多個用戶端聯合計算，從而保證安全神經網路的精度接近於明文神經網路。總之，伺服器輔助的隱私保護機器學習方案兼有準確性及高效性。

下面我們詳細介紹演算法 9-1 中的三個過程。

9.5.3 用戶端聯合計算第一個隱藏層

多個用戶端分別擁有各自的樣本特徵，在我們的例子中，有兩個用戶端（ $\mathcal{A}$ 和 $\mathcal{B}$ ）， $\mathcal{A}$ 擁有使用者特徵 X_A 及標籤 y_A ， $\mathcal{B}$ 擁有使用者特徵 X_B ，同時， $\mathcal{A}$ 擁有特徵 X_A 對應的模型 θ_A ，B 擁有特徵 X_B 對應的模型 θ_B 。他們想聯合計算一個共同的函數 $h_1 = f(X_A, X_B; \theta_A, \theta_B)$ ，同時想保證各自資料及模型的安全。我們提出了兩種實現方案，即以多方安全計算為基礎的方法和以同態加密為基礎的方法。

1. 以安全多方計算為基礎的方法

秘密分享是安全多方計算的一種核心技術，該技術在第 3.4 節中有詳細介紹。我們現在介紹多個用戶端如何使用秘密分享來聯合計算第一個隱藏層。整個過程複習在演算法 9-2 中，我們的核心思想是參與方不持有完整的資料和模型。因此在演算法中，參與方首先將各自的資料及模型秘密地分享給對方（第 1~4 行），並對分片進行拼接（第 5、6 行）。其中，⊕ 表示將兩個向量或矩陣進行拼接（Concat）。接著， $\mathcal{A}$ 和 $\mathcal{B}$ 按照乘法分配律聯合計算 $h_1 = X \cdot \theta$ ，即 $X \cdot \theta = (\langle X \rangle_1 + \langle X \rangle_2) \cdot (\langle \theta \rangle_1 + \langle \theta \rangle_2)$ （第 7 行），這裡需要用到分享矩陣乘法，我們在第 7 章已經做過詳細的介紹。然後， $\mathcal{A}$ 和 $\mathcal{B}$ 對各自的中間結果求和，作為各自的隱藏層分片（第 8、9 行），即 $\langle h_1 \rangle_A = \langle X \cdot \theta \rangle_A$ 和 $\langle h_1 \rangle_B = \langle X \cdot \theta \rangle_B$ 。最後， $\mathcal{A}$ 和 $\mathcal{B}$ 將各自的分片發送給伺服器端。伺服器端計算 $\langle h_1 \rangle_A$ 和 $\langle h_1 \rangle_B$ 之和，便獲得了神經網路的第一個隱藏層 $h1$。可以看到，在這整個過程中，特徵及模型始終是以秘密分享的形式存在的，沒有任何一方能夠拿到完整的特徵及模型，因此過程的安全性可以得到確保。

演算法 9-2　A 方和 B 方使用秘密分享安全計算神經網路的第一個隱藏層

輸入：A 方擁有特徵 XA 及模型 θA，B 方擁有特徵 XB 及模型 θB，伺服器 S

輸出：伺服器 S 得到神經網路的第一個隱藏層 $h1$

1：　\\ 初始化

2：　$\mathcal{A}$ 方將 X_A 和 θ_A 轉為秘密分享，自己保留 $\langle X_A \rangle_1$ 和 $\langle \theta_A \rangle_1$，將 $\langle X_A \rangle_2$ 和 $\langle \theta_A \rangle_2$ $\mathcal{B}$ 方

3：　$\mathcal{B}$ 方將 X_B 和 θ_B 轉為秘密分享，自己保留 $\langle X_B \rangle_2$ 和 $\langle \theta_B \rangle_2$，將 $\langle X_B \rangle_1$ 和 $\langle \theta_B \rangle_1$ $\mathcal{A}$ 方

4：　$\mathcal{A}$ 方本地計算 $\langle X \rangle_1 = \langle X_A \rangle_1 \oplus \langle X_B \rangle_1$，$\langle \theta \rangle_1 = \langle \theta_A \rangle_1 \oplus \langle \theta_B \rangle_1$ 和 $\langle X \rangle_1 \cdot \langle \theta \rangle_1$

5：　$\mathcal{B}$ 方本地計算 $\langle X \rangle_2 = \langle X_A \rangle_2 \oplus \langle X_B \rangle_2$，$\langle \theta \rangle_2 = \langle \theta_A \rangle_2 \oplus \langle \theta_B \rangle_2$ 和 $\langle X \rangle_2 \cdot \langle \theta \rangle_2$

6：　$\mathcal{A}$ 方和 $\mathcal{B}$ 方使用安全矩陣乘法計算 $\langle X \rangle_1 \cdot \langle \theta \rangle_2$ 和 $\langle X \rangle_2 \cdot \langle \theta \rangle_1$，之後 $\mathcal{A}$ 方得到 $\langle \langle X \rangle_1 \cdot \langle \theta \rangle_2 \rangle_1$ 和 $\langle \langle X \rangle_2 \cdot \langle \theta \rangle_1 \rangle_1$，$\mathcal{B}$ 方得到 $\langle \langle X \rangle_1 \cdot \langle \theta \rangle_2 \rangle_2$ 和 $\langle \langle X \rangle_2 \cdot \langle \theta \rangle_1 \rangle_2$

7：　$\mathcal{A}$ 方本地計算 $\langle X \cdot \theta \rangle_A = \langle X \rangle_1 \cdot \langle \theta \rangle_1 + \langle \langle X \rangle_1 \cdot \langle \theta \rangle_2 \rangle_1 + \langle \langle X \rangle_2 \cdot \langle \theta \rangle_1 \rangle_1$

8：　$\mathcal{B}$ 方本地計算 $\langle X \cdot \theta \rangle_B = \langle X \rangle_2 \cdot \langle \theta \rangle_2 + \langle \langle X \rangle_1 \cdot \langle \theta \rangle_2 \rangle_2 + \langle \langle X \rangle_2 \cdot \langle \theta \rangle_1 \rangle_2$

9：　$\mathcal{A}$ 方和 $\mathcal{B}$ 方將 $\langle X \cdot \theta \rangle_A$ 和 $\langle X \cdot \theta \rangle_B$ 發送給伺服器 $\mathcal{S}$

10：伺服器 $\mathcal{S}$ 計算 $h_1 = \langle X \cdot \theta \rangle_A + \langle X \cdot \theta \rangle_B$

2. 以同態加密為基礎的方法

同態加密是安全計算的另一種核心技術,該技術在第 3.5 節中有詳細介紹。在已有的同態加密演算法中,加法同態由於其性能上的優勢及必要性,在實際中被廣為應用。我們現在介紹多個用戶端如何使用加法同態來聯合計算第一個隱藏層。整個過程複習在演算法 9-3 中,我們的核心思想是由伺服器充當金鑰(公開金鑰和私密金鑰)的生成者和管理者,然後將公開金鑰給到 A 和 B(第 1 行)。接著,A 和 B 使用加法同態計算第一個隱藏層的加密,即 $[h_1] = [X \cdot \theta]$,並將加密返回給伺服器端(第 2、3 行)。最後,服務器端解密便可以得到 $h_1 = X_A \cdot \theta_A + X_B \cdot \theta_B$。可以看出,整個過程中,特徵及模型始終沒有離開資料擁有者,同時,資料擁有者之間的互動也是以加密的形式完成的,因此該過程也是安全的。

演算法 9-3　A 和 B 方使用同態加密安全計算神經網路的第一個隱藏層

輸入:A 方擁有特徵 X_A 及模型 θ_A,B 方擁有特徵 X_B 及模型 θ_B,伺服器 S

輸出:伺服器 S 得到神經網路的第一個隱藏層 h_1

1:伺服器 S 生成同態加密的公私密金鑰對({pk, sk}),並將公開金鑰 pk 給到 A 方和 B 方

2:A 方計算 $X_A \cdot \theta_A$,使用公開金鑰加密之後,把密文 $[X_A \cdot \theta_A]$ 給到 B 方

3:B 方計算 $X_B \cdot \theta_B$,使用公開金鑰加密,計算 $[X_A \cdot \theta_A] + [X_B \cdot \theta_B]$,並將加密結果 $[X_A \cdot \theta_A + X_B \cdot \theta_B]$ 發送給伺服器 S

4:伺服器 S 使用私密金鑰解密 $[X_A \cdot \theta_A + X_B \cdot \theta_B]$ 後得到 $h_1 = X_A \cdot \theta_A + X_B \cdot \theta_B$

9.5.4 伺服器計算中間隱藏層

伺服器端得到第一個隱藏層 h_1 之後，便可以根據其對應的模型，做進一步的計算，得到最後一個隱藏層，即 $\boldsymbol{h}_L = f(\boldsymbol{h}_1, \boldsymbol{\theta}_S)$。我們之所以引入中立的伺服器，是因為神經網路中間的隱藏層相關的計算量非常大且運算非常複雜。舉例而言，電腦視訊中的神經網路模型通常至少都有數十層，而且其中包括非常多的非線性運算操作，如 max-pooling 和非線性啟動函數。如果使用密碼學方法進行這些非線性計算會有兩個缺陷：一方面，計算結果通常為近似值，在精度上有所損失；另一方面，密碼學方法具有巨大的計算和通訊負擔，在性能上受限。因此密碼學方法很難應用於工業界實際的場景。透過引入一個中立的伺服器，便可以將這些複雜的運算由伺服器集中地以明文形式進行計算，同時，伺服器端可以使用開放原始碼的神經網路框架（如 TensorFlow 或 PyTorch 等）進行簡單高效的演算法開發和計算。因此，這種方式具有高效、低使用門檻的特點。

具體而言，已知第 l 個（ $1{\leqslant}l{\leqslant}L-1$ ）隱藏層 h_1，則第 $l + 1$ 個隱藏層可以透過以下方式計算

$$\boldsymbol{h}_{l+1} = f_l(\boldsymbol{h}_l, \boldsymbol{\theta}_l)$$

這裡的 f_l 指的是第 l 個隱藏層的啟動函數。接著，伺服器端將最後一個隱藏層 h_L 返回給擁有標籤的資料擁有者（這裡是指 $\mathcal{A}$ ）做進一步計算。

9.5.5 用戶端做模型預測

擁有標籤的資料擁有者（這裡是指 $\mathcal{A}$ ）拿到最後一個隱藏層 h_L 之後，便可以根據對應的模型做模型預測，即

$$\hat{\boldsymbol{y}} = \delta(\boldsymbol{h}_L, \boldsymbol{\theta}_y)$$

這裡的 δ 是指最後的損失函數，比如分類任務通常取 Softmax，而回歸任務通常取均方絕對誤差。

9.5.6 模型訓練

模型的訓練可以透過梯度下降演算法及其變種演算法來實現。其中，在用戶端的計算（第一個隱藏層和預測），可以使用伺服器輔助的隱私保護機器學習的計算框架架設完成。伺服器端所包括的計算由於複雜多變，我們使用開放原始碼的神經網路計算框架（如 TensorFlow 和 PyTorch）來完成，使用開放原始碼的計算框架一方面可以自動地完成前向計算和反向傳播，另一方面也減小了運行維護壓力，同時這些開放原始碼框架也廣為機器學習從業者所接受，使用者可以輕鬆地從傳統的機器學習演算法中切換到能夠保護隱私的伺服器輔助的隱私保護機器學習演算法框架中。

需要注意的是，伺服器輔助的隱私保護機器學習方案不僅可以支援兩方，還可以支援多方。同時，使用該方案時，多個用戶端不只可以計算第一層的神經網路，也可以使用密碼學的方法計算多次的神經網路，之後再將隱藏層發送給伺服器端做進一步的訓練。可以看出，現有的以密碼學為基礎的方法可以被看作是隱私保護機器學習方案的特例，即多個用戶端使用密碼學方法計算所有的神經網路，不再需要伺服器參與。

9.5.7 防禦機制

在上面的介紹中，我們提供了兩種用戶端聯合計算第一個隱藏層的方案，這兩個方案都能夠保護計算過程的安全。但在聯合計算過程完成之後，伺服器端獲得了第一個隱藏層，現有研究表明神經網路的隱藏層可能洩露隱私資訊，特別是在圖型等場景中。因此，為了防止伺服器端從

隱藏層中反推出輸入資訊,隱私保護機器學習方案在模型的訓練過程中
引入了兩種防禦機制,使用者可以根據實際的場景來選擇是否需要進行
防禦。

1. 基於對抗學習的防禦機制

基於對抗學習的防禦機制的做法是,讓資料擁有者自己訓練一個防禦者
模型,並模擬攻擊者的行為,即盡可能地訓練一個能夠恢復模型輸入的
攻擊模型,如圖 9.10 所示。

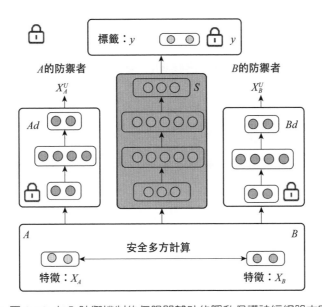

▲ 圖 9.10 加入防禦機制的伺服器輔助的隱私保護神經網路方案

A 和 B 各自的防禦者損失可以定義為:

$$\max_{\theta_{A_d}} d(\boldsymbol{X}_A, f(\boldsymbol{h}_1, \boldsymbol{\theta}_{A_d}))$$

$$\max_{\theta_{B_d}} d(\boldsymbol{X}_B, f(\boldsymbol{h}_1, \boldsymbol{\theta}_{B_d}))$$

這裡的 θ_{A_d} 和 θ_{B_d} 分 指的是 A 和 B 的防禦者模型，$d(\cdot,\cdot)$ 衡量了原始輸入及所恢復的輸入之間的距離。加入防禦者之後，模型的損失函數對應的變為

$$\mathcal{L}(\boldsymbol{y}, \hat{\boldsymbol{y}}) - \lambda \cdot (d(\boldsymbol{X}_A, f(\boldsymbol{h}_1, \boldsymbol{\theta}_{A_d})) + d(\boldsymbol{X}_B, f(\boldsymbol{h}_1, \boldsymbol{\theta}_{B_d})))$$

可以看出，目標函數由兩部分組成。第一部分 $\mathcal{L}(\boldsymbol{y}, \hat{\boldsymbol{y}})$ 用於學習神經網路模型，第二部分用於學習防禦者。這裡的 λ 決定了防禦者的係數，它的值為零時說明沒有防禦者，它的值越大，則表示模型需要看重對抗者的表現，隱私保護的性能也就越好，相反模型的精度可能越差。加入防禦者之後，模型的訓練過程可以複習為演算法 9-4。

演算法 9-4　加入防禦者的伺服器輔助的隱私保護神經網路

輸入：A 方擁有特徵 X_A，B 方擁有特徵 X_B，伺服器 $\mathcal{S}$，最大迭代次數 T
輸出：訓練好的神經網路模型（θ）及 A 方和 B 方的防禦者模型 θ_{A_d} 和 θ_{B_d}）

1：A 方、B 方及伺服器 $\mathcal{S}$ 分別初始化各自對應的模型

2：for =1 to T do

3：　for 訓練集中每個 mini-batch 的資料 do

4：　　\\ 前向計算

5：　　A 方和 B 方使用秘密分享（演算法 9-2）或同態加密演算法（演算法 9-3）協作計算第一個隱藏層（h_1），並將結果給到伺服器 $\mathcal{S}$

6：　　A 方和 B 方分別使用各自的防禦者模型恢復各自輸入特徵 $f(\boldsymbol{h}_1; \boldsymbol{\theta}_{A_d})$ 和 $f(\boldsymbol{h}_1; \boldsymbol{\theta}_{B_d})$

7：　　伺服器 $\mathcal{S}$ 計算輸出隱藏層 $\boldsymbol{h}_L = f(\boldsymbol{h}_1; \boldsymbol{\theta}_S)$，並將 h_L 返回給 A 方

8：　　A 方計算預測值 $\hat{\boldsymbol{y}} = f(\boldsymbol{h}_L; \boldsymbol{\theta}_y)$

9：\\ 後向計算

10：更新模型參數，包括 θ_A，θ_B，θ_S 和 θ_y

11：更新防禦者模型（ $\boldsymbol{\theta}_{A_d}$ 和 $\boldsymbol{\theta}_{B_d}$ ）

12： end for

13：end for

2. 以貝氏為基礎的防禦機制

貝氏神經網路是一種透過參數進行後驗推斷的方法，理論證明，它不僅能夠防止過擬合，而且能一定程度上保護資料隱私[169]。Stochastic Gradient Langevin Dynamics (SGLD) 是貝氏神經網路的一種，簡單來說，SGLD在模型的訓練過程中透過在梯度中引入不確定性（噪音）進行正規化，相當於整合了某分佈（通常是高斯分佈）上的無窮多組神經網路。使用 SGLD 進行模型訓練的過程如下：

$$\boldsymbol{\theta} \leftarrow \boldsymbol{\theta} - \left(\frac{\alpha_t}{2} \cdot \frac{\partial \mathcal{L}}{\partial \boldsymbol{\theta}} + \eta_t \right), \eta_t \sim \mathcal{N}(0, \alpha_t \mathbf{I})$$

這裡的 α_t 是第 t 輪的學習率，$\mathcal{N}(0, \alpha_t \mathbf{I})$ 是高斯分佈。

以貝氏為基礎的防禦機制實現起來相對簡單，只需要在模型訓練時將梯度下降方法改為 SGLD 方法即可。

3. 實現範例

使用伺服器輔助的隱私保護機器學習框架開發隱私保護神經網路的程式範例如圖 9.11 所示。這裡，我們以 PyTorch 為例，同時使用者可以選擇在伺服器端使用 TensorFlow 框架。可以看出，整個程式的開發和傳統的神經網路相差無幾。開發者無須感知框架背後複雜的密碼學技術，也無須適應新的開發語言，便可以輕鬆開發出隱私保護的神經網路演算法。

```
1  | import torch
2  | import torch.nn as nn
3  | import torch.optim as optim
4  |
5  | class ToyModel(nn.Module):
6  |     def __init__(self):
7  |         super(ToyModel, self).__init__()
8  |
9  |         # server makes hidden layer related computations
10 |         self.hidden1 = torch.nn.ReLU(256, 512).to('server')
11 |         self.hidden2 = torch.nn.sigmoid(512, 256).to('server')
12 |         self.hidden3 = torch.nn.sigmoid(256, 64).to('server')
13 |
14 |         # A makes private label related computations
15 |         self.output = torch.nn.ReLU(64, 5).to('client_a')
16 |     def forward(self, first_hidden):
17 |         last_hidden = self.hidden3(self.hidden2(self.hidden1(first_hidden)))
18 |         return self.net2(last_hidden.to('client_a'))
19 |
20 | # A and B initialize their model parameters
21 | theta_a = client_a.init(32, 32)
22 | theta_b = client_b.init(32, 32)
23 |
24 | # clients load data
25 | x_a = client_a.load_features('xa_location')
26 | y = client_a.load_labels('y_location')
27 | x_b = client_b.load_features('xb_location')
28 | model = ToyModel()
29 | loss = nn.CrossEntropyLoss()
30 | optimizer = optim.SGD(model.parameters(), lr=0.001)
31 |
32 | for iter in range(max_iter):
33 |
34 |     # clients make private feature related forward computations using Python
35 |     first_hidden = execute_algorithm_2(x_a, theta_a, x_b, theta_b)
36 |
37 |     # server and clients make forward-backward computations in PyTorch
38 |     optimizer.zero_grad()
39 |     outputs = model(first_hidden)
40 |     loss(outputs, y).backward()
41 |
42 |     # clients make private feature related backward computations using Python
43 |     first_hidden_gradient = first_hidden.grad.data
44 |     update_client_models(first_hidden_gradient, x_a, theta_a, x_b, theta_b)
```

▲ 圖 9.11 伺服器輔助的隱私保護神經網路程式範例

9.6 本章小結

在本章中,我們介紹了幾種保護隱私的神經網路學習方法,包括聯邦學習、拆分學習、密碼學方法,以及伺服器輔助的隱私保護機器學習方法,並對每種演算法的工作原理及優缺點進行了分析。

推薦系統

在網際網路時代，推薦系統在各個領域都具有廣泛的應用。本章將說明如何使用隱私保護技術解決推薦系統中所面臨的隱私洩露問題。我們首先在不考慮隱私保護的情況下，介紹 4 種常見的推薦演算法，包括協作過濾、矩陣分解演算法、邏輯回歸及因數分解機。然後我們對隱私保護推薦系統做一個概述並進行分類。接著，我們會以隱私保護矩陣分解、隱私保護因數分解機和 SeSoRec 為例，詳細介紹隱私保護推薦演算法。在本章的最後介紹該領域的挑戰及展望。

10.1 推薦系統簡介

推薦系統是一種解決「資訊超載」問題（Information Overload）的技術。隨著網際網路的迅速發展，它帶來的巨量資訊常常會讓使用者迷失在過多的資訊之中，無法找到想要的內容。而推薦系統正是解決該問題的非常有潛力的方案。與搜索系統不同，推薦系統需要根據使用者的歷史資訊，推測使用者的興趣偏好，從而幫助使用者發現自己的資訊需求。對於公司而言，推薦系統也能夠造成吸引使用者、提升使用者黏性、提高購買轉換率的作用。如今，推薦系統已經被廣泛應用於各個領域，如電子商務[199]、社交平台[200]、多媒體[201] 等。

推薦系統根據類型可以分為三類，即以協作過濾為基礎的推薦系統[202]、以內容為基礎的推薦系統[203-204] 和混合推薦系統[205-206]。其中，以協作過濾最為流行，它又可以分為以記憶為基礎的協作過濾和以模型為基礎的協作過濾[207]。下面對這幾類推薦系統做一個概述，在本章的下一節，將更詳細地介紹具體的演算法。

1. 以記憶為基礎的協作過濾（Memory-based Collaborative Filtering）

對協作過濾的研究歷史可以追溯到 1992 年[208]，Xerox 的研究中心以協作過濾演算法為基礎開發了一個郵件過濾系統。到 2003 年，Amazon 發表論文 *Amazon. com recommendations: Item-to-item collaborative filtering*[209]，協作過濾演算法才開始在網際網路大放異彩。

協作過濾的基本假設是相似的使用者具有相似的物品偏好。以記憶為基礎的協作過濾，本質上是根據使用者一物品的歷史行為記錄（如評分和購買行為）進行推薦的。它通過計算使用者之間的相似度或物品之間的相似度，使用 k 最近鄰的想法，來挑選相似的使用者或物品來做推薦。也就是說，協作過濾會給同一個使用者推薦類似的商品，或根據相似的使用者的興趣進行推薦。它雖然具有推薦多樣性及良好的可解釋性，但是卻不能解決冷啟動和資料稀疏性問題。而恰恰冷啟動和資料稀疏性是推薦系統在現實世界中所普遍面臨的問題。因此，以模型為基礎的協作過濾方法便出現了。

2. 以模型為基礎的協作過濾 (Model-based Collaborative Filtering)

以模型為基礎的協作過濾推薦系統，旨在以已有為基礎的資訊，建構一種模型用於學習使用者和物品的潛在向量（或稱為「嵌入」），如圖 10.1 所示。已有的資訊通常包括基本的使用者—物品的評分資訊、其他輔助資訊，如評論資訊、使用者之間（如社交）或物品之間（如引用）的連結資訊，以及上下文資訊（如時間和位置）等。在實際應用中，由於可以觀察到的已有資訊相對於整個使用者—物品矩陣而言是非常少的，這正是推薦系統中所面臨的資料稀疏性問題。以模型為基礎的推薦系統中，所建構的模型也可以非常豐富多變，最初以矩陣分解 [210] 或其他因數分解模型 [211] 為主。隨著深度學習模型的發展，以深度學習為基礎的推薦模型也越來越多 [212-215]。借助於深度學習強大的表達能力，以深度學習為基礎的推薦模型效果往往會更優。在推薦預測過程中，當需要計算某使用者對某物品的偏好程度時，只需要計算使用者潛在向量與物品潛在向量的內積，之後再根據內積進行排序即可，因此預測的過程非常高效。

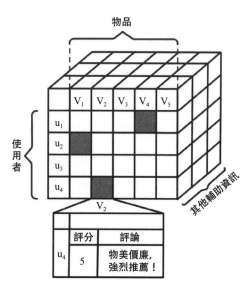

▲ 圖 10.1 以模型為基礎的協作過濾推薦場景

3. 以內容為基礎的推薦系統（Content-based Recommendation System）

以內容為基礎的推薦系統的假設是：如果一個使用者喜歡一個物品，那麼他也會喜歡類似的物品。在以內容進行推薦時為基礎，會根據物品的中繼資料（關鍵字、標籤），發現物品之間的相關性，然後以使用者之前的興趣喜好為基礎透過關鍵字對齊的方法進行推薦，由於是以物品本身的特徵為基礎進行的推薦，因此沒有冷啟動問題，但一般效果較差，因為很難僅透過物品本身的特徵提取出使用者偏好等級的關鍵字。

4. 混合推薦系統（Hybrid Recommendation System）

混合推薦系統融合了多個模型的優點，是建構推薦系統的常用方法。一個簡單的例子是，融合協作過濾和以內容為基礎的推薦系統，從而達到提升效果並緩解冷啟動問題的效果。另外，由 Facebook 所提出的 GBDT+LR[梯度提升決策樹（Gradient Boosting Decision Tree）+ 邏輯回歸（Logistic Regression）] 模型在工業界也是有較大影響力的組合方式。

10.2 常見推薦演算法

本節，我們在不考慮隱私保護的情況下，介紹 4 種常見的推薦演算法：協作過濾、矩陣分解、邏輯回歸和因數分解機。其中，矩陣分解、邏輯回歸和因數分解機都可以歸類為以模型為基礎的協作過濾推薦系統。

10.2.1 協作過濾

協作過濾（Collaborative Filtering）[208-209] 可以説是最經典、影響力最大、應用最廣泛的推薦演算法了。顧名思義，協作過濾就是協作使用者的評價、回饋來對巨量的物品進行的過濾，它的基本假設是相似的使用者有相同的興趣偏好。因此，協作過濾的關鍵步驟有兩步：第一步，計算使用者相似度；第二步，根據 top k 相似的使用者的評價來生成最終的推薦結果。圖 10.2 展示了協作過濾的基本過程。

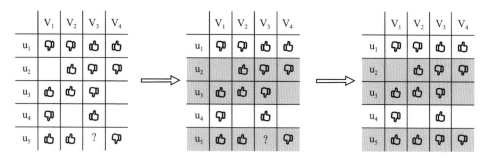

▲ 圖 10.2　協作過濾基本過程

首先，如何計算使用者的相似度？這是協作過濾過程中最關鍵的一步。首先我們將使用者對物品的評價表示成矩陣的形式（稱為「共現矩陣」），使用者作為矩陣的行座標，物品作為矩陣的列座標。共現矩陣的行向量稱為使用者向量，列向量稱為物品向量。於是，計算使用者相似度也就是計算使用者向量 i 和使用者向量 j 之間的相似度，計算方法主要有以下幾種。

（1）餘弦相似度。餘弦相似度表示使用者向量 i 和使用者向量 j 之間的夾角大小。餘弦相似度越大，表示夾角越小，即兩個使用者越相似，計算公式如下：

$$sim(i, j) = \cos(i, j) = \frac{i \cdot j}{\| i \| \cdot \| j \|}$$

（2）皮爾遜相關係數。兩個變數之間的皮爾遜相關係數定義為兩個變數的協方差除以它們標準差的乘積，即 $\rho_{X,Y} = \frac{cov(X,Y)}{\sigma_X \sigma_Y}$。與餘弦相似度相比，皮爾遜相關係數使用使用者平均分對各項獨立評分進行修正，減小了使用者評分偏置的影響。其計算公式如下：

$$\text{sim}(i, j) = \frac{\sum_{p \in P}(R_{i,p} - \bar{R}_i)(R_{j,p} - \bar{R}_j)}{\sqrt{\sum_{p \in P}(R_{i,p} - \bar{R}_i)^2}\sqrt{\sum_{p \in P}(R_{j,p} - \bar{R}_j)^2}}$$

其中，P 表示所有物品的集合，$R_{i,\,p}$ 表示使用者 i 對物品 p 的評分，$\bar{R}_i$ 表示使用者 i 對所有物品的平均評分，即分子為協方差，分母為標準差的乘積。

（3）以皮爾遜相關係數為基礎的想法。以皮爾遜相關係數為基礎，我們還可以引入物品平均分 $\bar{R}_p$，將 $\bar{R}_i$ 和 $\bar{R}_j$ 替換成 $\bar{R}_p$，從而減少物品評分偏置的影響。其計算公式如下：

$$\text{sim}(i, j) = \frac{\sum_{p \in P}(R_{i,p} - \bar{R}_p)(R_{j,p} - \bar{R}_p)}{\sqrt{\sum_{p \in P}(R_{i,p} - \bar{R}_p)^2}\sqrt{\sum_{p \in P}(R_{j,p} - \bar{R}_p)^2}}$$

其中，P 表示所有物品的集合，$R_{i,\,p}$ 表示使用者 i 對物品 p 的評分，$\bar{R}_p$ 表示物品 p 得到所有評分的平均值。

對於使用者相似度的計算，理論上任何定義向量相似度的方式都可以作為計算的標準。透過改進使用者相似度的計算方式，可以改善協作過濾演算法的效果。

下面解決第二個問題，如何計算最終的結果？當計算出了 top k 相似的使用者之後，以我們的假設為基礎：相似的使用者有相同的興趣偏好，可以根據相似使用者的評價預測目標使用者的評分。其計算公式如下：

$$R_{k,p} = \frac{\sum_{u \in U}(w_{k,u} \cdot R_{u,p})}{\sum_{u \in U}w_{k,u}}$$

其中，$R_{k,p}$ 表示目標使用者 k 對目標商品 p 的預估評分，U 表示 top k 相似使用者的集合，權重 $w_{k,u}$ 表示目標使用者 k 與使用者 u 的相似度，$R_{u,p}$ 表示使用者 u 對物品 p 的評分。該式表示以使用者相似度為權重，進行加權平均。

以上介紹的協作過濾是以相似使用者為基礎的喜好進行推薦的，也稱為以使用者為基礎的協同過濾（UserCF），它具有更強的社交屬性，能讓使用者知道興趣相似的人喜歡的是什麼。另一種協作過濾演算法是以物品為基礎的協作過濾（ItemCF），它以物品相似度為基礎進行推薦，即給同一個使用者推薦類似的商品。ItemCF 的演算法步驟如下：

（1）根據使用者歷史評價獲得正回饋物品列表。

（2）對每個正回饋物品計算 top k 個相似的物品，組成相似物品集合。

（3）對相似物品集合中的物品計算相似度分值，計算公式如下：

$$R_{u,p} = \sum_{h \in H} (w_{p,h} \cdot R_{u,h})$$

其中，$R_{u,p}$ 表示目標使用者 u 對目標商品 p 的預估評分，H 是正回饋物品集合，$w_{p,h}$ 是物品 p 和物品 h 的相似度，$R_{u,h}$ 是使用者 u 對物品 h 的已有評分。

（4）按照相似度分值對相似物品集合中的物品進行排序。

相比於 UserCF，ItemCF 更適用於使用者興趣偏好較為穩定的場景。舉例來說，使用者某段時間對電影、電視劇的偏好一般是比較穩定的。

10.2.2 矩陣分解

協作過濾雖然具有直觀、可解釋性強等優點，但也存在冷啟動、泛化能力較弱等問題。矩陣分解（Matrix Factorization）演算法 [210] 在協作過濾的基礎上，引入了潛在向量（Latent Vector）的概念，提高了演算法處理稀疏矩陣的能力，有效地解決了協同過濾存在的一些問題。

與協作過濾一樣，首先我們要把使用者對物品的評價表示成矩陣的形式，稱為「共現矩陣」。矩陣分解演算法的目標就是將 $m \times n$ 的共現矩陣 R 分解成 $m \times k$ 的使用者矩陣 U 和 $k \times n$ 的物品矩陣 V，如圖 10.3 所示。

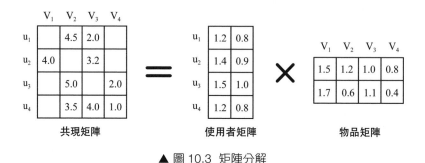

▲ 圖 10.3 矩陣分解

其中，m 為使用者數量，n 為物品數量，k 為潛在向量的長度。k 的設定值越小，模型的泛化能力越強；k 的設定值越大，潛在向量的表達能力越強，但模型的泛化能力越低。使用者 i 對物品 j 的預估評分為：

$$r_{ij} = u_i^T v_j$$

其中，u_i 為使用者 i 對應的使用者向量，即使用者矩陣中的行向量，v_j 為物品 j 對應的物品向量，即物品矩陣中的列向量。

那麼，該如何分解共現矩陣 R 呢？最常用的方法就是梯度下降法（Gradient Descent）。矩陣分解訓練的目標，可以看成最小化原始評分和預估評分之差，即

$$\min_{u^*,v^*} \sum_{i,j} (r_{ij} - u_i^T v_j)^2$$

為了減少過擬合現象,加入正規化項,得到的目標函數如下:

$$\min_{u^*,v^*} \sum_{i,j} [(r_{ij} - u_i^{\mathrm{T}} v_j)^2 + \lambda(\| u_i \|^2 + \| v_j \|^2)]$$

要訓練的參數是 $u_i(i=1,\cdots,m)$ 和 $v_j(j=1,\cdots,n)$ 。該目標函數的求解過程可以用標準的梯度下降法完成。

10.2.3 邏輯回歸

矩陣分解演算法相比於協作過濾具有更強的泛化能力,一定程度上解決了資料稀疏的問題。但是協作過濾和矩陣分解僅透過使用者對物品的評分進行推薦,而沒有利用物品多方面的特徵。邏輯回歸(Logistic Regression)模型能夠輸入使用者、物品的各方面不同的特徵,從而生成較為全面的推薦結果。

邏輯回歸模型的具體過程如下:

(1)將使用者年齡、性別、物品各種屬性、時間等特徵轉化成數值型特徵向量。

(2)將特徵向量 $x = (x_1,\cdots,x_D)^{\mathrm{T}}$ 作為模型的輸入。

(3)為各個特徵指定權重 $w = (w_1,\cdots,w_D)^{\mathrm{T}}$ 。。

(4)將 $x^{\mathrm{T}}w$ 輸入 Sigmoid 函數,映射到 0 ～ 1 的區間,得到最終的點擊率(Click Through Rate, CTR)。其中,Sigmoid 函數如下:

$$\sigma(x) = \frac{1}{1+e^{-x}}$$

對於邏輯回歸模型而言,要訓練的參數就是權重向量 w。所使用的方法是最大似然估計,即最大化對數似然函數,可以透過梯度下降法進行求解。邏輯回歸是機器學習的基本模型,其詳細的訓練方法這裡不再贅述。

10.2.4 因數分解機

邏輯回歸作為機器學習的基礎模型,具有模型簡單、可解釋性強等優勢。但它也有一定的局限性:它的表達能力不強,不能進行特徵交換、特徵篩選等較為「複雜」的操作。透過改造邏輯回歸模型,具備特徵交換能力的因數分解機(Factorization Machine)[211] 應運而生。

相比於邏輯回歸僅利用單一特徵進行判斷,因數分解機對所有特徵進行兩兩交叉。同時,因數分解機對每個特徵引入了一個潛在權重向量,在特徵交換時以兩個權重向量的內積作為交換特徵的權重。其數學形式如下:

$$\mathrm{FM}(\boldsymbol{v}, \boldsymbol{x}) = \sum_{d=1}^{D} \sum_{d'=d+1}^{D} (\boldsymbol{v}_d \cdot \boldsymbol{v}_{d'}) x_d x_{d'}$$

其中,v_d 表示特徵 x_d 對應的潛在權重向量。

因數分解機引入潛在向量的做法,與矩陣分解演算法非常類似。可以說,因數分解機將潛在向量的概念進行了拓展,將單純的使用者—物品評分潛在向量拓展到了所有特徵上。透過特徵交換,因數分解機相比於邏輯回歸大大增強了模型的表達能力。

關於因數分解機的訓練方法,與邏輯回歸完全類似。同樣可以將 $\mathrm{FM}(v,x)$ 輸入 Sigmoid 函數,透過最大似然估計和梯度下降法進行求解。

10.3 隱私保護推薦系統概述

推薦系統需要根據使用者的歷史偏好及相似使用者的喜好來推薦使用者可能感興趣的物品，在巨量資料時代，這越發引起使用者對個人隱私洩露的擔憂。我們之前講到過，協作過濾是最流行、最成功的推薦演算法，隨著演算法的不斷進步，大致可以分為以記憶為基礎的協作過濾和以模型為基礎的協作過濾。矩陣分解、因數分解機及深度學習模型都可以歸類為以模型為基礎的協作過濾，絕大多數推薦系統都與協作過濾具有或多或少的關聯。近年來，有許多關於隱私保護協作過濾的研究，提出了很多能夠保護使用者隱私的協作過濾（Privacy-preserving Collaborative Filtering，PPCF）演算法。

在縱覽了許多協作過濾演算法 [216] 之後，本章將以三種標準為基礎對隱私保護協作過濾演算法進行分類：所解決的弱點（Vulnerability）、所面對的場景和所使用的方法。透過這樣的分類方式，有助研究者對隱私保護協作過濾演算法有一個概覽，也有助工業界的人員選擇最合適的隱私保護協作過濾演算法應用於實際的系統中。

10.3.1 以所解決的弱點為基礎進行分類

協作過濾推薦系統常常存在各種弱點，這些弱點會破壞使用者資料的隱私性和推薦系統的完整性。本小節將概括各項研究試圖解決的弱點，並根據所解決的弱點進行分類。

1. 使用者個人資料洩露（User Profile Exposure）

大多數的隱私保護協作過濾研究的目標都是防止使用者個人資料洩露，即：使用者的興趣偏好仍然是私密的，而不會被推薦系統或其他人獲得。

個人資料洩露的定義通常會有所不同，但是解決此類弱點的論文所具有的共同點是：它們透過混淆（Obfuscation）、微聚合 (Micro-aggregation) 或密碼學的方法 (Cryptographic Approach) 在傳輸資料之前對資料進行處理，從而保護使用者個人資料。有時，其目的是避免資料被不誠實的第三方獲取；有時，其目的是避免資料被推薦系統本身獲取。

2. 推理攻擊（Inference Attacks）

隱私保護協作過濾研究中第二大流行的問題是推理攻擊。它的主要目的是防止使用者將假的資料注入系統，或收集大量推薦資料從而推斷其他使用者的資訊。根據系統提供的安全等級的不同，可以分為半誠實模型和惡意攻擊模型。這種情況與防止使用者個人資料洩露恰恰相反，系統可以存取完整的使用者個人資料，而目標是防止用戶推斷有關其他使用者的資訊。

解決推理攻擊的研究通常會向使用者資料提供 k- 匿名性保證，從而無法在一組資料中辨識出使用者的資料，常常會依靠資料混淆、聚類或微聚合的方法來提供 k- 匿名性。這是一個具有挑戰性的問題，因為在推薦準確性和匿名程度之間需要進行權衡。

3. 先令攻擊（Shilling Attacks）

另一個常見的弱點是先令攻擊。在先令攻擊中，攻擊者透過創造大量具有錯誤評分的假資料，以達到讓系統推薦或不推薦某些物品的目的。

文獻 [217] 討論了不同的協作過濾方案對於先令攻擊的敏感性，並認為以聚類為基礎的協作過濾方法可以檢測和排除偽造的資料，因而更穩固。儘管此弱點不會直接影響使用者資料的隱私性，但它可能會嚴重影響推薦系統的準確性和可用性。

10.3.2 以所面對的場景為基礎進行分類

推薦系統中的主體通常有三類，即使用者、物品和推薦系統建造商。推薦系統的建構依賴於大量的使用者資訊、物品資訊，以及它們之間的互動資訊。其中物品資訊是公開的，不包括使用者隱私，而使用者資訊和使用者—物品互動資訊都包括使用者的隱私。公司的客戶不希望自己的個人資訊、歷史記錄全部被上傳到伺服器，因此需要在尊重使用者隱私的前提下建構推薦系統。我們稱這種場景為跨裝置的隱私保護推薦系統。

1. 跨裝置的隱私保護推薦系統

它是指在不收集使用者原始隱私資訊的前提下，建構推薦系統。也就是說使用者的原始隱私資訊一直保存在自己的裝置上（如手機和 PC）；該場景下的隱私保護推薦系統，其特點為：①裝置的計算和通訊能力往往有限，網路狀態也不穩定，因此模型訓練過程中，參與方的數量受限；②裝置往往有位置資訊，該資訊在推薦時也能造成輔助作用。

本章 10.4.1 節和 10.4.2 節中介紹的隱私保護矩陣分解和隱私保護因數分解機，都是建構跨裝置的隱私保護推薦系統的典型例子。

隱私保護推薦系統的另一種常見的場景，是不同的機構之間希望共用資訊，構建更好的推薦系統。舉例來說，電子商務平台希望獲得社交平台的資訊，從而推薦使用者有興趣的商品，提高購買率。我們稱這一場景為跨機構的隱私保護推薦系統。

2. 跨機構的隱私保護推薦系統

它是指多個機構已經儲存了使用者的隱私資訊，他們如何在保護各自資料隱私的前提下，協作建構推薦系統的方法。建構精準的推薦系統，困難在於準確地刻畫使用者的偏好和物品的特性。而使用者的偏好和物品的特性主要表現於已經觀測到的使用者資訊、物品資訊,以及它們之間的互動資訊。因此,豐富完整的資訊對於建構精準的推薦系統尤為重要。而隨著越來越多的隱私保護法律法規的出現,資料孤島問題普遍誕生。因此,這些隱私資料被隔離在不同的機構之間,而不能互相分享。

本章 10.4.3 節仲介紹的 SeSoRec,屬於跨機構的隱私保護推薦系統,目的在於解決各個機構之間的資料孤島問題。

10.3.3 以所使用的方法為基礎進行分類

本小節將概述隱私保護推薦系統中常用到的方法,並討論它們的優缺點。

1. 以密碼學為基礎的方法(Cryptography-based Techniques)

以密碼學為基礎的隱私保護協作過濾是最近的研究中最受歡迎的一類。它以加密措施為基礎來執行推薦系統所需要的計算,從而保護使用者資料的隱私性,也就是解決了第一類弱點──使用者個人資料洩露。

Canny[218-219] 是該領域較早的研究之一。文獻 [218] 提出了一種用於計算資料的公共集合的加密演算法,然後就可以安全地為使用者生成個性化推薦。它使用同態加密將計算應用於加密後的資料然後解密結果,從而不會曝露使用者的隱私。文獻 [219] 提出了一種以期望最大化為基礎的機率因數分析模型(Expectation Maximization Probabilistic Factor Analysis Model),透過隱私保護點對點同態加密協定(Privacy-preserving Peer-to-peer Homomorphic Encryption Protocol)來應用協作過濾計算,進一步拓展了該思想。感興趣的讀者可以閱讀文獻 [218-219],以了解詳細的方法。

在文獻 [220] 中，作者提出了使用分散式信任（Distributed Trust）的隱私保護協作過濾架構，該結構依賴於受信任的伺服器聯盟而非單一伺服器。多個伺服器之間的這種信任分佈使系統面對故障和攻擊具有更強的穩固性，同時為使用者的資料提供了隱私性。此架構的實現以閾值同態加密協定（Threshold Homomorphic Encryption），為基礎並已經在實驗環境中進行了實現和評估。

文獻 [221] 的工作試圖解決以密碼學為基礎的技術的缺點之一：對大量資料進行加解密的高計算負擔。作者透過對物品進行聚類並對使用者資料進行取樣，以減少密碼協定的計算負擔。然後，將被減少的資料用於同態加密方案，以安全地生成推薦物品，從而可以顯著地減少計算時間。在文獻 [222] 中，作者透過引入準同態相似性度量（Quasi-homomorphic Similarity Measure）來繼續提高隱私保護協作過濾的時間性能，並分析了這種近似方法的準確性。該度量允許使用局部相似性來近似全域相似性，從而改善執行時間。

文獻 [223] 和 [224] 中討論了在雲端平台上實施協作過濾的一些重要的實際考慮，其中隱私和安全性是實施此類系統的主要考慮因素。在文獻 [223] 中，作者提出了一個以 Google App Engine for Java（GAE/J）雲端平台為基礎的隱私保護協作過濾系統的實作方式。他們設計了一種演算法，該演算法依賴於同態加密方案來保護雲端中使用者資料的隱私性。這項工作在文獻 [224] 中被進一步分析和擴充，以適應現實世界中的軟體即服務（Softwareasa Service，Saas）和平台即服務（Platformasa Service，PaaS）設定。

一些較新的成果解決了更具體的問題，舉例來說，水平劃分的資料集（Horizontally-partitioned Datasets）[225]、重疊的評分（Overlapped

Ratings）[226] 和即時更新使用者偏好 [227]。文獻 [228] 為其他任務設計了以密碼為基礎的隱私保護協作過濾演算法。文獻 [229] 將密碼學方法與其他方法結合在一起來建構更高效的隱私保護協作過濾系統。

儘管以密碼學為基礎的方法具有在不犧牲結果準確性的情況下提供安全性的優勢，但該技術的主要問題是系統的可伸縮性（Scalability），因為系統可能需要處理數百萬個項目和使用者請求。尤其是在線上環境中，需要推薦系統能夠在提供準確建議的同時，保持很短的回應時間。

2. 以混淆為基礎的方法（Obfuscation-based Techniques）

在以混淆為基礎的方法中，使用者資料以某種方式進行了轉換，以防止透過系統輸出的資訊來辨識單一使用者，同時要在生成的推薦中保持相同或接近的準確性。它通常用於防止系統使用者或外部實體進行推理攻擊。

文獻 [230] 透過隨機擾動技術（Randomized Perturbation Technique）在資料中引入隨機性，這樣就無法確定使用者的身份。同理，文獻 [231] 對系統提供的回應加入某種隨機性，以防止從系統的回應中推斷出各個使用者的偏好，並讓使用者可以使用隨機回應來計算確切的回應。

該類別中另一種流行的方法是基於對使用者資料的混淆（Obfuscation）。文獻 [232-234] 對此進行了研究。與擾動類似，使用者資料中的相關欄位經過了模糊處理以掩蓋資料中的任何標示資訊，從而防止任何人以混淆後的資料為基礎推斷出原始使用者的偏好和資訊。

另外，還有結合了以上兩種方法的方案，最近的研究包括文獻 [235]、[236]。

以混淆的方法為基礎具有可伸縮（Scalable）的優勢，因為通常只需要在初始點（Point of Origin）將轉換應用於資料，之後就可以直接使用混淆後的資料。但是，由於依賴於隨機性和匿名性，因此難以證明這些技術的安全性，並且更難以證明聰明的推理攻擊無法重新辨識某些使用者。該技術的另一個問題是準確性，因為向資料中增加隨機性可能會導致一些關鍵資訊的遺失，從而導致準確性的降低。

3. 以聚類為基礎的方法（Clustering-based techniques）

以聚類為基礎的技術透過將使用者分組到聚類（Cluster）中，然後提取並使用該聚類的特徵，從而為每個聚類中的使用者提供匿名性。如果聚類足夠大且選擇適當，則可用於防止半誠實或惡意敵手的推理攻擊。如果系統僅使用聚類資訊來進行推薦，用戶個人資料未被儲存在系統中，這就可以作為使用者個人資訊隱私權的保證。

此類別下的文獻可能與其他類別重疊，通常透過密碼學技術 [220]、[221]、[226]、[229] 或雜湊 [237] 來提取每個聚類的表示並安全地執行協作過濾計算。

與僅使用密碼學技術相比，此方法在可伸縮性方面具有明顯的優勢，因為減少了資料表示形式，而非嘗試對整個資料集進行加密。但是，在使用這種方法時必須小心，因為需要確保結果的準確性不會由於這種減少的資料表示而受到影響。

4. 其他方法

一些論文（舉例來說，[238-243]）透過使用替代方法來提供合理的折中方案，從而保護使用者的隱私，且不會產生像其他方法那麼大的計算成本。這些方法通常以問題領域的特定知識為基礎，並需要設計專門的演算法。

在文獻 [239] 中，作者建立了以專家意見為基礎的協作過濾系統，其中
項目由領域專家進行評分，而非依賴於使用者評分，從而完全消除了對
隱私的擔憂。同理，文獻 [241] 的作者在其協作過濾方案中用物品相似
性代替了使用者相似性，從而消除了系統中對使用者資料的需求，而是
使用物品資料來計算。在文獻 [238] 和 [243] 中使用了另一種以物品為
基礎的方法。他們使用了一種分散式的信念傳播方法（Distributed Belief
Propagation Approach）。該方法依靠統計手段提供給使用者以物品相似性
為基礎的推薦，從而無須在系統中儲存使用者偏好。

這些替代方法的優點在於可以利用問題領域的知識來避免進行昂貴的加
密操作或對資料的轉換操作。但是，由於它們依賴於特定領域的知識，
因此它們的適用範圍可能很有限。以物品為基礎的方法還可能會犧牲推
薦的準確性，因為使用者的偏好可能包含有助推薦系統提供準確推薦的
關鍵資訊。

10.4 隱私保護推薦演算法

本章我們先介紹兩種跨裝置的隱私保護推薦系統——隱私保護矩陣分解
和隱私保護因數分解機。然後，我們介紹一個跨機構的隱私保護推薦系
統——SeSoRec[244]。傳統的推薦系統以集中式訓練為主。即：推薦系統的
建構者，先收集推薦系統所需要的資料（如評分、評論和點擊等）至一
個集中區域，進而在該區別集中式地訓練推薦模型，如圖 10.4 中的中心
化訓練所示。在中心化訓練方法中，隱私資料和模型都被集中於一個中
心伺服器，因此達不到保護使用者資料隱私的目的。作為比較，為保護
使用者隱私，去中心化式的推薦系統訓練方法應運而生 [245-248]。在該學習
範式下，隱私保護依舊由使用者將資料保存在各自的終端來實現，而不

需要上傳至集中式的伺服器，同時，模型的訓練過程是去中心化式完成的，這樣就避免了隱私資訊的洩露。而隱私保護矩陣分解和隱私保護因數分解機都是去中心化訓練的典型例子。

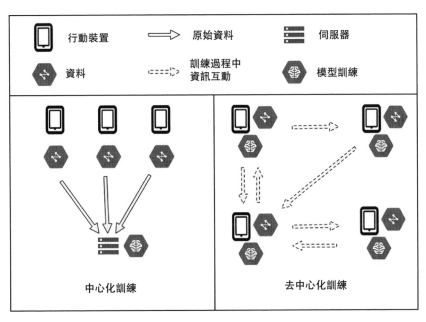

▲ 圖 10.4 中心化訓練與去中心化訓練比較

10.4.1 隱私保護矩陣分解

我們在 10.2.2 節「矩陣分解」[210] 中講過，推薦系統中，使用者對物品的喜好程度，往往可以被轉換成一種可度量的值，即使用者對物品的評分。所有使用者對物品的評分，可以被組織成一個使用者一物品的評分矩陣，稱為「共現矩陣」，如圖 10.1 所示。該矩陣中只有少量的變數是已知的，即只有少量的使用者一物品評分是列出的，而大部分評分是未知的，這正是推薦系統中所面臨的資料稀疏性問題。矩陣分解的基本思想是將高維的使用者一物品評分矩陣 R 分解為一個使用者潛在矩陣 U 及一

個物品潛在矩陣 V。其中，R 中的每一個元素 r_{ij} 表示了每 i 個使用者對第 j 個物品的評分，U 中的第 i 行表示使用者 i 的潛在向量 u_i，而 V 中的第 j 列表示物品 j 的潛在向量 v_j。矩陣分解的目標函數表示成以下公式：

$$\min_{u^*,v^*} \sum_{i,j} [(r_{ij} - u_i^T v_j)^2 + \lambda(\| u_i \|^2 + \| v_j \|^2)]$$

以上公式中第二項是為了防止過擬合而加入的正規化項，式中的 λ 表示正規化項的係數，用於控制正規化的程度。

由於使用者潛在向量表示了使用者的偏好，因此在設計隱私保護推薦系統時，為了隱私保護的目的，每個使用者的潛在向量應該由使用者自己來保管。同時，為了達到協同學習的目的，使用者之間需要彼此交換「資訊」以完成協作過濾的目的。故而，在設計隱私保護矩陣分解模型時，有幾個核心的問題需要加以考慮。首先，第一個問題是使用者之間需要互動哪些資訊？顯然，使用者之間不能彼此共用原始的隱私資訊，如使用者一物品評分資訊或使用者的偏好資訊；其次，第二個問題是每個使用者需要跟其他的哪些使用者去互動？直觀地說，互動的使用者數越多，通訊量也就越大。因此，如何找到合適的互動使用者成為了一個困難。

首先，我們來回答第一個問題：使用者之間需要互動哪些資訊？矩陣分解模型要學習的目標是使用者潛在向量和物品的潛在向量。而隱私保護的場景下，由於每個用戶對其餘物品的互動資訊都由使用者自己保留，因此，每個使用者 i 除了需要保留自己的使用者潛在向量（u_i）外，還需要保護其餘所有的物品潛在向量（V^i）在己方。如此一來，在預測階段，當需要推薦服務時，使用者便可以自己計算其與所有物品的潛在向量相似度，進而排序取 top k 做推薦。我們使用 v_j^i 來表示使用者 i 所保留的物

品 j 的潛在向量。由於 v_j^i 表示的是使用者 i 對物品 j 的偏好,因此也包含了使用者隱私。為此,我們將 v_j^i 分為兩個分項,即

$$v_j^i = p_j + q_j^i$$

這裡的 p_j 是指物品 j 的全域(Global)潛在向量,而 q_j^i 表示使用者 i 所保留的物品 j 的局部(Local)潛在向量。全域潛在向量表示了所有使用者對該物品的全域偏好,而局部潛在向量表示了某個使用者對該物品的個性化偏好。如此一來,矩陣分解的目標函數變為:

$$\min_{u_i, p_j, q_j^i} \sum_{i,j} [(r_{ij} - u_i^T v_j)^2 + \frac{\alpha}{2}\|u_i\|^2 + \frac{\beta}{2}\|p_j\|^2 + \frac{\gamma}{2}\|q_j^i\|^2]$$

目標函數中要訓練的參數是 u_i, p_j, q_j^i,同時滿足條件 $v_j^i = p_j + q_j^i$。以上的目標函數中, u_i 和 q_j^i 僅依賴於使用者 i 處所保留的資料,而 p_j 則依賴於所有的使用者—物品互動資料。由於每個使用者都保留一份 p_j,我們記為 p_j^i。為共同學習 p_j,所有使用者需要使用各自的 p_j^i 來協作學習,以上目標函數 $\mathcal{L}$ 對於 u_i, p_j^i, q_j^i 的梯度分別為:

$$\frac{\partial \mathcal{L}}{\partial u_i} = -(r_{ij} - u_i^T v_j^i)v_j^i + \alpha u_i$$

$$\frac{\partial \mathcal{L}}{\partial p_j^i} = -(r_{ij} - u_i^T v_j^i)u_i + \beta p_j^i$$

$$\frac{\partial \mathcal{L}}{\partial q_j^i} = -(r_{ij} - u_i^T v_j^i)u_i + \gamma q_j^i$$

由梯度可以看出,使用者之間只需要互動 $\frac{\partial \mathcal{L}}{\partial p_j^i}$,共同學習 p_j 即可。

其次，我們來回答第二個問題：使用者需要跟其他的哪些使用者去互動？一個直觀的想法是使用者只需要跟自己最相關的那些使用者互動即可。比如在社交推薦場景中，使用者可以跟自己的社交鄰居互動。而在 POI 推薦中，使用者可以跟自己地理位置周圍的其他使用者互動。以 POI 為例，對其原因做解釋。圖 10.5 中，我們隨機從兩個資料中分別選擇了 5 個城市，然後將使用者和物品（POI）的互動記錄繪製出來。圖中的每個小紅點表示一個使用者一物品的互動記錄。從中可以看出，絕大多數的使用者僅會跟自己所在城市的 POI 發生互動，這正是使用者的「地理位置聚集」現象。該現象在現實中也很容易解釋，因為大部分人的行為軌跡還是偏向固定的。因此在 POI 推薦場景下，我們得出以下結論：使用者只需要跟自己週邊的其他使用者互動即可。

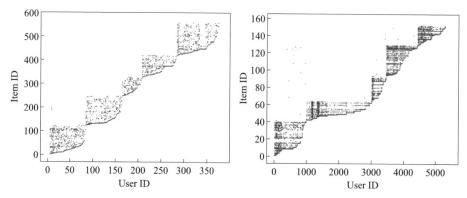

▲ 圖 10.5 POI 推薦場景下，使用者與物品的互動分佈
左圖為 Foursquare 資料；右圖為 Alipay 資料

每個使用者透過與其周圍的其他使用者互動 p_j^i，即可協作完成矩陣分解模型的訓練。同時，由於 p_j 表示所有使用者對物品 j 的全域潛在向量偏好，所以互動資訊不直接包括使用者隱私資料，在一定程度上保證了資料隱私。在預測階段，使用者只需要做本地計算即可，因此也不會洩露任何隱私。

10.4.2　隱私保護因數分解機

我們在 10.2.4 節講到，矩陣分解模型由於只使用到了使用者—物品評分資訊，因此效果上有一定的瓶頸。因數分解機 [211] 除了可以使用評分資訊之外，還能將更多的特徵資料（如使用者特徵、物品特徵和上下文特徵）考慮在內，因此性能通常可以超過矩陣分解模型。本節將介紹隱私保護的因數分解機。

二階的因數分解機大致上可以分為兩部分，以下公式所示：

$$\hat{y} = \underbrace{w_0 + \sum_{d=1}^{D} w_d x_d}_{\text{線性模型}} + \underbrace{\sum_{d=1}^{D} \sum_{d'=d+1}^{D} (v_d \cdot v_{d'}) x_d x_{d'}}_{\text{特徵互動模型}}$$

其中，第一部分是線性模型，能夠表徵特徵的線性關係；第二部分是特徵互動模型，能夠表徵特徵之間的連結關係。該公式中，$\hat{y}$ 表示樣本的預測值，$x_1, \cdots, x_D$ 表示用戶特徵、物品特徵及上下文特徵，$w_0, w_1, \cdots, w_D$ 表示 D 維樣本中特徵的重要性，而每個 w_d 就表示了第 d 個特徵的權重。直觀地講，因數分解機的線性部分中的每個模型權重表示了使用者對對應特徵的偏好程度，因此從一定程度上曝露了使用者的隱私偏好，所以在設計隱私保護因數分解機時需要將該線性部分模型隱藏起來，由每個用戶各自保留。其次，$V \in \mathbb{R}^{D \times K}$ 是特徵之間的 2 階互動模型，V 的行向量是特徵對應的潛在向量，K 是降維之後特徵互動模型的維度。具體而言，潛在特徵向量的內積 $(v_d \cdot v_{d'})$ 用於刻畫每個特徵對 $\langle x_d, x_{d'} \rangle$ 的關係權重，由於 V 並不包括任何資料隱私，所以可以公開。

物品推薦問題可以當作點擊率預估問題，將資料集 $\langle X_{ij}, y_{ij} \rangle$ 輸入邏輯回歸模型，其中 $X_{ij} = x_1^{ij}, \cdots, x_D^{ij}$，$y_{ij} \in \{-1, 1\}$，透過最大似然估計法，得到目標函數為：

$$\min_{\boldsymbol{W}, \boldsymbol{V}} \sum_{\langle \boldsymbol{X}_{ij}, y_{ij} \rangle} -\ln(\sigma(y_{ij} \cdot \hat{\boldsymbol{y}})) + \lambda_w \|\boldsymbol{W}\|_F^2 + \lambda_v \|\boldsymbol{V}\|_F^2$$

這裡的 $\sigma(x) = 1/(1+e^{-x})$ 表示邏輯函數。後兩項是正規化項，防止模型過擬合，而 λ_w 和 λ_v 是正規化項的係數。$\|\cdot\|_F$ 表示 Frobenius 範數。對於普通的因數分解機，以上目標函數可以先求得第 t 輪迭代時相對於線性模型的梯度 $\nabla w_d^{(t)}$，以及相對於特徵互動模型的梯度 $\nabla V^{(t)}$，然後再使用隨機梯度下降法來學習即可。

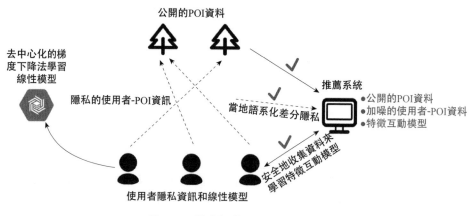

▲ 圖 10.6 隱私保護因數分解機框架圖

但是，隱私保護因數分解機需要能夠保護資料隱私，也要能保護模型隱私。隱私保護因數分解機框架如圖 10.6 所示。其中，隱私資料包括使用者一物品（POI）互動資料，以及使用者的特徵資料（如年齡，家鄉等），而公開的資料包括了物品的特徵資料（如類別，口味等）。其中的隱私模型是指線性部分，而公開的模型是指特徵互動部分。對於隱私資料，應該由每個使用者自己保留。對於公開的物品資料，則由推薦系統的建構者自己保留。對於隱私模型，即線性模型，可以使用去中心化式的梯度下降法學習。對於公開的特徵互動模型，可以使用傳統的聯邦學習方式學習。除此之外，可以使用當地語系化差分隱私[249]方法收集干擾（加噪）後的使用者—物品評分資料，並透過該資料來加工物品的熱度特徵，如近一段時間內的被存取次數等。該特徵往往對於模型有比較重要的效果。隱私保護因數分解機的整體框架如圖 10.6 所示。

1. 線性模型的學習

在非隱私保護因數分解機的場景下，線性模型可以直接透過梯度下降法進行學習，即 $w_d^{(t+1)} = w_d^{(t)} - \alpha \cdot \nabla w_d^{(t)}$。在隱私保護因數分解機場景下，由於 w_d 分佈在每個使用者處，因此每個使用者 i 都擁有一個線性模型，記為 w_d^i。w_d^i 的更新可以使用去中心化式的梯度下降法，其公式如下：

$$w_d^{i\,(t+1)} = \sum_{f \in \mathcal{N}(i)} S_{if} \cdot w_d^{f\,(t)} - \alpha \cdot \nabla w_d^{i\,(t)},$$

這裡的 $\mathcal{N}(i)$ 表示使用者 i 的鄰居，比如社交場景中的好友，或地理位置中的距離關係，而 S_{if} 表示使用者 i 和使用者 f 之間的鄰居關係強度，α 表示學習率。以上公式中的 $\sum_{f \in \mathcal{N}(i)} S_{if} \cdot w_d^{f\,(t)}$ 可以使用秘密分享或其他安全計算技術去計算，因為明文傳輸 $S_{if} \cdot w_d^f$ 顯然會曝露線性模型，從而間接地曝露了使用者隱私。

2. 特徵互動模型的學習

在非隱私保護因數分解機的場景下，特徵互動模型也可以直接透過梯度下降法進行學習，即 $V^{(t+1)} = V^{(t)} - \alpha \nabla V^{(t)}$。然而，在隱私保護因數分解機場景下，每個用戶分別根據自己的資料，求解得到各自的梯度 $\nabla V_i^{(t)}$，而全域的特徵互動模型由推薦系統的建構者（某伺服器端）擁有。因此特徵互動模型的學習過程跟傳統的聯邦學習[250]完全一致，可以使用相同的方式進行學習。

在模型的預測階段，每個使用者擁有各自的隱私資料及隱私模型，此時，使用者只需要從伺服器端將公開的物品資料及特徵互動資料拉到本地，便可以計算得到用戶—物品的評分，進一步對評分進行排序便可得到所要推薦的物品。

10.4.3 SeSoRec

以上介紹的兩種方法屬於跨裝置的隱私保護推薦系統，主要適用於單一公司構建推薦系統。在現實中，常常會遇到這樣的情況：電子商務平台擁有使用者—物品互動資料，社交平台擁有使用者—使用者社交資料，電子商務平台希望透過社交資料來列出更好的推薦。眾所皆知，社交資訊對於推薦系統的性能提升尤為重要 [200],[202],[251],[252]。但是，由於存在隱私保護的相關法律法規，各平台可能難以共用各自的資料，造成了資料孤島問題，如圖 10.7 所示。而 SeSoRec（Secure Social Recommendation） [244] 是一個跨機構的隱私保護推薦系統。它在使用社交資料改善推薦系統的同時，又能使雙方都能安全地擁有各自的資料。

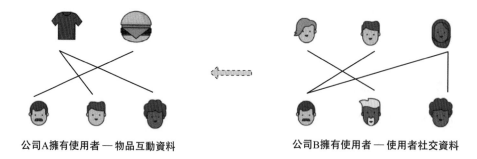

公司A擁有使用者 — 物品互動資料　　　　公司B擁有使用者 — 使用者社交資料

▲ 圖 10.7 跨機構的推薦系統

本節將分三個部分介紹 SeSoRec。首先，我們將介紹 SeSoRec 的基本模型。接著，我們會介紹以秘密分享為基礎的矩陣乘法（Secret Sharing based Matrix Multiplication，SSMM），它可以大大提高 SeSoRec 的效率。最後，我們對 SeSoRec 做一個分析和評估。

1. SeSoRec 模型

1）問題定義

首先，我們形式化地定義 SeSoRec 要解決的問題。設 $\mathcal{A}$ 是使用者—物品互動平台，$\mathcal{U}$ 和 $\mathcal{V}$ 分別是使用者集合和物品集合，I, J 分別表示使用者數量和物品數量。設 $\mathcal{R}$ 是使用者—物品互動集合，$|\mathcal{R}|$ 表示評分的數量。設 R 是使用者—物品互動矩陣，它的元素 r_{ij} 為使用者 i 對物品 j 的評分。設 $U \in \mathbb{R}^{K \times I}$ 和 $V \in \mathbb{R}^{K \times J}$ 表示使用者和物品的潛在向量矩陣，它們的列向量 $\boldsymbol{u}_i$ 和 $\boldsymbol{v}_j$ 分別表示使用者 i 和物品 j 的 K 維潛在向量。設 $\mathcal{B}$ 是社交平台，假設它和使用者—物品互動平台 A 具有相同的使用者集合 $\mathcal{U}$。設 S 是使用者—使用者社交矩陣，它的元素 s_{if} 表示使用者 i 和使用者 f 之間的社交關係強度。

安全社交推薦（Secure Social Recommendation）的定義如下：平台 $\mathcal{A}$ 和 $\mathcal{B}$ 安全地持有各自的資料和模型，但同時平台 $\mathcal{A}$ 可以透過使用平台 $\mathcal{B}$ 的社交資訊改善推薦系統的表現。

2）SeSoRec

框架以「相似使用者具有相似為基礎的喜好」的假設，社交推薦可以看成基本的矩陣分解模型與社交資訊模型的結合。大多數社交推薦模型有以下的目標函數

$$\min_{\boldsymbol{u}_i, \boldsymbol{v}_j}[\sum_{i=1}^{I}\sum_{j=1}^{J}f(r_{ij}, \boldsymbol{u}_i, \boldsymbol{v}_j) + \gamma\sum_{i=1}^{I}\sum_{f=1}^{I}g(s_{if}, \boldsymbol{u}_i, \boldsymbol{u}_f)] \qquad (10.1)$$

其中，$f(r_{ij}, \boldsymbol{u}_i, \boldsymbol{v}_j)$ 是矩陣分解模型的損失函數，$g(s_{if}, \boldsymbol{u}_i, \boldsymbol{u}_f)$ 是社交資訊模型的損失函數，γ 為控制社交關係的影響度。舉一個典型的例子，$f(r_{ij}, \boldsymbol{u}_i, \boldsymbol{v}_j)$ 和 $g(s_{if}, \boldsymbol{u}_i, \boldsymbol{u}_f)$ 可以由以下公式計算

$$f(r_{ij}, \boldsymbol{u}_i, \boldsymbol{v}_j) = \frac{1}{2} I_{ij}(r_{ij} - \boldsymbol{u}_i^{\mathrm{T}} \boldsymbol{v}_j)^2, \tag{10.2}$$

$$g(s_{if}, \boldsymbol{u}_i, \boldsymbol{u}_f) = \frac{1}{2} s_{if} \parallel \boldsymbol{u}_i - \boldsymbol{u}_f \parallel_F^2 \tag{10.3}$$

其中，I_{ij} 是指示函數，若使用者 i 對物品 j 進行過評分，$I_{ij}=1$；否則 $I_{ij}=0$，$\parallel \cdot \parallel_F$ 表示 Frobenius 範數。

傳統的社交推薦系統假設所有資料都可以被獲取，那麼這個最佳化問題就可以用隨機梯度下降法來解決。但是，注意到在式（10.3）中，s_{if} 是屬於社交平台 $\mathcal{B}$ 的，而 u_i 和 u_f 屬於評分平台 $\mathcal{A}$，故僅透過隨機梯度下降法無法保證資料的安全。

為了解決這個問題，SeSoRec 的作者使用小批梯度下降法（Minibatch Gradient Descent）代替了隨機梯度下降法。設 $\boldsymbol{B}$ 是當前批次中的使用者一物品評分集合，$|\boldsymbol{B}|$ 表示該批次中評分的數量。設 $\mathcal{U}_B$ 和 $\mathcal{V}_B$ 是當前批次中的使用者集和物品集，$|\mathcal{U}_B|$ 和 $|\mathcal{V}_B|$ 分別表示其大小，顯然有 $|\mathcal{U}_B| < |B|$ 和 $|\mathcal{V}_B| < |B|$。我們用 $\boldsymbol{R}_B \in \mathbb{R}^{|\mathcal{U}_B| \times |\mathcal{V}_B|}$ 表示當前批次的評分矩陣，$\boldsymbol{I}_B \in \mathbb{R}^{|\mathcal{U}_B| \times |\mathcal{V}_B|}$ 表示當前批次的指示矩陣。設 $\boldsymbol{U}_B \in \mathbb{R}^{K \times |\mathcal{U}_B|}$ 和 $\boldsymbol{V}_B \in \mathbb{R}^{K \times |\mathcal{V}_B|}$ 是當前批次使用者和物品的潛在向量矩陣。$\boldsymbol{U} \in \mathbb{R}^{K \times I}$ 表示使用者潛在向量矩陣。於是，公式（10.1）就變成

$$\min_{U_B, V_B} \mathcal{L} = \frac{1}{2} \parallel \boldsymbol{I}_B \circ (R_B - U_B^{\mathrm{T}} V_B) \parallel_F^2$$

$$+ \frac{\gamma}{2} \mathrm{SUM}(D_B \circ (U_B^{\mathrm{T}} U_B)) - \gamma \mathrm{SUM}(\boldsymbol{S}_B \circ (U_B^{\mathrm{T}} U)) \tag{10.4}$$

$$+ \frac{\gamma}{2} \mathrm{SUM}(\boldsymbol{E} \circ (U^{\mathrm{T}} U)) + \frac{\lambda}{2} (\parallel \boldsymbol{U}_B \parallel_F^2 + \parallel \boldsymbol{V}_B \parallel_F^2)$$

其中，$D_B \in \mathbb{R}^{|u_B| \times |u_B|}$ 是對角矩陣，對角線上的元素 $d_b = \sum_{f=1}^{I} s_{bf}$；$S_B \in \mathbb{R}^{|u_B| \times I}$ 是當前批次的社交矩陣；$E \in \mathbb{R}^{I \times I}$ 也是對角矩陣，對角線上的元素 $e_i = \sum_{b=1}^{|u_B|} s_{bi}$；o 表示哈達瑪乘積。於是，公式（10.4）中 $\mathcal{L}$ 關於 U_B 和 V_B 的梯度分別是

$$\frac{\partial \mathcal{L}}{\partial U_B} = -V_B((R_B - U_B^{\mathrm{T}} V_B)^{\mathrm{T}} \circ I_B) + \frac{\gamma}{2} U_B D_B^{\mathrm{T}} - \gamma U S_B^{\mathrm{T}} + \frac{\gamma}{2} U_B E_B^{\mathrm{T}} + \lambda U_B \qquad (10.5)$$

$$\frac{\partial \mathcal{L}}{\partial V_B} = -U_B((R_B - U_B^{\mathrm{T}} V_B)^{\mathrm{T}} \circ I_B) + \lambda V_B \qquad (10.6)$$

其中，$E_B \in \mathbb{R}^{|u_B| \times |u_B|}$ 是一個對角矩陣，對角線上的元素 $e_b = e_{i|i=b}$，即從矩陣 E 中提取出當前批次對應的元素。

可以發現，矩陣乘法 $U_B D_B^{\mathrm{T}}, U S_B^{\mathrm{T}}, U_B E_B^{\mathrm{T}}$ 是式（10.5）和式（10.6）的關鍵選項。因為這些項包含了一個評分平台的矩陣（U 或 U_B）和一個社交平台的矩陣（D_B，S_B 或 E_B）。而所有其他的項都可以由評分平台在本地計算出。因此，安全的社交推薦的關鍵在於安全的矩陣乘法計算，也就是一個安全多方計算問題。我們將 SeSoRec 的方案複習為演算法 10-1，並在下面介紹如何進行安全的矩陣乘法計算。

演算法 10-1 安全社交推薦演算法

輸入：平台 $\mathcal{A}$ 的評分矩陣 R，平台 $\mathcal{B}$ 的社交矩陣 S，正規化係數 γ, λ，學習率 θ，最大迭代次數 T

輸出：平台 $\mathcal{A}$ 的使用者潛在矩陣 U 和物品潛在矩陣 V

1: 平台 $\mathcal{A}$ 初始化 U 和 V

2: for $t = 1\,to\,T$ do

3:　$\mathcal{A}$ 和 B 透過演算法 2 的安全矩陣乘法計算 $D^\mathrm{T}U$ 和 $S^\mathrm{T}U$

4:　$\mathcal{A}$ 在本地透過式（10.5）計算 $\dfrac{\partial \mathcal{L}}{\partial U}$

5:　$\mathcal{A}$ 在本地透過式（10.6）計算 $\dfrac{\partial \mathcal{L}}{\partial V}$

6:　$\mathcal{A}$ 在本地更新 $U = U - \theta \dfrac{\partial \mathcal{L}}{\partial U}$

7:　$\mathcal{A}$ 在本地更新 $V = V - \theta \dfrac{\partial \mathcal{L}}{\partial V}$

8: end

9: return U and V on $\mathcal{A}$

---

2. 以秘密分享為基礎的矩陣乘法

上面講到，安全社交推薦的關鍵在於安全的矩陣乘法。這裡將介紹 SeSoRec 的以秘密分享為基礎的矩陣乘法方案。方案中使用的是加性秘密分享（Additive Secret Sharing），本書的第 3 章對秘密分享的相關知識已經做了詳細的介紹，這裡直接列出以秘密分享為基礎的矩陣乘法演算法。

演算法 10-2　以秘密分享為基礎的矩陣乘法

輸入：$\mathcal{A}$ 的隱私矩陣 $P \in \mathbb{R}^{x \times y}$，$\mathcal{B}$ 的隱私矩陣 $Q \in \mathbb{R}^{y \times z}$

輸出：$\mathcal{A}$ 得到矩陣 $M \in \mathbb{R}^{x \times z}$，$\mathcal{B}$ 得到矩陣 $N \in \mathbb{R}^{x \times z}$，滿足 $M + N = PQ$

1:　$\mathcal{A}$ 和 $\mathcal{B}$ 在本地計算隨機矩陣 $P' \in \mathbb{R}^{x \times y}$ 和 $Q' \in \mathbb{R}^{y \times z}$

2:　$\mathcal{A}$ 在本地提取 P' 的奇數列和偶數列，得到 $P'_e \in \mathbb{R}^{x \times \frac{y}{2}}$ 和 $P'_o \in \mathbb{R}^{x \times \frac{y}{2}}$

3:　$\mathcal{B}$ 在本地提取 Q' 的奇數行和偶數行，得到 $Q'_e \in \mathbb{R}^{\frac{y}{2} \times z}$ 和 $Q'_o \in \mathbb{R}^{\frac{y}{2} \times z}$

4:　$\mathcal{A}$ 計算 $P_1 = P + P'$ 和 $P_2 = P'_e + P'_o$，然後將 P_1 和 P_2 發送給 $\mathcal{B}$

5:　$\mathcal{B}$ 計算 $Q_1 = Q' - Q$ 和 $Q_2 = Q'_e - Q'_o$，然後將 Q_1 和 Q_2 發送給 $\mathcal{A}$

6:　$\mathcal{A}$ 在本地計算 $M = \left(P + 2P'\right)Q_1 + \left(P_2 + P'_o\right)Q_2$

7: $\mathcal{B}$ 在本地計算 $N = P_1\left(2Q - Q'\right) - P_2\left(Q_2 + Q'_e\right)$

8: $\mathcal{B}$ 將 N 發送給 $\mathcal{A}$，$\mathcal{A}$ 計算 $M + N$

9: return $M + N$ for $\mathcal{A}$

關於該演算法的正確性和安全性，這裡就不詳細證明了。感興趣的讀者可以在文獻 [244] 中找到完整的證明。

透過以秘密分享為基礎的矩陣乘法，平台 A 和平台 B 即可安全地使用小批梯度下降法（Minibatch Gradient Descent）來進行訓練。

3. SeSoRec 分析與評估

1）複雜度分析

SeSoRec 的複雜度可以分為通訊複雜度和計算複雜度，下面分別進行分析。我們首先回顧一下各個符號的含義。I 表示使用者數量，$|\mathcal{U}_B|$ 和 $|\mathcal{V}_B|$ 分別表示當前批次的用戶數量和物品數量，K 表示潛在向量的維度，$|\mathcal{R}|$ 表示評分的數量。

關於通訊複雜度，它來自使用以秘密分享為基礎的矩陣乘法計算 $U_B D_B^{\mathrm{T}}$、US_B^{T} 和 $U_B E_B^{\mathrm{T}}$ 第一，對於 $U_B D_B^{\mathrm{T}}$ 和 $U_B E_B^{\mathrm{T}}$，透過分析演算法 2 的複雜度，對每個批次，通訊量都是 $O(|\mathcal{U}_B| \times |\mathcal{U}_B|)$。於是，遍歷整個資料集的通訊量是 $O(|\mathcal{R}| / |B| \times |\mathcal{U}_B| \times |\mathcal{U}_B|) \leqslant O(|\mathcal{R}| \times |B|)$。第二，對於 US_B^{T}，遍歷整個資料只需要對 U 進行一次通訊，因此通訊量是 $O(I \times K)$。因此，遍歷一次資料集整體通訊量是 $O(|\mathcal{R}| \times |B|) + O(I \times K)$，又因為 $|B| \ll |\mathcal{R}|, K \ll I < |\mathcal{R}|$，所以整體通訊量和資料大小呈線性關係。

關於計算複雜度，假設平台 $\mathcal{B}$ 平均每個使用者有 $|\mathcal{N}|$ 個鄰居。對每個批次，演算法 10-2 中 6 ～ 7 行的時間複雜度是 $O(|\mathcal{U}_B| \times |\mathcal{N}| \times K)$，於是遍

歷整個資料集的時間複雜度是 $O(|\mathcal{R}|/|B|\times|\mathcal{U}_B|\times|\mathcal{N}|\times K) \leqslant O(|\mathcal{R}|\times|\mathcal{N}|\times K)$。同理，遍歷一次資料集，演算法 10-1 中 3 ～ 4 行的時間複雜度是 $O(|\mathcal{R}|/|B|\times|\mathcal{U}_B|\times|\mathcal{V}_B|\times K) \leqslant O(|\mathcal{R}|\times|B|\times K)$。由於 $|\mathcal{N}|,|B|,K \ll |\mathcal{R}|$，因此整體計算複雜度也與資料大小呈線性關係。綜上所述，透過小批梯度下降法，SeSoRec 的通訊複雜度和計算複雜度都與資料大小呈線性關係，因此可以應用到大規模的資料集上。

2）實驗結果

現有的以秘密分享為基礎的矩陣乘法大多需要一個可信的初始化程式（Trusted Initializer based Secure Matrix Multiplication，TISMM），SeSoRec 的作者在 Epinions、FilmTrust 和豆瓣電影三個資料集上對 SeSoRec 進行了測試。測試結果表明 SeSoRec 與非隱私保護的社交推薦系統具有相近的正確率，而速度大大快於 TISMM。

3）SeSoRec 小結

SeSoRec 是跨機構推薦系統的典型例子。該模型將以秘密分享為基礎的矩陣乘法與社交推薦模型相結合，從而使社交平台和評分平台都能安全地保護各自的資料，而且與 TISMM 相比大大提高了效率。本書在此詳細介紹了 SeSoRec 的演算法，希望能幫助讀者更進一步地了解秘密分享等密碼學方法在跨機構推薦系統中的應用。

10.5 本章小結

本章，我們首先在不考慮隱私保護的情況下介紹了 4 種常見的推薦演算法。然後我們對隱私保護推薦系統做了一個概述並以不同的標準為基礎進行分類。最後，我們將隱私保護方法與推薦演算法相結合，介紹了 3

種隱私保護推薦演算法，即隱私保護矩陣分解、隱私保護因數分解機及跨機構的隱私保護系統——SeSoRec。

儘管研究人員對於如何建構推薦系統已經獲得了很多進展，但是這個領域還有很多空白需要填補。首先，對於普通的推薦系統（非隱私保護）而言，一個最重要的問題是，如何提高推薦系統的性能？近些年來，將深度學習應用於推薦系統是一個趨勢，越來越多以神經網路為基礎的推薦系統被提出，使得推薦系統達到更好的性能。其次，對於隱私保護推薦系統而言，哪些演算法更適合於建構隱私保護推薦系統？為了實現去中心化的訓練，需要滿足低通訊、高效率，我們應該選擇哪種安全協定呢？最後，不完整的資料會在多大程度上影響推薦系統的性能？即需要從使用者那裡收集多少資訊，才能建構一個效果令人滿意的推薦系統？這些都是關於隱私保護推薦系統的值得研究的問題。

● 10.5　本章小結

CHAPTER

11

以 TEE 為基礎的
機器學習系統

本章將介紹以可信執行環境為基礎的隱私保護機器學習相關知識。
可信執行環境（Trusted Execution Environment，TEE）是 CPU 內
的一塊安全區域，該區域擁有隔離的執行環境，提供諸如隔離執行、資
料程式的機密性及完整性保護等安全特性。目前比較成熟的可信執行環
境技術包括 ARM TrustZone 和 Intel SGX，而相較於 ARM TrustZone 等
其他 TEE 技術，SGX 擁有最小可能的攻擊面——僅限於 CPU 和 SGX 邊
界，同時 SGX 還提供了遠端證明能力，在安全性和便利性方面都更勝一
籌，因此，以 TEE 為基礎的隱私保護機器學習系統研究，大多利用 SGX
進行建構。

11.1 SGX

SGX 是由微程式實現的 Intel 架構擴充，它的高層架構如圖 11.1 所示。
其中，Enclave 頁快取（Enclave Page Cache，EPC）是系統內一塊被保護
的實體記憶體區域，以頁為單位進行管理。所有的 Enclave 和 SGX 資料
結構都駐留在 EPC 中。Enclave 頁快取映射（Enclave Page Cache Map，
EPCM）用來追蹤 EPC 的狀態，包括 Enclave 頁是否已被使用、頁的所
有者、頁類型、位址映射和頁許可權等。EPCM 利用上述資訊檢查請求
存取頁是否合法。EPCM 只能被缺頁處理（Page Miss Handler，PMH）
硬體進行存取，對軟體而言是透明的。而 SGX 使用者執行時期包括相關
SDK、守護處理程式和普通處理程式等，分別對應不同的 Enclave，彼此
之間也是相互隔離的。

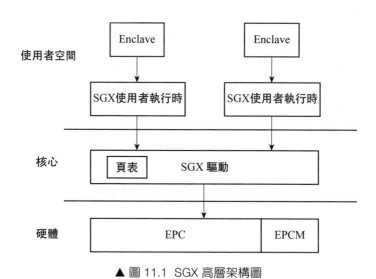

▲ 圖 11.1 SGX 高層架構圖

以上述架構為基礎，SGX 透過一組指令集給應用程式提供安全保證。本
節將分別介紹隔離控制、完整性度量和身份認證等 SGX 重要安全功能。

11.1.1　隔離控制

SGX 提供了高安全等級的隔離性，每個 Enclave 和其他諸如作業系統、虛擬器監視器（VMM）、其他應用、其他 Enclave 是隔離的。

舉例來説，應用 A 建立了 Enclave A，應用 B 建立了 Enclave B，則應用 A 可以呼叫 Enclave A 的可信函數，但是無法呼叫 Enclave B 的可信函數，反之亦然。需要注意的是，即使應用 B 使用與 Enclave A 相同的程式和資料建立了 Enclave B，應用 B 也同樣無法呼叫 Enclave A 的可信函數，因為在 SGX 看來這仍然是兩個「不同」的 Enclave。

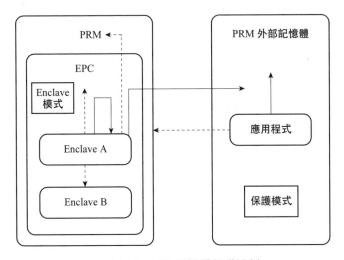

▲ 圖 11.2　SGX 記憶體保護機制

為了實現上述的隔離控制，SGX 在 CPU 的保留記憶體中（Processor Reserved Memory，PRM）開闢了一塊受保護記憶體 EPC，Enclave 的程式和資料即執行在 EPC 中。SGX 通過記憶體加密引擎（Memory Encryption Engine，MEE）對 EPC 進行加密保護，並且利用記憶體保護機制在物理上鎖住 EPC 區域，把來自外部的訪存請求視為該請求引用了不存在的記憶體，使得 Enclave 外部的未授權實體（如直接記憶體存取、圖型引擎等）無法存取 Enclave 中的隱私程式和資料。上述記憶體保護機制如圖 11.2 所示，圖中虛線表示不可存取，實線表示可以存取。

該機制的實現過程主要包括以下幾個由硬體執行檢查步驟：

（1）檢查 CPU 當前的執行模式是否為 Enclave 模式。

（2）檢查訪存請求中的造訪網址（虛擬位址）是否屬於 Enclave 位址空間。

（3）檢查該虛擬位址對應的物理位址是否在 EPC 區域中。

（4）利用 EPCM 檢查存取是否合法，即要求存取的頁是否屬於發起請求的 Enclave。

11.1.2 完整性度量和身份認證

SGX 支持對 Enclave 中的程式和資料進行完整性度量和身份認證，能夠確保可信程式和資料執行在 Enclave 中，並且可以對程式的度量值、執行模式、是否執行在 SGX 機器上等進行驗證。透過完整性度量和身份認證，用戶端和 Enclave 之間、不同 Enclave 之間等可以進行身份認證，進而建構起可信計算應用系統。

完整性驗證是初始化一個 Enclave 的最後步驟。應用程式在申請建立一個 Enclave 時，需要進行頁面分配、複製指定程式和相關資料、對資料進行度量等操作，因此在上述操作結束之後，需要判斷操作的特權程式在建立過程中是否出現了非法行為，如分配了多餘的頁、複製了惡意程式碼、篡改了複製的資料等。

在建立過程中，Enclave 的控制結構內會保存每個新增頁面內容的度量。SGX 通過一行 Enclave 的初始化指令，將控制結構中的度量序列與

Enclave 所有者簽章憑證中的完整性值進行比較：如果兩者相符合，則說明建立操作正常，SGX 會把雜湊簽名證書中的所有者公開金鑰及雜湊值作為 Enclave 的密封身份保存在控制結構中；如果兩者不符合，則說明建立過程存在問題，完整性已被破壞，初始化指令返回失敗結果。只有當 SGX 成功進行了初始化指令之後，Enclave 才建立完畢，SGX 將允許應用進入 Enclave 執行程式。值得一提的是，遠端的認證者也可以透過 Enclave 的完整性度量值和其密封身份，確保一個 Enclave 被正確地建立。此後，則由 SGX 提供的記憶體保護能夠保證外界無法存取 Enclave 記憶體，從而保護了執行中 Enclave 的完整性。

SGX 的身份認證方式包括本地認證和遠端認證兩種，前者用來驗證進行報告的 Enclave 和認證者是否執行在同一個平台上；後者則用於遠端的認證者驗證 Enclave 的身份資訊。

本地認證方式比較簡單，當 Enclave 向平台上其他 Enclave 報告身份時，先獲取當前的 Enclave 的身份資訊和屬性、平台硬體可信計算基（即 TCB 資訊），再附加上使用者希望互動的資料，生成報告結構；然後獲取目標 Enclave 的報告金鑰，對報告結構生成一個 MAC 標籤，形成最終的報告結構，傳遞給目標 Enclave，由目標 Enclave 驗證請求報告身份的 Enclave 跟自己是否執行於同一平台。

當 Enclave 需要遠程認證時，則需要引入一個特殊的 Enclave：引用 Enclave（Quote Enclave，QE）。QE 是由 Intel 官方提供的 Enclave，主要負責驗證其他 Enclave 的身份，並生成 Quote 結構。在遠端認證的概念中，發起認證要求的角色通常被稱為挑戰者，整個遠端認證的過程如下：

（1）挑戰者要求應用的 Enclave 證明其身份，並（可選擇性地）附帶挑戰資訊。

（2）應用把 QE 的 Identity 和挑戰資訊發送給 Enclave。

（3）Enclave 生成一段設定，包括公開金鑰、對挑戰資訊的回應等內容後，將設定檔案的雜湊值作為使用者資料傳遞給 SGX EREPORT 指令，從而生成一份報告。報告內還含有 Enclave 的度量資訊，並提供了額外的使用者資料欄，可以用來傳遞使用者的自定義訊息，以支援更複雜的對話模式。

（4）應用把 Enclave 的報告給到 QE，讓 QE 對報告進行驗證和簽名。

（5）QE 驗證報告透過，則生成一個 Quote 結構，並且使用自己的認證私密金鑰進行簽名（認證公開金鑰由 Intel 持有）。

（6）應用將簽名後的 Quote 結構返回給挑戰者。

（7）挑戰者把簽名後的 Quote 結構發送到 Intel 的認證服務進行簽名驗證。

Intel 的認證服務使用 Enhance Privacy ID（EPID）機制，能夠返回簽名者所在的群組。簽名驗證通過後，挑戰者可以繼續檢查 Enclave 的度量值、公開金鑰等資訊是否與 Quote 內容一致。

11.2 SGX 應用程式開發

編寫 SGX 應用的方法基本上可以歸類為兩種，一種是直接面對 Intel 提供的 SGX SDK 進行開發，另一種是面對 SGX LibOS（如 occlum[253]）進行開發，兩種方式各有優劣，本節將詳細介紹這兩種開發方式。

11.2.1 基於 SGX SDK

Intel 官方提供了 SGX SDK，並在 GitHub 上提供了開原程式碼。該 SDK 提供了開發 SGX 應用所需要的 API 封裝及相關工具等，以 SGX SDK 為基礎,開發者可以較為簡單地編寫 SGX 程式。開發 SGX 應用前我們需要先了解一些 SGX SDK 的知識。

1. 非可信部分和可信部分互動

在 11.1 節內容中,我們介紹了 SGX 的基本原理,從中可以知道一個 SGX 應用會被分為可信和非可信兩部分。可信部分需要曝露出 API 供非可信部分進行呼叫,同樣地,非可信部分也需要曝露 API 供可信部分呼叫,SGX 把前一種情形叫作 ECALL,後一種情形叫作 OCALL。為了讓開發人員更方便地實現 ECALL/OCALL 功能,SGX 推出了一種專用於 ECALL/OCALL 的語言 EDL(Enclave Definition Language),以及可以編譯 EDL 生成橋接函數檔案的工具 Edger8r。

2. 系統呼叫

為了保證 Enclave 的安全性,SGX 禁用了部分 CPU 指令,其中包含了系統呼叫(System Call)相關的指令,因此 Enclave 內部是不能進行系統呼叫的。如果 Enclave 內部確實依賴系統呼叫,則可以透過可信和非可信的互動機制來完成。

因此編寫 SGX 應用首先需要進行以下兩步準備工作:

(1)劃分好應用的功能,分清楚哪些屬於非可信部分,哪些屬於可信部分。

(2)定義非可信和可信互動的 ECALL/OCALL 介面。

準備結束之後,即可開始使用 SGX SDK 編寫程式。假設需要編寫一個可以列印 hello world 的 Enclave,程式編寫過程主要可分為以下幾步。

（1）定義 EDL。範例程式如下：

```
/* Enclave.edl */

Enclave {

    /*
     * ocall_print_string - 呼叫 OCALL 來實現列印字串
     *   [in]: 把字串拷貝到 Enclave 外部
     *   [string]: 表明 str 是以 NULL 結尾的字串
     */
    untrusted {
        void ocall_print_string([in, string] const char *str);
    };

    /*
     * ecall_hello_world - 呼叫 ECALL 來列印 hello world
     */
    trusted {
    public void ecall_hello_world(void);
    };

};
```

（2）使用 Edger8r 工具（SGX SDK 附帶）編譯 EDL 檔案，得到 Enclave_u.h、Enclave_t. 兩個標頭檔，分別對應非可信和可信部分。應用的非可信部分需要實現 Enclave_u.h 的 ocall_print_string，可信部分需要實現 Enclave_t.h 的 ecall_hello_world。範例程式如下：

```
/* App.cpp 非可信部分 */
#include "Enclave_u.h"

/* OCall functions */
void ocall_print_string(const char *str)
```

```
{
    printf("%s", str);
}
/* Enclave.cpp 可信部分 */

#include "Enclave_t.h"

void printf(const char *fmt, ...)
{
    char buf[BUFSIZ] = {'\0'};
    va_list ap;
    va_start(ap, fmt);
    vsnprintf(buf, BUFSIZ, fmt, ap);
    va_end(ap);
    ocall_print_string(buf);
}

void ecall_hello_world(void) {
printf("Hello world.");
}
```

（3）將 Enclave.cpp 編譯成動態函數庫得到 Enclave.so，並且使用 SGX 的 sign 工具對該動態函數庫簽名，得到 Enclave.sign.so。

（4）非可信部分呼叫 sgx_create_Enclave 方法把 Enclave.sign.so 載入為一個 Enclave，然後便可以透過呼叫 ecall_hello_world 方法來存取 Enclave 觸發列印 hello world。

在上面的程式範例中，為了實現在 Enclave 內部列印內容到標準輸出（依賴系統呼叫），需要自行定義 OCALL 介面，並在非可信部分實現其功能，這種原生的開發方式較為繁瑣、不便。因此，為了簡化開發步驟、提升開發效率，Google 推出了一套面對 SGX 的開發和執行框架──

Asylo。存取 GitHub 官網，搜索 Asylo 可以找到對應開原始程式碼。Asylo 內建了豐富的系統呼叫實現，並內建了一些安全特性（如支持 GRPC TLS 安全通訊）。開發人員可以在 Asylo 的基礎上開發程式，從而避免自行實現繁瑣的系統呼叫。使用 Asylo 進行 SGX 應用程式開發的同時，開發者仍然可以直接以 SGX SDK 自訂 EDL 並且根據自己為基礎的需求實現功能，也可以完整接觸到 SGX SDK 提供的遠端認證、本地認證、資料封存等 API 功能。換言之，Asylo 提高了開發 SGX 應用的效率，又仍然保留了 SGX SDK 的原始特性。

11.2.2 基於 SGX LibOS

如 11.2.1 節所述，直接面對 SGX SDK 進行開發，開發人員首先需要把應用劃分為非可信和可信兩部分，而且需要關注 SDK SDK 的細節（比如 ECALL/OCALL 等），如果想要將已有的程式移植到 SGX 中，改造工作十分繁瑣。假如普通的應用程式可以完全或幾乎無修改地移植到 SGX 上執行，那麼 SGX 開發就和正常的應用程式開發步驟沒有差別了，那麼這種方式是否存在呢？答案是肯定的，那就是──LibOS[254]。

LibOS（函數庫作業系統）提供部分 OS 功能，但是本身以函數庫的形式執行在 OS 上，應用則可以執行在 LibOS 之上。Occlum 是面對 SGX 的開放原始碼 LibOS，存取 GitHub 官網，搜索 Occlum 可以找到對應開放原始碼專案。目前該專案主要由螞蟻集團和社區成員共同維護。Occlum 提供了豐富的系統呼叫，並支援多處理程式隔離、加密檔案系統等功能。開發人員可以無修改或進行極少量的修改，即可將現有程式移植到 Occlum 上執行，從而享受到 SGX 帶來的安全特性。Occlum 擁有以下兩個主要功能特性。

1. 多語言支援

Occlum 實現了多種語言的工具鏈，開發人員可以在 Occlum 上執行包括 C/C++、Rust、Python、GO、Java 等在內的多種主流語言，相比之下，使用 Intel 原生的 SGX SDK 則只能編寫 C/C++ 應用。

下面以一段 C++ 程式作為範例，展示如何在 Occlum 上編寫和執行 SGX 應用。

（1）編寫一段 hello world 程式，這段程式與非 SGX 應用程式完全一致。

```
// hello_world.cc

#include <iostream>

Int main(int argc, char* argv[]) {
    std::cout << "Hello world!" << std::endl;
    return 0;
}
```

（2）使用 occlum 的工具鏈（occlum-g++）編譯程式。

```
occlum-g++ -o hello_wolrd hello_wolrd.cc
```

（3）執行 occlum new 命令來初始化 occlum 執行目錄，該命令會建立一個名為 occlum_instance 的資料夾。

```
occlum new occlum_instance
```

（4）進入 occlum_instance 目錄，將第一步編譯好的 hello_world 二進位複製到指定目錄下，並執行 occlum build 命令來建構 occlum SGX Enclave 及相關依賴檔案。

```
cd occlum_instance
cp ../hello_world image/bin occlum build
```

（5）以 SGX Enclave 形式執行程式。

```
occlum run /bin/hello_world
```

2. 檔案系統

Occlum 支持多種檔案系統，包括唯讀的雜湊檔案系統、讀寫的加密檔案系統、非可信的宿主檔案系統等。不同的檔案系統擁有不同的使用場景，具體如下：

（1）雜湊檔案系統
雜湊檔案系統主要應用在需要對檔案做完整性保護的場景，該檔案系統不會修改檔案的原始內容，僅在檔案中增加一段檔案原始內容的雜湊，其雜湊演算法採用了雜湊樹想法。

（2）加密檔案系統
加密檔案系統可以用於 SGX 應用安全地對檔案操作，檔案將以加密的形式保存在宿主作業系統上。對於應用而言，加密檔案系統是透明的，僅需要進行正常的檔案 I/O 操作並對加密檔案進行讀寫。即 SGX 應用並不需要感知到加密的存在，加密檔案系統會自動地幫應用完成檔案的加解密。

（3）宿主檔案系統
Occlum 支援 SGX 應用讀寫宿主作業系統上的檔案系統，但需要注意的是，此時 Occlum 對檔案進行透明傳輸，不做任何加密或雜湊處理。該特性主要是便於 SGX 應用和宿主作業系統之間進行資料交換。

11.3 以 SGX 為基礎的隱私保護機器學習實例

目前，有不少研究者提出並實現了以 SGX 為基礎的隱私保護機器學習系統。這些系統大多以雲端服務商提供機器學習所需的運算資源，擁有資料的使用者在雲端上訓練模型或進行預測為使用場景，以保護使用者隱私資料與模型參數為研究目標。雖然這些實現大多處於實驗室環境下，但其中的許多實例已經具有不低的實用性和極高的參考價值。本節選擇了 Chiron 和 TensorSCONE 這兩個系統進行詳細介紹。

11.3.1 Chiron

Chiron[255] 是一個以 SGX 為基礎的隱私保護外包模型訓練系統，其整體架構如圖 11.3 所示。它的核心元件是訓練 Enclave，內部主要執行著一個 Ryoan 沙盒 [256] 和擴充的機器學習工具鏈。Ryoan 沙盒用來確保不可信的服務提供者程式無法竊取同在 Enclave 內的使用者資料，而其他的管理程式、機器學習工具鏈程式等都是公開的，可以直接使用 Enclave 的標準遠端認證對其完整性進行確認。所有的系統軟體都執行在外部雲端平台中，包括作業系統和虛擬機器監視器（VMM）。

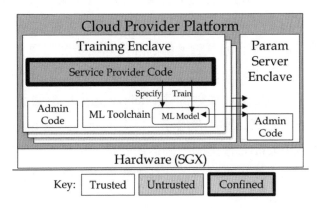

▲ 圖 11.3 Chiron 整體架構圖（來源：https://www.arxiv-vanity.com/papers/1803.05961/）

在使用中，雲端服務商首先將自己的不可信程式載入到 Ryoan 沙盒中，並向使用者提供一個或多個訓練 Enclave，使用者連接到訓練 Enclave 並提交資料。然後，雲端服務商提供的程式依次執行以下兩個任務。

首先，服務提供者程式建立模型系統結構、損失函數、最佳化函數和訓練超參數。在原型實現中，Chiron 的設計者們假設雲端服務商控制所有的超參數（這與 Google 預測 API 的執行方式相符合）。由於一些現有的機器學習服務允許使用者指定某些超參數，舉例來說，Amazon ML 就支持使用者自行設定訓練迭代次數，因此 Chiron 也特別提供了由使用者資料決定參數設定功能。為了防止服務提供者程式將使用者資料的相關資訊洩露到沙盒之外，Chiron 利用增加了可信強製程式的機器學習工具鏈來實現上述功能。整個過程中，服務提供者程式在受限環境內執行，必須使用指定的機器學習工具鏈來定義模型，不允許有任何其他形式的輸出。並且工具鏈會對模型是否符合用戶指定的超參數進行檢測，通過後將模型描述編譯成 Enclave 中可執行的、特定於該模型的訓練程式。

隨後，服務提供者程式驅動模型的訓練。它負責向機器學習工具鏈提供使用者資料、呼叫更新模型參數的訓練程式，並且可以在傳遞使用者資料給訓練程式之前，進行一些必要的資料轉換（如縮放或旋轉圖型）。機器學習工具鏈正常執行訓練程式，但由於 SGX 和 Ryoan 沙盒的保護，雲端服務商將無法觀察模型的狀態。當訓練分佈在多個訓練 Enclave 上時，每個 Enclave 都分別處理自己的使用者訓練資料碎片，由一個專用的參數服務 Enclave 來協調它們。每個訓練 Enclave 定期從參數服務獲取模型參數，將更新後的參數發送回參數服務，這有助所有訓練 Enclave 收斂到同一個模型。訓練 Enclave 僅透過一個速率固定、訊息大小固定的秘密頻道與參數服務 Enclave 交換參數，因此參數的更新不會洩露訓練資料或模型當前狀態的有關資訊。

訓練結束後，Chiron 輸出一個加密的模型，只有使用者才擁有解密的金鑰。該模型會在專用的查詢 Enclave 中實體化，使用者必須使用 Chiron 提交加密查詢，才能獲得模型的輸出。

Chiron 最大的缺陷在於它無法利用 GPU 進行訓練工作，這使得模型訓練的效率遠遠低於目前的商用機器學習服務水準。這也是目前其他以 TEE 為基礎的隱私保護機器學習實例的普遍缺陷。

11.3.2 TensorSCONE

Roland Kunkel 等人提出的 TensorSCONE[257] 是一個以 TensorFlow[259] 為基礎的通用、安全的機器學習框架。它整合了 TensorFlow 和安全容器 SCONE[258]，同時支援模型訓練和分類預測，解決了依賴雲端運算來儲存和處理敏感性資料的線上機器學習的隱私洩露問題。它利用 TLS 協定建構和使用者之間的通訊通道，該私有通道能夠為資料互動提供點對點的保護。其中，SCONE 是以 SGX 為基礎的隔離執行框架。如 11.2 節所述，直接面對 Intel SGX 開發可信應用程式，需要進行專門的重新定義。

因此，Roland Kunkel 等人選擇使用 SCONE 作為一個附加層，它既能夠存取 SGX 特性，又能夠大大減少移植普通應用程式碼所需的更改。SCONE 中執行的應用程式是靜態編譯的，然後與修改後的標準 C 函數庫（sconelibc）進行連結。應用程式的位址空間被限制在 Enclave 記憶體中，透過系統呼叫介面與不可信記憶體進行互動。特別地，SCONE 執行時期提供了一種非同步系統呼叫機制，Enclave 之外的執行緒將非同步執行系統呼叫。此外，它提供了與 Docker 的整合來支援無縫地部署容器映射，簡化了系統的分發。

TensorSCONE 的整體架構如圖 11.4 所示。其中核心的組成部分為
TensorSCONE 控制器和 TensorSCONE TensorFlow 函數庫，本小節將對
這兩個元件進行詳細介紹。

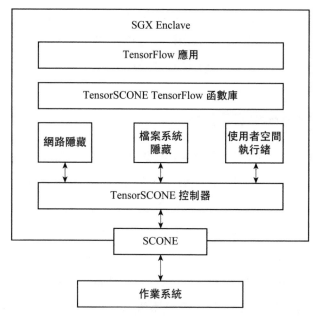

▲ 圖 11.4　TensorSCONE 整體架構圖

1. TensorSCONE 控制器

TensorSCONE 控制器在 Enclave 內部的 Docker 容器中執行，SCONE 的
特性決定了開發人員不需要為此更改 Docker 引擎。TensorSCONE 控制
器為上層的 TensorFlow 提供了執行時期環境，包括網路隱藏、檔案系統
隱藏、使用者空間執行緒。利用這些子系統，可以支援在 SGX 環境中執
行未修改的普通 TensorFlow 應用程式。舉例來說，透過檔案描述符號處
理、存取資料時，系統會進行透明加密和身份驗證的隱藏操作等。這三
個子系統各自的功能如下。

（1）網路隱藏

TensorFlow 應用程式本身並不包括網路流量的點對點加密，想要增加安全性就必須應用其他方法來保護流量，如傳輸層安全（TLS[260]）協定。然而，由於系統軟體是不可信的，所以一旦資料離開 Enclave 就可能遭到竊取或篡改。因此，網絡通訊的保護必須從 Enclave 內部開始。在 TensorSCONE 中，Enclave 內的網路隱藏包住了通訊端，所有傳遞到通訊端的資料都將由網路隱藏而非系統軟體來處理。並且，這個隱藏層透明地將通訊通道包裝在 TLS 連接中，不需要使用者手動對應用程式的通訊部分進行更改。TLS 的金鑰保存在檔案中，受到檔案系統隱藏的保護。

（2）檔案系統隱藏

檔案系統隱藏用來保護檔案資料的機密性和完整性。每當應用程式存取檔案時，隱藏具有加密並驗證檔案、簡單地驗證檔案、直接按原樣傳遞檔案這三種操作選擇，選擇內容取決於使用者定義的檔案路徑字首。確定操作後，隱藏會將檔案分割成區塊，然後以區塊為單位對資料分別進行處理。需要注意的是，這些區塊的中繼資料始終保存在 Enclave 中。

（3）使用者空間執行緒

許多系統呼叫需要一個執行緒退出使用者空間進入核心空間進行處理，而 Enclave 切換的成本卻十分高昂，因此 TensorSCONE 控制器實現了使用者空間執行緒模組，來盡可能地避免執行緒從 Enclave 轉移出去。

當作業系統將執行緒分配給 Enclave 時，首先會執行一個內部排程程式來決定要執行哪個應用程式執行緒，再將這些應用程式執行緒映射到 SGX 執行緒控制結構。當應用程式執行緒阻塞時，控制器再次執行，將作業系統執行緒分配給其他的應用程式執行緒，而非將控制權傳遞回作業系統。

2. TensorSCONE TensorFlow 函數庫

TensorSCONE 系統支援模型訓練，也支援將模型用於分類或決策任務。針對不同的機器學習任務，TensorSCONE 系統會呼叫不同的 TensorFlow 函數庫。

對於訓練過程，TensorSCONE 使用完整版本的 TensorFlow。由於 TensorSCONE 控制器允許以 Docker 映射的形式輕鬆分發應用程式，系統的訓練實例可以分佈在多個節點上，每個節點執行單獨的 SGX 硬體，利用網路隱藏對實例之間的通訊通道實施透明保護。在同一個實例即同一個 CPU 上進行擴充也是可能的，但是由於 EPC 大小的限制，在同個 CPU 中的擴充反而會使性能降低。

對於分類過程，TensorSCONE 選擇使用 TensorFlow Lite。有限的 EPC 大小是 Enclave 進行機器學習計算的主要瓶頸，如果應用程式的記憶體佔用較小，整體性能會得到顯著提升。TensorFlow Lite 是針對行動裝置的 TensorFlow 推理函數庫，它的記憶體需求遠遠小於完整版本的 TensorFlow。在使用 SCONE 保護 TensorFlow Lite 時，該框架呼叫的是 SCONE C 函數庫而非公共系統函數庫。由於 SCONE C 函數庫的介面是完全相容的，因此 TensorFlow Lite 的內部不需要更改。因此，使用 TensorSCONE 進行分類的操作方法與直接在普通環境下使用 TensorFlow Lite 是相同的。

11.4 叢集化

在實際工業實踐的場景，叢集化是解決負載平衡、容錯移轉、動態伸縮容、高吞吐等問題的一種重要且有效的手段。本節將介紹以 SGX 為基礎的叢集化技術。

11.4.1 同構網路拓樸的無狀態線上服務

「同構網路拓樸」指的是執行相同程式的多個實例組成叢集。而無狀態線上服務是指伺服器對單次請求的處理是獨立的，處理所需的全部資訊都包含在該請求中，或可以從外部（如資料庫）獲取得到，伺服器本身不儲存任何其他請求的資訊。圖 11.5 所示是一種可行的以 SGX 為基礎的同構網路拓樸系統架構，整個系統主要分為 4 個層次，分別是使用者、金鑰管理、工作節點、物理網路拓樸。

① 使用者。線上服務的呼叫方，資料在使用者本地完成加密。
② 金鑰管理。金鑰同步中心是核心模組，主要負責金鑰的建立、保存、同步和分發。
③ 工作節點。無狀態線上服務的執行實例，相同程式的多個節點組成同一個叢集。
④ 物理網路拓樸。由支援 SGX 特性的物理機器建構成的物理機叢集，支撐線上服務實例的部署、運行維護等。

使用無狀態線上服務，一個主要的需求是資料在傳輸過程中需要保持加密狀態，且只能在 Enclave 內部進行解密。這要求叢集的每個服務節點都能夠解密出明文，也即每個服務節點都需要擁有相同的金鑰，因此也就表示同構網路拓樸的關鍵是如何在叢集節點間同步金鑰的。本小節將簡要說明服務節點間金鑰同步和金鑰同步中心叢集化的解決方案。

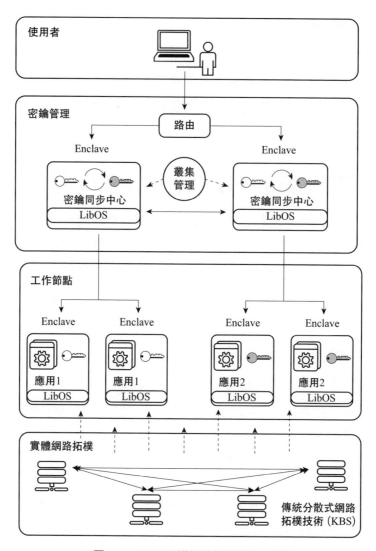

▲ 圖 11.5 SGX 同構網路拓樸系統架構圖

1. 服務節點間金鑰同步

如圖 11.5 所示，為了協助完成叢集節點間的金鑰同步，系統架構中引入了金鑰同步中心這一核心模組。同時，為了保證金鑰同步中心的可信性，金鑰同步中心也是執行於 SGX 上的應用，以確保金鑰的安全性。整個金鑰同步的流程如圖 11.6 所示，具體步驟如下：

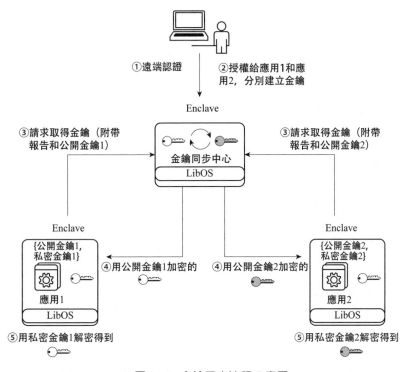

▲ 圖 11.6 金鑰同步流程示意圖

① 使用者對金鑰同步中心進行遠端認證（詳見 11.1.2 節中對遠端認證的相關介紹），確認金鑰同步中心的身份合法性。

② 假設使用者已經知道線上服務程式的程式度量值，那麼使用者請求金鑰同步中心建立叢集金鑰，此叢集金鑰將和該特定的程式度量值綁定。金鑰同步中心節點收到請求後，將在記憶體中隨時生成金鑰（如 RSA 公私密金鑰對），並將生成的金鑰加密保存到持久化儲存系統（如資料庫等）以供其他金鑰同步中心讀取。

③ 節點 1 啟動後，生成自身的遠端認證報告和一對臨時的公私密金鑰，
並將報告和公開金鑰發送給金鑰同步中心，以請求獲取屬於該節點的
叢集金鑰。

④ 金鑰同步中心收到請求後，對節點 1 的報告進行驗證，且比對節點 1
的程式度量值和使用者指定的程式度量值是否一致。確認一致後，金
鑰同步中心用節點 1 的公開金鑰加密第②步建立的叢集金鑰，並把加
密後的金鑰返回給節點 1。

⑤ 節點 1 使用第③步生成的臨時私密金鑰解密得到叢集金鑰。節點 2 的
金鑰同步過程和節點 1 類似，此處不再贅述。

2. 金鑰同步中心叢集化

為了保證金鑰同步中心的高可用，金鑰同步中心也需要進行叢集網路拓
樸，此處可以採用另一種方式來完成叢集化。金鑰同步中心叢集化的流
程如圖 11.7 所示，詳細步驟如下：

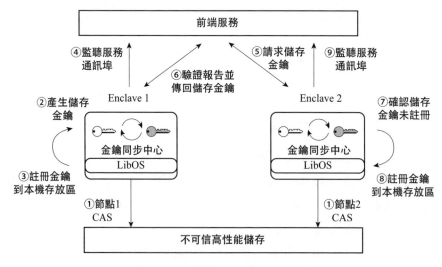

▲ 圖 11.7 同構網路拓樸金鑰同步過程

① 金鑰同步中心的兩個節點一起啟動，則可以透過 CAS（Compare-And-Swap）服務來決定哪個節點負責生成儲存金鑰。假設節點 1 競爭 CAS 成功成為被選中的節點。

② 節點 1 生成儲存金鑰，該儲存金鑰將用來加解密線上服務的叢集金鑰。

③ 節點 1 啟動服務，並且將本次的儲存金鑰註冊到本地端。

④ 節點 1 啟動對服務通訊埠的監聽，監聽來自其他節點或服務系統的請求。

⑤ 節點 2 競爭 CAS 失敗，於是節點 2 生成自身的遠端認證報告和一對臨時公私鑰。節點 2 將報告和臨時公開金鑰發送給服務系統，以請求獲取儲存金鑰。

⑥ 由於節點 1 是第一個啟動服務的節點，因此服務系統會將儲存金鑰的獲取請求轉發給節點 1。節點 1 對節點 2 的遠端認證報告進行驗證，並比對節點 2 的程式度量值和自身的是否一致。確認程式度量值一致後，節點 1 使用節點 2 的公開金鑰加密存儲金鑰並返回給節點 2。

⑦ 節點 2 利用自己的私密金鑰解密得到儲存金鑰，確認得到的儲存金鑰是沒有在本地註冊過的新金鑰。

⑧ 節點 2 啟動服務，並且將本次的儲存金鑰註冊到本地端。

⑨ 節點 2 啟動對服務通訊埠的監聽，監聽來自其他節點或服務系統的請求。

11.4.2 異質網路拓樸的 XGBoost 訓練系統

11.4.1 小節主要介紹了 SGX 同構網路拓樸的方案。然而在實際業務場景下，一套複雜的系統是由很多模組組成的，資料需要在不同模組間進行流轉。因此，只有同構網路拓樸尚不足以支撐實際業務，我們還需要解決 SGX 的異質網路拓樸問題。本小節將以 XGBoost[261]（XGBoost 是目前機器學習產業廣泛使用的梯度提升訓練工具）訓練為例，説明如何以異質網路拓樸為基礎建構可執行在 SGX 上的機器學習訓練系統。

1. 異質網路拓樸

同構網路拓樸的定義為「相同程式的不同執行實例組建叢集」，那麼異質網路拓樸則表示「不同程式的多個執行實例組建叢集」。比如以 XGBoost 為基礎的一套完整訓練系統，則可能由資料融合、資料前置處理、XGBoost 訓練等模組組成。為了保證資料安全，資料需要以加密的形式在不同模組間流轉，也就要求各個模組之間共用金鑰。所以異構網路拓樸的關鍵點之一是在不同程式間同步金鑰。

在同構網路拓樸的方案基礎上，很容易擴充出異質網路拓樸的金鑰同步方法，如圖 11.8 所示。相比於同構網路拓樸，異質網路拓樸引入了程式組的概念，主要差別在於使用者可以同時給一組應用程式指定相同的金鑰。這樣系統中的不同應用程式在向金鑰同步中心請求資料金鑰時，獲得的金鑰是一致的，從而達成某應用加密的資料在另一個應用也可以解密的效果。

需要注意的是，使用者建立的程式組應該是「不可變」（Immutable）的，程式組一經建立即不可修改，不允許再往其中增加新的程式，金鑰同步中心不應提供程式組的修改介面。這主要是為了避免某些非法程式加入到程式組從而竊取資料金鑰導致金鑰洩露。

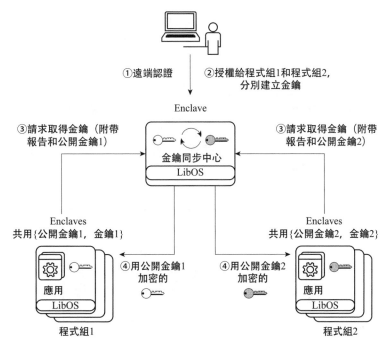

▲ 圖 11.8 異質網路拓樸金鑰同步過程

2. 訓練系統

目前以可信執行環境為基礎的機器學習訓練有兩種主流方式：一種是集中式訓練，即資料提供方分別上傳加密的訓練資料到平台的資料中心，同時平台提供訓練服務供資料使用方（可以是資料提供方自己）使用；另一種是分散式訓練，訓練資料仍然保存在資料提供方本地，每個資料方都部署有訓練模組，資料訓練過程主要在資料方本地完成，平台僅聚合必要的資訊比如梯度來完成全域訓練，資訊聚合在可信執行環境中進行以保證安全性，聯邦學習即屬於該方式。本小節介紹的方案屬於集中式訓練，分散式方案本節將不説明。

在異質網路拓樸的基礎上可以建構 XGBoost 訓練系統，整體的架構如圖11.9 所示。整個訓練的流程概述如下。

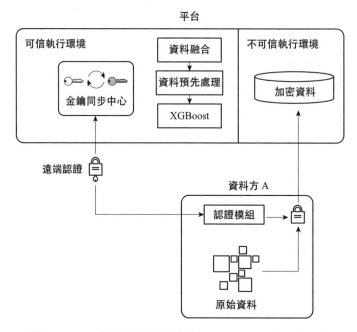

▲ 圖 11.9 以同構網路拓樸為基礎的 XGBoost 訓練系統架構圖

① 資料方對金鑰同步中心進行遠端認可以保證其可信性，並且從金鑰同步中心獲得 XGBoost 訓練應用程式組的公開金鑰。

② 資料方使用自己的對稱金鑰對原始資料進行加密，把資料上傳至平台資料中心，同時用程式組公開金鑰加密對稱金鑰併發送給平台。

③ 資料使用方發起訓練任務。

④ 資料融合模組啟動，啟動後從金鑰同步中心獲得程式組的金鑰，資料
融合模組利用獲得的私密金鑰解密出資料方的對稱金鑰從而得到資料
明文，並對多個資料方的資料進行融合（比如以資料 id 進行融合）
為基礎。融合後的資料將使用程式組的公開金鑰加密後儲存至資料中
心。

⑤（可選）資料前置處理模組啟動，同資料融合模組類似，它從金鑰同
步中心獲得程式組金鑰，從而解密得到融合後的資料明文，並按照前
置處理要求對資料進行預先處理。前置處理後的資料仍然使用程式組
公開金鑰加密後儲存至資料中心。

⑥ XGBoost 模組啟動，同理從金鑰同步中心獲得程式組金鑰，從而解
密得到資料明文，並按照設定的訓練參數進行模型訓練，最終得到模
型。當然，類似地也可以利用 XGBoost 進行離線評估等工作，此處不
再贅述。

11.5 側通道加固

正如前文所述，在一般裝置環境下，攻擊者透過軟體漏洞，或木馬等工
具侵入到目標裝置，借助提權漏洞，獲取登入許可權、普通許可權、root
許可權等，透過提升控制權，可以直接獲取使用者所有的隱私資訊，破
壞使用者資料安全。而在 SGX 中，則可以保證即讓使用者的作業系統、
BIOS 已經被攻擊者攻陷，執行在可信執行環境內的程式仍然可以保證資
料安全，因為所有和 TEE 程式相關的資料、記憶體、週邊 I/O 都是加密
的，只能夠在 Enclave 中進行解密計算。可惜的是，SGX 並非是絕對安
全的，如 Nilsson 等人就對目前一些攻擊 SGX 的手段進行了複習 [262]。
SGX 只是能夠防守「入室竊取」，對於某些有「隔空取物」，或「見微知

著」能力的盜賊還是無能為力，側通道攻擊就是一種常見的攻擊手段。本節將主要介紹 SGX 的側通道攻擊和相關防禦措施。

11.5.1 側通道攻擊

側通道攻擊顧名思義是一種針對安全裝置的「旁門左道」式攻擊方式。舉個例子：某些電影裡主人翁常常透過聽診器聽聲音來破解保險箱，這便可以看作是一類特殊的「側通道攻擊」。更專業地說，在晶片執行的時候，由於資料或邏輯的不同，內部的電晶體通斷是有區別的，透過這個區別攻擊者可以確定程式內部的資料或指令。而獲取這類區別方法有很多，比如在晶片的 GND 接腳處獲取電壓，透過探針去截取晶片輻射的變化等。像這種透過對加密電子裝置在執行過程中的時間消耗、功率消耗或電磁輻射、存取路徑行為的側通道資訊洩露而對加密裝置進行攻擊的方法就是側通道攻擊。

SGX 側通道攻擊的威脅模型一般假設攻擊者已知 SGX 架構的硬體特性、Enclave 初始化時的程式、資料和相關記憶體分配，包括虛擬位址、物理位址及它們之間的映射關係。有些威脅模型中甚至假設攻擊者知道 Enclave 的輸入資料、觸發條件等。攻擊者的最終目標就是獲取 Enclave 內的程式和資料的資訊，比如加密金鑰、隱私資料等。

側通道攻擊的主要手段是透過攻擊面獲取資料，進而推導獲得控制流和資料流資訊。針對 SGX 而言，Enclave 和 non-Enclave 共用的所有資源都可能成為潛在的側通道攻擊面，如圖 11.10 所示，Enclave 在執行過程中會用到 CPU 內部結構、頁表快取（Translation Lookaside Buffer，TLB）、Cache（相同計算核心之間共用 1 級、2 級 Cache，不同核心共用 3 級 Cache）、記憶體、頁表等，每一個都可以作為 SGX 的攻擊面來進行側通道攻擊。

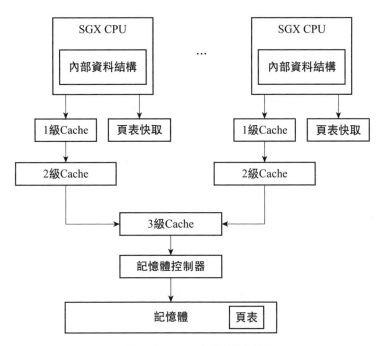

▲ 圖 11.10 SGX 側通道攻擊面

11.5.2 攻擊方法

雖然 SGX 擁有的可能攻擊面僅限於 CPU 和 SGX 邊界，但是正如 11.5.1
小節所述，Enclave 的側通道攻擊面依舊不少。目前已知的 SGX 側通道
攻擊方法包括：以頁表為基礎的攻擊、以 TLB 為基礎的攻擊、以 Cache
為基礎的攻擊、以 DRAM 為基礎的攻擊、以 CPU 內部結構為基礎的攻
擊、混合側通道攻擊等。而未來潛在的新增側通道攻擊方法主要有兩個
方面：第一是發掘新的混合側通道攻擊，比如多種攻擊面結合的側通道
攻擊，透過攻擊更多的攻擊面來增加防禦的難度；第二是發現 Enclave 和
non-Enclave 之間新的共用資源，比如新的未被發掘的 CPU 內部共用結
構，或新架構中的硬體特性，成為新的攻擊面。

本小節將選擇已知攻擊方法中較為典型的幾種進行具體介紹。

1. 以 Cache 為基礎的側通道攻擊

SGX 的安全性主要依賴於硬體，因此，即使作業系統和其他軟體堆疊是惡意的，SGX 中的 Enclave 也可以被有效地隔離和保護。但遺憾的是，Enclave 和 Enclave 之間還會有共用的硬體資源部分，如 Cache。因此 SGX 本身難以抵禦以 Cache 為基礎的側通道攻擊。

針對 SGX 的 Cache 側通道攻擊通常採用 "Prime+Probe" 的方法 [263]：Prime 階段透過讀取大量記憶體中的資料，佔用 Cache 中指定空間集合的所有快取行（Cache Line），將該集合之前的資料驅逐到記憶體中；Probe 階段則監測 Prime 階段讀取的資料是否還快取在 Cache 中。利用這種方法，攻擊者能夠透過存取自身記憶體得到其他 Enclave 使用 Cache 的情況。這一側通道攻擊對 SGX 起效的原因在於，SGX 雖然實現了對不同 Enclave 的記憶體隔離，但是並未對 Cache 進行完全的隔離。

Moghimi 和 Irazoqui 等人實現了一個名為 CacheZoom[264] 的側通道攻擊工具，它利用 "Prime + Probe" 方法，攻擊 1 級 Cache 並收集目標 Enclave 記憶體存取資訊。該方案給攻擊程式分配了一個專用的物理核心，並且減少了被攻擊者在兩個惡意操作系統中斷之間進行的記憶體存取，從而達到了低雜訊的攻擊效果。Brasser 和 Müller 等人同樣提出了一種分配專用物理核心、對 1 級 Cache 執行 "Prime + Probe" 攻擊的側通道攻擊方法 [265]。他們在反覆進行 "Prime + Probe" 攻擊的同時，用高頻性能監控計數器對 1 級 Cache 進行監控，在不中斷 Enclave 執行的情況下完成側通道攻擊。該方案避免了現在已知的側通道攻擊檢測方法，不需要被攻擊者 Enclave 和攻擊者之間的同步。

2. 以頁表為基礎的側通道攻擊

CPU 透過邏輯位址存取處理程式，而記憶體只能辨識物理位址，頁表就是儲存邏輯位址和物理位址之間映射的資料結構。Intel SGX 允許作業系統完全控制 SGX 的頁表，這使得惡意作業系統能夠透過監視頁錯誤準確地知道 SGX 試圖存取哪些記憶體分頁，這就是以頁表為基礎的側通道攻擊。

有研究者根據這一原理，提出了一種專門針對 SGX 的無雜訊側通道攻擊 [266]。他們利用受控通道，能夠從常用的文字處理工具（FreeType 和 Hunspell）中提取其他 Enclave 內的文字檔案，能夠獲得 Enclave 中使用 libjpeg 解壓後的 JPEG 圖型輪廓等。在上述的每種場景中，只要正常執行程式就足以從受保護的應用程式中竊取資料。

同理，Bulck 和 Weichbrodt 等人提出了一種以頁表為基礎的攻擊技術 [267]，它可以在指令粒度上精確地中斷一個 Enclave。並且他們在論文中指出，在針對 Intel SGX 的攻擊中，以頁表為基礎的攻擊比傳統的以頁為基礎的攻擊帶來了更多的威脅。

3. 以 DRAM 為基礎的側通道攻擊

DRAM 通常由 channel、DIMM、rank、bank 等組成。每個 bank 由列、行和行緩衝區組成，行緩衝區用於暫存最近存取的行。存取 DRAM 的方式類似於存取 CPU 的快取，如果要暫存的行已經暫存在行緩衝區中，則直接從行緩衝區讀取，不然就需要先整行載入到行緩衝區然後再次讀取。若行緩衝區中已經快取了另一行，則系統需要在載入新行進行讀取之前替換緩衝區內容。在這些不同的情況下，存取的速度也是不同的。攻擊者可以利用訪存時間差異來判斷當前存取的行是否在行緩衝區中。因此，惡意 Enclave 可以以 DRAM 為基礎的細粒度，對駐留在同一個物理 EPC 中的其他 Enclave 進行側通道攻擊，從而竊取敏感性資料。

11.5.3 安全加固方法

目前，SGX 側通道加固方案的主要目標大致可以分為三類：第一類是弱
點檢測，第二類是阻止攻擊，第三類是攻擊檢測，即在攻擊發生的時候
至少可以檢測到攻擊，這樣就方便操作者去進行干預，從而降低損失。
為了實現上述目標，如今不少研究者已經提出了各自的 SGX 側通道防禦
方案。按照防禦方案的實現手段，我們可以將其分為以原始程式等級為
基礎的側通道防禦、以系統等級為基礎的側通道防禦和以硬體等級為基
礎的側通道防禦等三類。本節將對這三類側通道防禦方法依次介紹。

1. 原始程式等級的側通道防禦

以原始程式為基礎的側通道防禦方案是透過修改原始程式，使得執行程
式具有防禦側通道攻擊的能力。其核心思想是隱藏控制流和資料流。

以 SGX 等為基礎的可信執行環境技術雖然保護了記憶體的實際內容，
但是並沒有針對記憶體位址進行保護。攻擊者可以透過記憶體存取記錄
位址的模式推測出一些原始輸入的資訊或分佈，比如最基本的比較運算
元 $max(x, y)$，執行該運算元時程式會從記憶體中讀取 x、y 兩個變數的位
置資訊輸入給 SGX，在 Enclave 內進行比較運算，運算完成後會產生跳
躍指令，返回較大數的位址。當攻擊者拿到這一系列的記憶體存取行為
後，即使不知道 x 和 y 的具體數值，也可以得到它們的大小關係。

針對這種利用訪存行為來竊取隱私資訊的攻擊手段，有研究者提出了一
系列存取「不經意」方式來保證 SGX 在執行時的側通道安全 [268]。以下
是其中幾個簡單、典型的模糊運算元。

（1）模糊化比較和設定值運算元

對一個普通的比較運算元 max，攻擊者可以透過記憶體存取行為得到 x 和
y 的比較資訊。範例程式如下所示：

```
int max(int x, int y){
   if (x > y) return x;
   else return y;
}
```

而側通道安全 max 運算元經過了模糊化處理，它和普通 max 運算元的最
大區別在於不會直接產生跳躍陳述式，從而曝露執行結果資訊。範例程
式如下所示，程式中透過 ogreater 和 omove 兩個安全運算元包裝了整個
流程：

```
int max(int x, int y){
   bool getX = ogreater(x, y);
   return omove(getX,  x, y);
}
```

① ogreater 會從記憶體中將兩個變數輸入讀取暫存器中，根據輸入產生一
個結果 flag，僅把這個 flag 寫回記憶體。其組合語言程式碼如下所示：

```
mov    rcx, x
mov    rdx, y
cmp    rcx, rdx
setg   al
retn
```

② omove 是將 flag 和兩個輸入再次讀取暫存器中進行條件 move 計算，
其組合語言程式如下所示：

```
mov    rcx, cond
mov    rdx, x
```

```
mov     rad, y
test    rcx, rdx
cmovz   rax, rdx
retn
```

從整個流程來看，無論 x 和 y 的關係如何，記憶體的存取行為不會有任何改變，杜絕了攻擊者從記憶體存取行為反推資料的可能性。

（2）模糊化排序運算元

模糊化排序運算元主要是利用 Bitonic Sorting Network[269] 實現的。Bitonic Sorting Network 可以在固定比較和交換次數下得到排序結果，只需要將網路中的比較和設定值運算元換成上面介紹過的模糊運算元即可以得到模糊化排序運算元。

（3）模糊化陣列存取運算元

保護資料存取行為，最直接的方法就是不管讀取哪一個資料都把陣列中的每個元素掃描一遍，從而實現存取的不經意化。這種情況中，可以迭代使用上述的 omove 運算元去決定陣列中被存取的每一個元素是否需要讀取。

而在針對 SGX 環境的側通道攻擊中，攻擊者往往會關注到快取行（Cache Line）粒度的記憶體存取行為。快取行如圖 11.11 所示，可以簡單地了解為是 Cache 中的最小快取單位，圖中灰色區域表示實際元素佔據的儲存空間。目前最主流的 CPU 中（X86），快取行的大小為 64 位元組，因此在模糊化存取運算元的實作方式中，我們只需要每隔 64 個位元組存取一次即可。這些偽讀取（Dummy Read）保護了陣列記憶體存取的安全性。此外，在 AVX2 SIMD 指令集中存在 vpgatherdd 指令，可以一次性地存取 8 個快取行，利用該指令能夠不經意且高效率地存取陣列在記憶體中的對齊陣列。

顯然，這種以原始程式為基礎的防禦方式在實際操作上其實是將普通程式改寫成側通道無關程式。這是一種 case by case 的方法，需要開發人員在設計程式的資料和操作流的時候，全盤考慮所有的執行流，注意到其中的每個細節，例如邏輯計算的短路操作可能會改變程式執行流程、Enclave 環境編譯時可能會對不執行的位置進行溢位判斷等。然後，要將這些執行流在邏輯實現層統一起來，統一對外表現情況，從而實現程式列為與側通道無關。這是一項繁瑣易錯的工作，並且對側通道攻擊沒有一個通用的防禦實現。

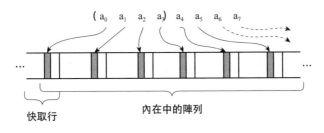

▲ 圖 11.11 快取行示意圖

2. 系統等級的側通道防禦

以系統層次為基礎的防禦方法主要是根據系統特性對側通道攻擊進行檢測和防禦，這類方案的優勢在於，它對側通道攻擊的防禦效果不因 Enclave 內執行程式的更改而故障。其中較為直觀的防禦想法有以下幾種。

（1）隨機化
隨機化技術和上一小節所說的模糊運算元原理類似，同樣是應用在程式的控制流和資料流程上。然而不同的是，這裡的隨機化技術指的是在系統等級對時鐘週期、Cache 映射方法等進行隨機化處理，使得原本的側通道攻擊難以成功或代價增大。這項技術的防禦效果與隨機化粒度、隨機化頻率有關，粒度越細、頻率越高，防禦效果越好，但帶來的負面性能負擔也就越高。

（2）異常檢測

異常檢測期望達到的目標是「讓系統在攻擊發生的時候至少可以檢測到攻擊」，從而及時採取對應措施來減少資產損失，常用的方式有檢測中斷異常、檢測時間異常等。舉例來說，T-SGX 系統[270] 採用了 TSX 技術來檢測中斷和缺頁異常，從而抵禦最原始的受控通道攻擊，但是這種方法對不引起 Enclave 非同步退出事件（AEX）的側通道攻擊不起作用；而 Sanchuan Chen 等人提出的 DéjáVu 系統[271] 使用了 TSX 技術來保護 Enclave 的時鐘，如果攻擊者的行為中斷或減緩了 Enclave 內程式的執行，該系統就可以利用時鐘檢測出 Enclave 時間上的異常，這類方法目前仍較為有效，因為大多側通道攻擊仍難以避免地會降低 Enclave 執行效率。

（3）Cache 隔離

在 SGX 環境中進行系統等級的 Cache 隔離，目前沒有非常成熟的技術方案。但是在雲端運算平台上已經有了類似的實踐──Intel CAT。CAT 是 Intel 推出的一項高速快取分配技術。利用該技術，可以在系統資源排程中實現對 Cache 的粗粒度隔離，為單一處理程式提供一個動態隔離出的 Cache，當處理程式結束後該隔離 Cache 可以被收回，從而防禦以 Cache 為基礎的側通道攻擊。Intel 提供了一個開放原始碼工具套件支援使用者直接偵錯 CAT，登入 GitHub 官網搜索 "intel-cmt-cat" 即可獲取。但是，在 SGX 中應用該技術存在一個很大的障礙：Enclave 在使用者空間無法有效地檢測或驗證 CAT 的設定。

3. 硬體等級的側通道防禦

在硬體層面增強隔離性從而減少甚至消除 SGX 攻擊面可以說是一種終極的解決方案。然而如果直接遵循這個想法，我們將顯著增加硬體複雜度，替功耗和性能帶來極大的負面影響。因此，較為實用的方案是不改變或較少地改變主要的 CPU 模組，可以在模組的介面處增加硬體並輔助以安全、強大的軟體隔離，來實現側通道防禦。Sanctum[272] 就使用了這種想法，對平行執行和共用資源的軟體進行了強可證明的隔離，使增加的負擔十分合理。但是它所做的嘗試在更新的研究中被指出保護效果不夠徹底，仍然有遭受攻擊的可能。因此，硬體等級的側通道防禦方案還有待進一步探索。

11.6 本章小結

本章以 SGX 為例，對以 TEE 為基礎的隱私保護機器學習系統的技術原理、開發方式、應用實例、叢集化方案及側通道攻擊等方面進行了介紹。可信執行環境提供的隔離控制和安全儲存能力，與單純以密碼學為基礎的機器學習隱私保護方案相比，提供了在性能上更多的突破可能。但同時，以 TEE 為基礎的隱私保護機器學習系統在實用性和側通道防禦方面仍存在較大不足，有待進一步的關注和研究。

● 11.6 本章小結

安全多方計算編譯
最佳化方法

本章將介紹安全多方計算中的編譯最佳化方法，首先將對安全多方計算編譯器的背景及現狀介紹；其次重點介紹在部署安全多方計算協定的過程中，從非線性閘數目最小化和深度最小化電路的角度考慮，將應用程式層級的高階語言編譯為布爾電路的兩類編譯最佳化方案。

12.1 安全多方計算編譯器現狀

雖然在 20 世紀 80 年代安全多方計算理論就已經被提出，並且在資訊技術高速發展的近數十年間，其具有顯而易見的潛力，但是在長時間內安全多方計算都只被認為是一個純粹的理論概念。這在很大程度上是因為要在安全多方計算的密碼學協議上實現完整的應用程式並不是一件容易的事情，安全多方計算的實現如混淆電路協定等通常是從布林電路層面上建構的。這不但需要密碼學方面的理論知識，還必須具備硬體設計方

面的專業背景。因此，安全多方計算的實現就成為了一個複雜、易錯且
耗費時間精力的工作。

當然，隨著相關研究的推進，安全多方計算也慢慢地從理論走向了實
踐。一方面，諸如 free-XOR、半電路技術和其他電路最佳化方法的出現
顯著降低了安全多方計算的負擔（包括多方的通訊負擔與本地的運算負
擔），為其實用化奠定了基礎；另一方面，大量通用安全多方計算編譯器
的出現也提供了平台，這些編譯工具致力於為從業者提供編譯無關的針
對進階程式語言的安全多方計算環境，從而大大降低了安全多方計算的
使用門檻。有些編譯器整合在安全多方計算框架之中，而有些編譯器提
供了獨立於安全多方計算框架的編譯服務。

安全多方計算編譯器是推進安全多方計算協定實用化的關鍵技術支撐。它
不但可以大大降低密碼學專家設計並實現自訂協定的難度，還有利於協
定的使用者快速部署安全多方計算協定。通用安全多方計算編譯框架通
常遵循類似的一般方法：首先將其專用的高階語言編寫的程式轉化成電
路表示，然後在執行該電路時執行安全多方計算協定並最終產生輸出。
另外，一些編譯器還在第一步中加入了安全多方計算的專用最佳化，從
而生成執行效率更高的最佳化電路。本節將對近年來出現的專用和通用
安全多方計算編譯器進行簡要的介紹。

Obliv-C[273] 在 2015 年由 Samee Zahur 和 David Evans 提出，它是一個執
行雙方混淆電路協定的 C 語言的嚴格擴充，它在繼承 C 語言全部特性的
基礎上增加了新的 Obliv 預設私密類型。Obliv-C 的設計目的是為開發
人員提供能夠直接定義受保護資料和操作的進階程式設計介面，從而程
式設計人員可以直接使用經過電路最佳化過的計算函數庫而不需要親自
訂製電路。ObliVM 框架 [274] 編譯的是一種叫作 ObliVM-lang 的類 Java

語言，並且支援兩方的混淆電路協定，它的目的也是提供一個能夠將抽象的進階語言編譯成安全多方計算電路的直觀程式設計介面，從而使得開發人員能夠更簡便地部署安全多方計算程式。這一框架於 2015 年由 Chang Liu 等提出。EMP 工具套件 [275] 是 Xiao Wang 等人於 2017 年提出的以混淆電路協定為基礎的安全多方計算框架，該工具套件的核心功能包括了一個不經意傳輸（OT）函數庫、私密類別和一些自訂的協定實現。TinyGarble[276] 是 Ebrahim M. Songhori 等人提出的能生成對於混淆電路協定具有更高執行效率的硬體電路生成工具，它的目的是將傳統的硬體合成工具最佳化並使其能夠生成安全多方計算協定所對應的電路。Frigate[277] 是 B. Mood 等人於 2016 年提出的安全多方計算編譯器，它能夠將一種類 C 語言編譯成布林電路的表示形式，在該框架中，所有的操作都預設是私密的。此外，Marcella Hastings 等人 [278] 在 2019 年對當時存在的安全多方計算實現方案與通用安全多方計算編譯器進行了詳盡整理和分析，為相關研究人員了解該方向的研究進展和問題提供了極大便利。

另外，我們將在本章著重介紹 CBMC-GC[279] 和 ShallowCC[280] 這兩種安全多方計算編譯器。CBMC-GC 是 Holzer 等人於 2012 年提出的。CBMC-GC 的實現以有界模型檢驗器 CBMC 為基礎，能夠從 ANSI-C 編譯出以混淆電路協定為基礎的布林電路。CBMC-GC 對於程式的編譯中加入了對於安全多方計算協定的最佳化，例如生成的布林電路中包含盡可能少的非線性閘，這是因為在安全多方計算中線性閘（互斥或閘）的運算負擔可以忽略不計，即 free-XOR 技術。我們將在「非線性閘數目最小化」這一節中詳細介紹 CBMC-GC 如何將初始電路最佳化為對安全多方計算來說負擔更小的非線性閘數目最小電路。ShallowCC 也是能夠將 ANSI-C 編譯成布林電路的安全多方計算編譯器，它在 2016 年由 Niklas

Buescher 等人提出。ShallowCC 的實現以 CBMC-GC 為基礎,但是與之不同的,ShallowCC 在最佳化生成的電路時應用了更多使電路深度最小化的最佳化方案,從而降低了計算各方之間的通訊輪數,因此 ShallowCC 對於以非恒定輪數執行的安全多方計算協定,比如 GMW、SPDZ 等協定更加友善。本章將在「深度最小最佳化方法」這一節中對 ShallowCC 中採用的一些電路深度最佳化技術進行更詳細的說明。

值得注意的是,以上所提到的所有安全多方計算框架和編譯器都只是學術層面的研究成果,雖然它們實現了安全多方計算在便捷部署和高效執行等方面不同程度的最佳化,並且能夠順利執行一系列範例程式,但是目前還不足以使得安全多方計算協定在專案上順俐實踐實施,這一現狀仍需要未來更加通用、有效、便捷的安全多方計算編譯器來解決。

12.2 非線性閘數目最小化

在第 3 章中對姚氏混淆電路協定的介紹中已經提到,對於使用 free-XOR 方法進行最佳化過的混淆電路,只有非線性閘需要各方之間的通訊及加密解密操作的負擔,而線性閘(互斥或閘)可以認為是沒有負擔的。我們可以認為,安全多方計算電路的執行時間主要取決於其中非線性閘的數量。因此,混淆電路協定及其他以恒定輪數執行的安全多方計算協定編譯電路的主要目標是最小化非線性閘的數量。另外,即使線性閘的負擔相對非線性閘可以忽略不計,但是對應運算負擔還是必然存在的。所以在進行非線性閘的數量最小最佳化的同時,避免不必要的線性閘增加也是需要注意的。在這一部分,首先介紹了一些基礎運算部件的電路實現方法,這是因為我們需要關注它們之中的非線性閘數量,接下來,以 CBMC-GC 為例,介紹其在實踐中最佳化減少非線性閘的方法。

12.2.1 基礎運算模組

針對生成電路中的每個運算模組進行最佳化是減少整個電路中非線性閘數量的重要方法，這一過程的主要目的是用更少的非線性閘實現各個基礎運算模組，接下來將簡介各主要運算模組的主流最佳化方法。

加法器　一個 n 位元加法器的輸入是兩個由長度為 n 的位元串表示的有號整數，輸出是一個長度為 $n+1$ 的位元串。加法器由更小的模組半加器（Half Adder，HA）與全加器（Full Adder，FA）組成。半加器是一個組合電路，它的輸入是兩個位元 A、B，輸出是它們的互斥和 $S = A \oplus B$ 及進位 $C_{out} = A \cdot B$。而全加器的輸入有一個額外的輸入 C_{in}，輸出互斥和 $S = A \oplus B \oplus C_{in}$，進位 $C_{out} = (A \oplus C_{in}) \cdot (B \oplus C_{in}) \oplus C_{in}$。

可以看到全加器和半加器非線性閘數量都是 1，標準的 n 位元加法器是瑞波進位加法器（Ripple Carry Adder，RCA)，這種加法器的實現方式是將多個全加器簡單地串聯起來，從而瑞波進位加法器的非線性閘數量為 n。對於實際中的程式語言，由於資料類型的位數限制，最高位元的進位視作溢位不予輸出，所以非線性閘總數減 1。

減法器　兩個 n 位元整數 x 和 y 的減法可以轉化為 x 與 $-y$ 的補數的加法：$x - y = x + \bar{y} + 1$，顯然這一轉換相比加法器需要一個額外的非線性閘。

比較器：相等比較器（Equivalence，EQ）的輸入是兩個長度為 n 的位元串表示的整數，輸出一個表示是否相等的單位元，相等比較器可以透過對兩個輸入位元串逐位元互斥後再逐位元進行或運算實現，因此其非線性閘的數量為 $n-1$。而大小比較器（Greater-than，GT）的輸出位元表示兩個整數的大小關係，它的實現借助於減法器，對兩個整數做減法，因此其對應的非線性閘數量也是 n。

乘法器（Multiplier，MUL）：在硬體綜合領域，標準的乘法器的輸入是兩個 n 位元整數 x 和 y，輸出是長度為 $2n$ 位元的整數，但是程式語言中，乘法操作的結果往往要求與輸入整數的長度相同。標準的乘法計算方法，可以表示為 $\sum(X_i \cdot y \cdot 2^i)$，可以看出，一個標準的乘法運算需要 n^2 個與運算、$n-1$ 個加法運算和 $n-1$ 個移位運算，所以其中一共有 $n^2+(n-1)n$ 個（$2n^2-n$ 個）非線性閘。而當進行 n 位元輸出位元的乘法運算時，只有一半的位元參與了運算，其非線性閘數量減少到 n^2-n。

多工器（Multiplexer，MUX）多工器的輸入是 m 個長度為 n 的位元串，記為 X^0 和 X^1，輸出是輸入當中的，除此之外它還包括一個選擇位元 C，選擇位元決定了輸出哪一個輸入位元串。對於一個 2：1 的多路重用器，Kolesnikov 與 Schneider 提出了一個每位元只需要一個非線性閘的實現方案。輸出 O 由 $O=(X^0 \oplus X^1) \cdot C \oplus X^0$ 計算，可以看到，當 C 為 0 時，輸出 O 等於 X^0，當 C 為 1 時，輸出 O 等於 X^1，所以對於輸入為兩個 n 位元位元串的多工器，其需要的非線性閘數量為 n。更進一步，對於 $m:1$ 的多工器，可以使用多個樹狀聯結的 2：1 多路重複使用器及 $\log_2 m$ 個控制位元建構，其需要的非線性閘數量為 $(m-1)n$ 個。

12.2.2 非線性閘數量最小化最佳化方案

有了上述的基礎的運算模組，就可以將目標程式轉化為對應的電路，但是這時生成的電路還不是非線性閘數量最小的電路。因此在將所有運算模組實體化並建構出整個電路後，還需要再進行最佳化以進一步減少非線性閘的數量。

本部分主要參考 Holzer 等人於 2012 年提出的 CBMC-GC 的安全多方計算編譯器的工作過程。CBMC-GC 的實現以模型檢驗工具 CBMC 為基礎，並將該工具應用到了混淆電路協定的實現中。CBMC 的本來用途是驗證 ANSI C 編寫的程式是否滿足指定的性質，它能夠將目的程式轉化為布林運算式，再使用 SAT 求解器驗證該布林表達式在指定條件下是否可解。CBMC-GC 借鏡了 CBMC 中將程式轉化為電路的功能，並在該電路上進行盡可能減少非線性閘數量的最佳化，從而自動生成非線性閘數量最小的電路。我們在本部分主要討論 CBMC-GC 從初始電路生成非線性閘數量最小電路的最佳化方法。

首先，初始電路會被轉變為一個只包括及閘和反閘的 AIG（AND-Inverter Graph）圖，在該圖中，所有與及閘不同的門都會被轉變為由及閘與反閘組成的布林等效表示。舉例來說，一個互斥或閘 $X \oplus Y$ 可以表示為 $\overline{\overline{X} \cdot \overline{Y}} \cdot \overline{X \cdot Y}$。當生成 AIG 圖時，如果某個新增加的及閘節點的輸入導線存在常數，則可將該節點簡化。舉例來說，某個節點輸入為 X 和 Y，若其中 X 為常數 0，則顯然無論 Y 的設定值是多少，這一節點的輸出都會是 0，因此可以直接刪除這個節點，將其變為一個代表常數 0 的邊；若 X 為常數 1，則該節點的輸出一定是 $1 \cdot Y = Y$，所以可以同樣刪除這個節點並將其替換為代表 Y 的一條邊。

另外，結構雜湊（Structural Hashing）也被應用於檢測和替換子圖，如果某些子圖被發現與先前存在的子圖具有同樣的輸入的功能，那麼可以替換。同理，如果某個新增加的節點具有和其他已知節點相同的輸入，那麼可以直接將該新節點替換。AIG 圖層面的轉化和最佳化可以有效減少整個電路的容錯重複部分，精簡電路結構。

這之後需要執行的是一個非常重要的操作：電路重新定義。這一階段採取貪婪策略將 AIG 圖生成的電路替換並最佳化為非線性閘最少的電路結構。對於子電路的重新定義要求在不改變其功能和輸入的條件下，將初始電路模組替換成使用更多線性閘和更少非線性閘的電路模組。這是 CBMC-GC 最佳化電路相當重要的步驟，一方面，它負責將上一步 AIG 圖中全部由及閘和反閘組成的結構轉化為具有盡可能少非線性閘的電路。另一方面，它負責將一些安全多方計算專用的最佳化應用到電路中去，從而達到對安全多方計算更加友善的最佳化目的——盡可能減少電路中的非線性閘。除此之外，在上一步生成 AIG 圖時應用的節點簡化策略實際上也可以看成一種電路的重新定義。在這一過程中，首先所有的邏輯閘電路按照其拓撲結構排序，隨後用最佳化過的電路模組與其進行迭代比對，當比對成功並且替換能夠實現電路最佳化時，才會發生實際上的重新定義。用於替換的重新定義電路範本是由開發者手動建立的，這其中主要包括一些線性閘、非線性閘、常數之間的相互轉化。舉例來說，將 $(A \cdot B) \oplus (A \cdot C)$ 重新定義為 $A \cdot (B \oplus C)$，將 $A \oplus \overline{A}$ 重新定義為常數 1，將 $\overline{A} \oplus \overline{B}$ 重新定義為 $A \oplus B$ 等。

SAT 求解器也被用於 CBMC-GC 最佳化電路的方案中。由於執行 SAT 求解器運算負擔較大，因此 CBMC-GC 並不一直使用它。對於不同的子電路，首先會對其多次輸入不同值並監測其輸出，如果某些電路對所有輸入的輸出互相一致，那麼認為它們之間可能是等效可替代的；如果某一電路在所有輸入下都產生相同的輸出，那麼認為它的輸出可能就是一個常數。在此基礎上，對疑似具有等效可替代性和疑似輸出常數的子電路執行 SAT 求解器進行驗證。相比於電路重新定義，SAT 方法負擔較大，因此只有在電路重新定義無法進一步改善電路時才會嘗試使用 SAT 求解器方法。

12.3 深度最小最佳化方法

混淆電路協定能夠以恒定的輪數執行，因此我們考慮的主要是減少其中非線性閘的數量。但是對於許多其他安全多方計算協定，比如 Goldreich 等提出的 GMW 協議、Ben-Or 等提出的 BGW 協定等，其執行輪數並非恒定，而是隨著電路的深度而增加的。對於這類協定，電路的深度大小直接影響了其執行時期的通訊負擔，電路的每一層都表示參與運算的機器需要傳輸、等待、接收資料。事實上，非線性閘在單核心 CPU 上通常能夠以每秒千萬級的速度進行運算，而現實中的通訊延遲經常以數十甚至數百毫秒計，不但如此，運算資源和通訊頻寬限制還可以透過平行計算和並發通訊進行解決，但是位於不同層級的電路間通常具有依賴關係，從而無法執行平行最佳化。比較可以發現，相對算力和頻寬而言，網路延遲時間是最關鍵和難以解決的限制。在這樣的背景下，協定的執行輪數就成為了安全多方計算協定走向實用最主要的瓶頸，在本部分，我們將分別從程式層面、算術模組層面及邏輯閘電路層面，依次討論最佳化安全多方計算協定生成電路深度最小化的最佳化方法。

12.3.1 程式前置處理

在進行邏輯閘電路層級的深度最佳化之前，在原始程式碼層面就可以進行一些能夠有效縮減電路深度的操作。

我們可以將對於多個變數或陣列之間的操作由順序操作最佳化為樹狀執行。實際上，這一思想貫穿了深度最佳化電路編譯過程中的各個層級。它能夠在保持不增加非線性閘數量的同時，透過並存執行顯著降低電路深度。以 n 個變數的加法操作為例，如圖 12.1(a) 所示，$O=\text{SUM}(\text{SUM}(\text{SUM}(A,B),C),D)$ 最簡單的做法是將每個變數依次相加，這

需要 $n-1$ 個加法操作，同時每次相加都有一個輸入依賴於上一步操作的輸出，因此其總深度為 $n-1$。

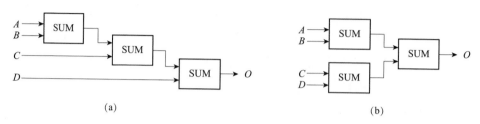

(a)   (b)

▲ 圖 12.1 幾個變數的加法操作

但是，我們可以使用相同數量的加法門及更小的深度來完成同樣的操作，如圖 12.1(b) 所示，$O=$SUM(SUM(A,B),SUM(C,D))，如此 SUM(A,B) 和 SUM(C,D) 可以並存執行，這就將一個線性深度的操作最佳化為了對數深度。

類似的操作還可用於求多個變數和陣列的極值或複數的乘法運算。可進行上述平行最佳化的操作在程式中往往表現為循環，因此，實際上平行最佳化的過程就是檢測並用平行電路替換循環敘述和變數的過程。有多種工具可供我們執行這一過程，舉例來說，Pips 框架可以檢測並標注原始程式碼中能夠有效平行化的循環敘述。OpenMP 是可用於 C 語言的共用記憶體多處理器平行程式設計的應用程式設計發展介面。

值得注意的是，雖然理想情況下最佳化前後的程式應當具有相同的功能，但是當發生整數溢位的情況時，採用平行最佳化可能並無法得到預期中的結果，這是因為平行最佳化實質上改變了變數間運算的執行順序，這在特定情況下會帶來意料之外的結果。

12.3.2 進位保存加法器（CSA）與進位保存網路 （CSN）

1. 進位保存加法器（CSA）

1965 年，進位保存加法器（Carry-Save Addition，CSA）由 Earle 等人提出，進位保存加法器是一種能夠顯著增加不少於 3 個整數的加法運算的快速加法器。其主要思想可以透過 3：2 進位保存加法器進行說明：對於 3 個整數 A、B、C，它們三者之和可以用 $A+B+C=S+K$ 來表示，其中 S 是三者的簡單互斥和 $S=A \oplus B \oplus C$，K 是每個位元進位保存下來組合得到的結果，圖 12.2 列出了一個 A、B、C 均為 4 位元二進位整數時 3:2 進位保存加法器的運算過程。

```
A     1 0 1 1
B +   0 0 1 1
C +   0 1 0 1
─────────────────
S     1 1 0 1
K   0 0 1 1 -
─────────────────
    1 0 0 1 1
```

▲ 圖 12.2 3：2 進位保存加法器

接下來我們對採用進位保存加法器的多變數加法和標準的多變數加法進行比較，這裡我們預設在進行兩個整數相加時使用的是標準的瑞波進位加法器，對於 n 位元的兩個整數相加，其需要的非線性閘數量為 n，電路深度為 $n-1$，因此自然地，3 個整數使用標準瑞波進位加法器進行依次相加，其電路深度為 $2n-2$。而對於進位保存加法器，其互斥和的第 i 個位元 $S_i=A_i \oplus B_i \oplus C_i$，進位和第 $i+1$ 個位元 $K_{i+1}=A_i \cdot B_i \cdot C_i=(A_i \oplus C_i) \cdot (B \oplus C_i) \oplus C_i$，這裡與標準加法器的區別在於在生成進位和的時候，高位元生成不需要依賴來自低位元的進位，也就是說可以平行生成進位和 K，這一步非線性閘的深度只有 1。對於 3：2 進位保存加法器，生成輸出和的最後一步是對互斥和與進位和進行標準加法，因此其電路深度總共為 n。

2. 進位保存網路（CSN）

更進一步地，我們可以使用多個 3：2 進位保存加法器組成更複雜的進位保存網絡（Carry-Save Networks，CSN）來處理多於 3 個整數的輸入。這時每個 3：2 進位保存加法器的輸出 S，K 不需要立即相加，而是與下一個原始 D 輸入一起，共同作為下一個 3：2 進位保存加法器的輸入，依此類推，當進行到最後一步時才對最後一對互斥和和進位和執行加法運算，如圖 12.3 所示。

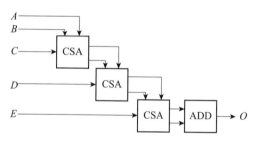

▲ 圖 12.3 進位保存網路（Carry-Save Networks，CSN）

容易看出，對於 m 個整數的加法，可以透過 $m-2$ 個進位保存加法器與 1 個瑞波進位加法器組成的進位保存網路實現，其中 $m-2$ 個進位保存加法器的非線性邏輯閘電路深度取決於參與計算的變數數目。更進一步地，最後一步互斥和與進位和的加法也可以透過更有效率的加法器而非最基礎的瑞波進位加法器進行最佳化。

總之，進位保存網路在處理多個數相加時對減少非線性閘深度和增加運算速度卓有成效，因此在編譯中對順序加法進行檢測並用進位保存網路替代是十分有價值的。但是,在實際運算中,電路的尺寸往往達到數十億個門的程度,因此要在邏輯閘電路的等級上對順序加法電路進行模式比對與電路替代是一件困難的工作。與之相對的是,我們可以在這些敘述轉換到邏輯閘電路等級之前檢測並直接生成最佳化過的電路。

2016 年,Niklas Buescher 等人在 CBMC-GC 的基礎上提出了將 ANSI C 語言轉為深度最小化電路的 ShallowCC 編譯器,其中包含了分析、檢測並替代連續算術運算的演算法。這是一種由兩部分組成的貪婪演算法。首先,將對所有的輸入和輸出變量及對應操作進行廣度優先搜索,當找到算術設定陳述式時,再啟動第二個演算法回溯辨識前面所有的算術操作,當出現不屬於加法及乘法的操作時停止第二個步驟。當確定了一個算術設定陳述式之前所有輸入變數及可替換的操作後,該敘述包括的算術操作就可以被進位保存網路替換。在替換結束後,檢測演算法將繼續執行並替換接下來的算術操作。Niklas Buescher 等人還提到,使用 ShallowCC 中的進位保存網路替換演算法時,其最終生成的電路是深度最小化而往往不一定是非線性閘數量最小化的。事實上某些敘述產生的中間輸出可能被多次使用,當其在某路徑上的最佳化過程中被隱藏後,在其他路徑嘗試呼叫該中間輸出時將增加額外的負擔。

Niklas Buescher 等人還提到,進位保存網路不僅適用於加法,也可用於乘法和減法。這是因為,乘法操作的內部實現本質上就是所有部分級的加和,而減法可以看作是被減數與減數負值補數的加法。因此進位保存網路在電路深度最佳化方面可以發揮廣泛而良好的作用。Niklas Buescher 等人使用 5*5 的矩陣乘法驗證了這一點:使用進位保存網路最佳化電路能降低超過 60% 的電路深度。

12.3.3 基礎運算模組改進

平行字首加法器（PPA）：上文中曾經提到的瑞波進位加法器雖然實現簡便，但是對於兩個長度為 n 位元整數 x 和 y，它由 n 個順序連接的全加器組成，非線性閘的數量和電路深度均為 n，這是因為其中的每個位元的輸出結果都依賴於低一位元的進位，從而需要逐位元循序執行。平行字首加法器（Parallel Prefix Adder，PPA）是一種更高效的加法器，在電路設計領域被廣泛應用。

平行字首加法器引入了進位生成訊號 g_i 及進位傳遞訊號 p_i，對於相加的兩個整數，有 $g_i=x_i \cdot y_i$，$p_i=x_i \oplus y_i$，並且由此可以推斷第 i 個位元的進位 $c_i=g_i \vee p_i c_{i-1}$，進一步將其遞迴地展開，可以將 c_i 展開為由每一位元的 g 和 p 表示的運算式，這樣每一位元加法運算的進位就不再相互依賴，而是可以由預先計算好的 g_i 和 p_i 的與運算和或運算表示，這是超前進位加法器（Carry Look-ahead Adder，CLA）的工作原理。平行字首加法器本質上是使用樹狀結構進行最佳化的超前進位加法器，它將第 i 位元到第 j 位元的所有運算視作一個整體，並將這個整體的進位生成訊號和進位傳遞訊號表示為 $g_{i:j}$ 和 $p_{i:j}$，並且證明了從單位元的進位生成訊號和進位傳遞訊號組合生成整體的訊號的這一過程滿足交換律，這樣就可以透過樹狀結構平行地生成每一層級的子訊號，這一最佳化方案將加法器 n 的深度轉變成了 $\log_2 n$，因此對安全多方計算多輪協定實現的最佳化也非常重要。

減法器：與上文中提到的一樣，減法可以透過對減數與被減數取負的補數做加法運算進行計算，因此上述對於加法器的最佳化可以同樣應用於減法。

比較器：相等比較器和大小比較器的實現原理已經在前文仲介紹。對於多個輸入的相等比較器，我們同樣可以使用平行的樹狀結構，這雖然不能減少其非線性閘的數量,但是可以將其深度降低為輸入數量的對數,多工器也同理能夠得到電路深度上的最佳化。而大小比較器的實現由於借助於減法器,因此也能使用加法器的最佳化方法。

乘法器 $n*n$ 乘法器的最佳化可以借助前文中提到的進位保存加法器和平行字首加法器。由於乘法器的實現本質上是 n 個部分積的和,所以在求和的過程中可以使用進位保存加法器,而最後生成的互斥和與進位和的相加可以使用平行字首加法器進行最佳化。逐位元元元相乘並得到部分積的過程由於可以平行執行因此其電路深度為 1,而使用進位保存加法器求和過程的深度取決於進位保存加法器組合的方式,當使用 Wallace 於 1964 年提出的樹狀結構時,這一求和過程的深度可以縮減至 $\log_2 n$。同理,在最後階段二者相加的電路深度也取決於平行字首加法器的電路深度。

12.3.4 邏輯閘電路等級深度最佳化

與 12.2 節中生成非線性閘數量最小電路的最佳化方法類似,生成深度最小電路也需要進一步在邏輯閘電路層面上進行最佳化,本小節以 ShallowCC 為例簡介其與 CBMC-GC 編譯器的不同。

由於 ShallowCC 是在 CBMC-GC 的基礎上額外進行了深度最佳化的編譯器,因此,其主要最佳化流程與 CBMC-GC 類似,也使用了結構雜湊和 SAT 掃描等方法,因為這些方法本質上都是在降低整個電路的複雜度,所以同樣對降低電路深度具有積極作用。ShallowCC 主要在電路重新定義階段進行了針對性最佳化。與 CBMC-GC 重新定義的電路不同,ShallowCC 中往往需要重新定義深度更大,包括到的輸入變數也更多的電路,這是因為 ShallowCC 中的電路重新定義包括了很多對於多變數順序運算的樹狀最佳化。另外，CBMC-GC 中的對於電路的辨識和比對是以固定模式為基礎的，但是 ShallowCC 對於順序運算序列的檢測則需要更加靈活，如 $A+B+C+D$ 與 $A+(B+(C+D))$，應當被最佳化為同樣的樹狀結構。最後最佳化循環停止的條件也應該對應改變：當演算法不能進一步最佳化電路中非線性閘的數量和深度時，演算法終止。

12.4 本章小結

本章以近期提出的 CBMC-GC 與 ShallowCC 編譯器為例，從非線性閘數目最小和深度最小兩方面介紹了根據安全多方計算協定執行特性針對性最佳化的編譯方案。雖然，它們相對一般通用編譯器在執行安全多方計算應用時都獲得了顯著成果。但是當需要執行工業領域中資料和通訊量龐大的複雜機器學習演算法時，迄今為止提出的最佳化方案還無法完全解決更準確快速的性能要求與足夠安全的多方計算帶來的額外負擔之間的客觀矛盾。這仍有待更加有效和完整的編譯最佳化方案的提出和實際應用考驗。

CHAPTER

13

複習與展望

本章將對全書內容做一個複習,並介紹隱私保護機器學習所面臨的挑戰以及未來展望。

13.1 本書內容小結

機器學習的高速發展,正影響著我們生活的各方面,推薦系統、無人駕駛、圖型辨識等技術所帶來了許多便利。而在這個巨量資料時代,隱私洩露問題越發引起人們的擔憂,如何進行隱私保護成為當前一個重要的課題。在這樣的背景之下,本書詳細介紹了隱私保護機器學習的原理、應用和挑戰,希望能與對該領域感興趣的讀者分享自己有限的知識。

本書的第 1 章引言部分,介紹了相關的背景知識,包括人工智慧的發展歷程、人工智慧在隱私保護方面的不足、隱私保護相關法規,以及機器學習中常用的隱私保護技術。可以説,當前的現狀正凸顯出將隱私保護技術應用於機器學習的必要性。

本書的第 2 ～ 4 章是基礎知識的介紹。第 2 章對機器學習做了一個簡要的介紹,第 3 章闡釋了隱私保護技術的基本原理,第 4 章對隱私保護機器學習所面對的場景做了必要的定義。

第 5 ～ 12 章屬於隱私保護機器學習的具體應用。第 5 章私有集合交集技術,介紹了如何在保護隱私的情況下,求解兩個集合的交集。第 6 章中,我們對以 MPC 為基礎的機器學習平台做了詳細的介紹,並比較了各個平台的優缺點。第 7、8、9 章分別講解了如何將隱私保護技術應用於線性模型、樹模型和神經網路。第 10 章介紹了用隱私保護機器學習技術來建構推薦系統的詳細原理。第 11 章詳細介紹了可信執行環境 TEE。第 12 章介紹了對 MPC 編譯器的最佳化方法。

總而言之,本書涵蓋了隱私保護機器學習的很多方面,希望在保證廣度的同時不乏深度,在接近具體應用的同時也闡明技術原理,既能夠為讀者提供該領域的概覽,也能夠為想研究該領域的同好、學生講解技術細節。

13.2 挑戰與展望

本書的最後,我們複習一下隱私保護機器學習所面臨的挑戰,而如何應對這些挑戰也就是該領域的未來展望。我們將從技術層面和社會層面分別説明。

13.2.1 技術層面

從技術層面來講，隱私保護機器學習的各項技術在實踐上均不成熟，且技術突破的難度較大。正如前面介紹的，目前在這個方向上，有多方安全計算、可信執行環境、差分隱私等多種技術路線，每種技術都各有其優缺點，只能在特定場景下，滿足應用需求。比如多方安全計算，由於引入了複雜的密碼學計算，導致計算複雜度非常高，計算效率低，使得該技術只能支援中小規模的資料。而這些技術面臨的問題，本身都是學術界與產業界尚未攻克的難題，很難在短期內有大的突破。

由於以上原因，導致目前業界各家技術公司都有其不同的技術方案選型，各家技術在安全性、功能、效率等方面參差不齊，對使用者心智的建立和產業的規範化發展造成了不良的影響。所以，建立技術標準，劃定安全等級也是隱私保護機器學習技術發展的重要挑戰。

未來技術發展的方向上，高效率、標準化、國產化將是隱私保護機器學習發展的重要趨勢。按照市場規律，高效率、節省社會總成本的技術更具有生命力，隱私保護機器學習技術的發展也會遵從這一規律。在安全性滿足條件的前提下，高效率的技術方案會從許多方案中脫穎而出。隨著產業的發展，使用者對隱私計算的認識會越來越深入，業界對相關技術的評價和應用場景會逐漸達成共識，技術標準會成為各家技術供應商的統一尺規。

13.2.2 社會層面

尊重個人隱私，保護隱私安全，不僅需要技術的不斷進步，還需要立法、監管等方面相配合。本小節就從社會層面談一談隱私保護機器學習的展望與挑戰。

人工智慧（機器學習）技術的發展日新月異，但法律法規常常是針對人工智慧實踐應用時出現的問題才出台的。因此，人工智慧的法制化不可避免地有一定的落後性。我們應該承認這種落後性，同時，也正因這種落後性才給各種新興技術提供了發展空間。在立法原則方面，可以借鏡美國、歐盟的相關立法舉措，確保法律的明確性和可操作性，放眼未來，發揮法律法規規範秩序、懲罰犯罪、保障人民的長遠作用，但又要儘量避免對人工智慧創新性的抑制。

針對人工智慧中的隱私保護問題，相關的立法工作應當包含以下幾個主要方面。一是明確個人隱私的範圍，明確哪些資料屬於個人隱私，哪些資料不屬於個人隱私，推進資料安全分類分級管理。二是明確人工智慧產品中的主體責任，需要明確設計者、生產者、營運者、使用者所需要承擔的法律主體責任，為追責提供依據。三是明確對不同違法行為的量刑輕重，使得執法過程中有法可依。

完善立法的同時，還需要適時完善行政監管的機制。不同國家和地區在人工智慧監管想法方面有所不同。美國鼓勵企業在公開、透明、公平、安全的前提下，更廣泛地應用人工智慧技術。歐盟就傾向於更嚴格的監管，歐盟委員會曾考慮過在未來三到五年內禁止公共場所使用人臉辨識。最後，由於人工智慧迅速的發展，在應用時不可避免地產生一些問題，這難免引起公眾產生對新興技術的恐慌。因此，應當充分利用各種媒體做好宣傳科普，以更通俗易懂的語言解釋清楚各種技術的原理，降低新興技術的神秘性，使得公眾對新技術有更高的接受度，也尊重公眾的知情權。同時，也要開展智慧時代下的安全防範教育，培養公眾的防範詐騙能力和隱私保護意識。

APPENDIX

A

參考文獻

[1]   "Regulating the data economy: The world's most valuable resource,"
        The Economist, 2017.

[2]   Newell, A., & Simon, H. (1956). The logic theory machine—
        A complex information processing system. IRE Transactions on
        information theory, 2(3), 61-79.

[3]   F. Rosenblatt, "The Perceptron: A Perceiving and Recognizing
        Automaton," Report 85-60-1, Cornell Aeronautical Laboratory,
        Buffalo, New York, 1957.

[4]   Buchanan, B. G.; Shortliffe, E. H. (1984). Rule Based Expert
        Systems: The MYCIN Experiments of the Stanford Heuristic
        Programming Project. Reading, MA: Addison-Wesley. ISBN 978-0-
        201-10172-0.

[5]   Breiman, L., et al."Classification and Regression Trees (CART)."
        Biometrics 40.3(1984):358.

[6]   Quinlan, J. R.(1993)."C4.5: Programs for machine learning." San Francisco, CA: Morgan Kaufman.

[7]   Rumelhart, D.E., Hinton, G.E.,&Williams, R.J.(1986). Learning representations by back-propagating errors. Nature, 323(6088), 533.

[8]   LeCun Y., Jackel L.D., Boser B., Denker J.S., Graf H. P., Guyon I., Henderson D., Howard R. E., Hubbard W.(1989). Handwritten digit recognition: Applications of neural net chips and automatic learning. IEEE Communication, pp 41-46.

[9]   Cortes, C.,& Vapnik,V.(1995).Support-vector networks.Machine learning, 20(3), 273-297.

[10]   Hinton, G.E., Osindero, S., &Teh, Y.W.(2006). A fast learning algorithm for deep belief nets.Neural computation,18(7),1527-1554. Hinton,G.E., &Salakhutdinov, R.R. (2006). Reducing the dimensionality of data with neural networks. science, 313(5786), 504-507.

[11]   Devlin, J., Chang, M.W., Lee, K.,&Toutanova, K.(2018). Bert: Pre-training of deep bidirectional transformers for language understanding. arXiv preprint arXiv:1810.04805.

[12]   《推動新一代人工智慧健康發展政治局集體學習》，中國大陸視網新聞，2018.10.31

[13]   《中華人民共和國民法典》第六章第一千零三十二條.

[14]   J. Feng and A. K. Jain, "Fingerprint reconstruction: From minutiae to phase," 2011.

[15]   M. Al-Rubaie and J. M. Chang, "Reconstruction attacks against mobile-based continuous authentic-cation systems in the cloud," 2016.

[16]   R. Shokri, M. Stronati, C. Song, and V. Shmatikov, "Membership inference attacks against machine learning models," 2017.

[17]   Z. Erkin, T. Veugen, T. Toft, and R. L. Lagendijk, "Generating private recommendations efficiently using homomorphic encryption and data packing," 2012.

[18]   V. Nikolaenko, U. Weinsberg, S. Ioannidis, M. Joye, D. Boneh, and N. Taft, "Privacy-preserving ridge regression on hundreds of millions of records," 2013.

[19]   R. Bost, R. Popa, S. Tu, and S. Goldwasser, "Machine learning classification over encrypted data," 2015.

[20]   Ohrimenko et al., "Oblivious multi-party machine learning on trusted processors," 2016.

[21]   M. Hardt and E. Price, "The noisy power method: A meta algorithm with applications," 2014.

[22]   M. Abadi et al. "Deep learning with differential privacy," 2016.

[23]   周志華. 機器學習 [M]. 北京：清華大學出版社，2016.

[24]   Jianwei Han, Micheline Kamber, Jian Pei 著. 資料探勘概念與技術 [M]. 范明，孟小峰譯. 北京：機械工業出版社，2012 .

[25]   Ian Goodfellow, Yashua Bengio. 伊恩‧古德費洛，約書亞‧本吉奧，亞倫‧庫維爾著. 深度學習 [M]. 趙申劍，等譯. 北京：人民郵電出版社，2017.

[26]   鄧乃揚等. 無約束最最佳化計算方法. 1982.

[27]   S. J. Pan and Q. Yang, "A Survey on Transfer Learning," in IEEE Transactions on Knowledge and Data Engineering, vol. 22, no. 10,

pp. 1345-1359, Oct. 2010, doi: 10.1109/TKDE.2009.191.

[28]   Michael Nielsen(2016). @misc{zhang2020deep.

[29]   Deep Learning on Graphs: A Survey. Ziwei Zhang and Peng Cui and
        Wenwu Zhu. 2020,1812.04202,arXiv.

[30]   Neural Networks and Deep Learning. Online.

[31]   Z. Wu, S. Pan, F. Chen, G. Long, C. Zhang and P. S. Yu, "A
        Comprehensive Survey on Graph Neural Networks," in IEEE
        Transactions on Neural Networks and Learning Systems, vol. 32, no.
        1, pp. 4-24, Jan. 2021, doi: 10.1109/TNNLS.2020.2978386.

[32]   Kilian J. Founding crytpography on oblivious transfer[C]//
        Proceedings of the twentieth annual ACM symposium on Theory of
        computing. 1988: 20-31.

[33]   Rabin M O. How To Exchange Secrets with Oblivious Transfer[J].
        IACR Cryptol. ePrint Arch., 2005, 2005(187).

[34]   Even S, Goldreich O, Lempel A. A randomized protocol for signing
        contracts[J]. Communications of the ACM, 1985, 28(6): 637-647.

[35]   Crépeau C. Equivalence between two flavours of oblivious
        transfers[C]//Conference on the Theory and Application of
        Cryptographic Techniques. Springer, Berlin, Heidelberg, 1987: 350-
        354.

[36]   Brassard G, Crépeau C, Robert J M. All-or-nothing disclosure
        of secrets[C]//Conference on the Theory and Application of
        Cryptographic Techniques. Springer, Berlin, Heidelberg, 1986: 234-
        238.

[37]   Naor M, Pinkas B. Efficient oblivious transfer protocols[C]//SODA.
        2001, 1: 448-457.

[38]   Chou T, Orlandi C. The simplest protocol for oblivious transfer[C]//
        International Conference on Cryptology and Information Security in
        Latin America. Springer, Cham, 2015: 40-58.

[39]   Beaver D. Precomputing oblivious transfer[C]//Annual International
        Cryptology Conference. Springer, Berlin, Heidelberg, 1995: 97-109.

[40]   Impagliazzo R, Rudich S. Limits on the provable consequences of
        one-way permutations[C]//Proceedings of the twenty-first annual
        ACM symposium on Theory of computing. 1989: 44-61.

[41]   Beaver D. Correlated pseudorandomness and the complexity of
        private computations[C]//Proceedings of the twenty-eighth annual
        ACM symposium on Theory of computing. 1996: 479-488.

[42]   Ishai Y, Kilian J, Nissim K, et al. Extending oblivious transfers
        efficiently[C]//Annual International Cryptology Conference.
        Springer, Berlin, Heidelberg, 2003: 145-161.

[43]   Kolesnikov V, Kumaresan R. Improved OT extension for transferring
        short secrets[C]//Annual Cryptology Conference. Springer, Berlin,
        Heidelberg, 2013: 54-70.

[44]   Asharov G, Lindell Y, Schneider T, et al. More efficient oblivious
        transfer and extensions for faster secure computation[C]//
        Proceedings of the 2013 ACM SIGSAC conference on Computer &
        communications security. 2013: 535-548.

[45]   Yao A C C. How to generate and exchange secrets[C]//27th Annual
        Symposium on Foundations of Computer Science (sfcs 1986). IEEE,
        1986: 162-167.

[46]   Beaver D, Micali S, Rogaway P. The round complexity of secure protocols[C]//Proceedings of the twenty-second annual ACM symposium on Theory of computing. 1990: 503-513.

[47]   Kolesnikov V, Schneider T. Improved garbled circuit: Free XOR gates and applications[C]//International Colloquium on Automata, Languages, and Programming. Springer, Berlin, Heidelberg, 2008: 486-498.

[48]   Kolesnikov V, Mohassel P, Rosulek M. FleXOR: Flexible garbling for XOR gates that beats free-XOR[C]//Annual Cryptology Conference. Springer, Berlin, Heidelberg, 2014: 440-457.

[49]   Ball M, Malkin T, Rosulek M. Garbling gadgets for boolean and arithmetic circuits[C]//Proceedings of the 2016 ACM SIGSAC Conference on Computer and Communications Security. 2016: 565-577.

[50]   Naor M, Pinkas B, Sumner R. Privacy preserving auctions and mechanism design[C]//Proceedings of the 1st ACM Conference on Electronic Commerce. 1999: 129-139.

[51]   Pinkas B, Schneider T, Smart N P, et al. Secure two-party computation is practical[C]//International conference on the theory and application of cryptology and information security. Springer, Berlin, Heidelberg, 2009: 250-267.

[52]   Zahur S, Rosulek M, Evans D. Two halves make a whole[C]//Annual International Conference on the Theory and Applications of Cryptographic Techniques. Springer, Berlin, Heidelberg, 2015: 220-250.

[53] 劉嘉勇 . 應用密碼學 [M].2 版 . 北京：清華大學出版社 , 2014.

[54] Douglas R. Stinson 著 . 密碼學原理與實踐 [M]. 馮登國 , 等譯 . 北京：電子工業出版社 , 2009.

[55] 翟毅 . 秘密共用體制方案的研究與實現 [D]. 2010.

[56] Simmons G J . How to (Really) Share a Secret[J]. 1988.

[57] 龐遼軍 , 王育民 . 基於 RSA 密碼體制 (f,n) 門限秘密共用方案 [J]. 通訊學報 , 2005(06):70-73.

[58] Evans D , Kolesnikov V , Rosulek M . A Pragmatic Introduction to Secure Multi-Party Computation[J]. Foundations & Trends®in Privacy & Security, 2018, 2(2-3):70-246.

[59] https://en.wikipedia.org/wiki/Secret_sharing.[OL]

[60] Shamsoshoara A . OVERVIEW OF BLAKLEYS SECRET SHARING SCHEME[J]. 2019.

[61] 楊亞濤 , 趙陽 , 張卷美 , 等 . 同態密碼理論與應用進展 [J]. 電子與資訊學報 , 43(2):475-487.

[62] 錢萍 , 吳蒙 , 劉鎮 . 針對雲端運算的同態加密隱私保護方法 [J]. 小型微型電腦系統 , 2015, 36(4):840-844.

[63] Chase M , Kohlweiss M , Lysyanskaya A , et al. Malleable Proof Systems and Applications[J]. 2012.

[64] 鞏林明 , 李順東 , 郭奕旻 . 同態加密的發展及應用 [J]. 中興通訊技術 , 2016, v.22;No.126(01):30-33.

[65] 李俊芳 , 崔建雙 . 橢圓曲線加密演算法及實例分析 [J]. 網路安全技術與應用 , 2004(11):52-53+51.

[66]   Paillier P . Public-Key Cryptosystems Based on Composite Degree
        Residuosity Classes[C]// International Conference on the Theory
        and Applications of Cryptographic Techniques. Springer, Berlin,
        Heidelberg, 1999.

[67]   Elgamal T . A Public Key Cryptosystem and a Signature Scheme
        Based on Discrete Logarithms[J]. 1984.

[68]   Itoi, Naomaru. Secure coprocessor integration with Kerberos V5.
        IBM Thomas J. Watson Research Division, 2000.

[69]   T. Garfinkel, B. Pfaff, J. Chow, M. Rosenblum and D. Boneh, "Terra:
        a virtual machine-based platform for trusted computing" , SIGOPS
        Oper. Syst. Rev, vol. 37, no. 5, pp. 193-206, Oct. 2003.

[70]   "OMTP limited" , Advanced trusted environment: omtp trl v1.1,
        2009.

[71]   Vasudevan, J. M. McCune and J. Newsome, Trustworthy execution
        on mobile devices, Incorporated:Springer Publishing Company,
        2013.

[72]   Platform, Global. "TEE system architecture v1. 2." 2018.

[73]   "ARMLtd" , Arm security technology - building a secure system
        using trustzone technology, 2009.

[74]   Rozas, Carlos. "Intel®Software Guard Extensions (Intel®SGX)."
        2013.

[75]   Dwork, Cynthia. "Differential privacy." International Colloquium
        on Automata, Languages, and Programming Springer, Berlin,
        Heidelberg, 2006:1-12.

[76]   Mcsherry, Frank D. "Privacy integrated queries: an extensible platform for privacy-preserving data analysis." Communications of the Acm53.9(2010):89-97.

[77]   Dwork, Cynthia, F. Mcsherry, and K. Nissim. "Calibrating Noise to Sensitivity in Private Data Analysis." Proceedings of the Vldb Endowment 7.8(2006):637-648.

[78]   Nissim, Kobbi, and S. Raskhodnikova. "Smooth sensitivity and sampling in private data analysis." Thirty-Ninth ACM Symposium on Theory of Computing ACM, 2007:75-84.

[79]   SWEENEY L. k-anonymity: A model for protecting privacy[J]. International Journal of Uncertainty, Fuzziness andKnowledge-Based Systems, 2002, 10(05): 557-570.

[80]   MACHANAVAJJHALA A, KIFER D, GEHRKE J, et al. l-diversity: Privacy beyond k-anonymity[J]. ACM Transactionson Knowledge Discovery from Data (TKDD), 2007, 1(1): 3-es.

[81]   LI N, LI T, VENKATASUBRAMANIAN S. t-closeness: Privacy beyond k-anonymity and l-diversity[C]//2007 IEEE23rd International Conference on Data Engineering. [S.l.]: IEEE, 2007: 106-115.

[82]   何清 , 李甯 , 羅文娟 , 等 . 巨量資料下的機器學習演算法整體說明 [J]. 模式辨識與人工智慧 , 2014, 27(004):327-336.

[83]   劉鐵岩 , 陳薇 , 王太峰 , 等 . 分散式機器學習：演算法、理論與實踐 [M]. 北京：機械工業出版社，2020.

[84]   譚作文 , 張連福 . 機器學習隱私保護研究整體說明 [J]. 軟體學報 , 2020, 31(7): 2127-2156.

[85]   https://en.wikipedia.org/wiki/Information_silo. [OL]

[86] Kantarcioglu M，Clifton C. Privacy-preserving distributed mining of association rules on horizontally partitioned data[J]. IEEE Transactions on Knowledge and Data Engineering, 2004.

[87] Yang Q , Liu Y , Chen T , et al. Federated Machine Learning: Concept and Applications[J]. ACM Transactions on Intelligent Systems and Technology, 2019, 10(2):1-19.

[88] Konen J , Mcmahan H B , Yu F X , et al. Federated Learning: Strategies for Improving Communication Efficiency[J]. 2016.

[89] Bonawitz K , Ivanov V , Kreuter B , et al. Practical Secure Aggregation for Privacy-Preserving Machine Learning[C]// Acm Sigsac Conference on Computer & Communications Security. ACM, 2017:1175-1191.

[90] Phong L T , Aono Y , Hayashi T , et al. Privacy-Preserving Deep Learning via Additively Homomorphic Encryption[J]. IEEE Transactions on Information Forensics and Security, 2017, PP(99):1-1.

[91] Bahmani R , Barbosa M , Brasser F , et al. Secure Multiparty Computation from SGX[C]// International Conference on Financial Cryptography & Data Security. Springer, Cham, 2017.

[92] Cramer R，Damgård I.B.，Nielsen J.B. Secure Multiparty Computation and Secret Sharing[J]. 2015.

[93] Goldreich. Foundations of Cryptography: Volume 2, Basic Applications[M]. Cambridge University Press, 2009.

[94] Evans D , Kolesnikov V , Rosulek M . A Pragmatic Introduction to Secure Multi-Party Computation[J]. Foundations & Trends®in Privacy & Security, 2018, 2(2-3):70-246.

[95] Mohassel P , Zhang Y . SecureML: A System for Scalable Privacy-Preserving Machine Learning[C]// Security & Privacy. IEEE, 2017:19-38.

[96] Rindal P , Rosulek M . Improved Private Set Intersection Against Malicious Adversaries[J]. 2017.

[97] https://en.wikipedia.org/wiki/Secure_multi-party_computation. [OL]

[98] Xiaoyuan B. Recommended Practice for Secure Multi-partyComputation:IEEE, P2842[P]. 2019.

[99] Beaver D . Efficient Multiparty Protocols Using Circuit Randomization[J]. 1991.

[100] De Cristofaro E, Tsudik G. Practical private set intersection protocols with linear complexity[C]//International Conference on Financial Cryptography and Data Security. Springer, Berlin, Heidelberg, 2010: 143-159.

[101] Pinkas B, Schneider T, Zohner M. Faster private set intersection based on {OT} extension[C]//23rd {USENIX} Security Symposium ({USENIX} Security 14). 2014: 797-812.

[102] Liu Y, Chen C, Zheng L, et al. Privacy Preserving PCA for Multiparty Modeling[J]. arXiv preprint arXiv:2002.02091, 2020.

[103] Meadows C. A more efficient cryptographic matchmaking protocol for use in the absence of a continuously available third party[C]//1986 IEEE Symposium on Security and Privacy. IEEE, 1986: 134-134.

[104] Huberman B A, Franklin M, Hogg T. Enhancing privacy and trust in

electronic communities[C]//Proceedings of the 1st ACM conference on Electronic commerce. 1999: 78-86.

[105] De Cristofaro E, Tsudik G. Practical private set intersection protocols with linear complexity[C]//International Conference on Financial Cryptography and Data Security. Springer, Berlin, Heidelberg, 2010: 143-159.

[106] De Cristofaro E, Tsudik G. Experimenting with fast private set intersection[C]//International Conference on Trust and Trustworthy Computing. Springer, Berlin, Heidelberg, 2012: 55-73.

[107] Kerschbaum F. Outsourced private set intersection using homomorphic encryption[C]//Proceedings of the 7th ACM Symposium on Information, Computer and Communications Security. 2012: 85-86.

[108] Chen H, Laine K, Rindal P. Fast private set intersection from homomorphic encryption[C]//Proceedings of the 2017 ACM SIGSAC Conference on Computer and Communications Security. 2017: 1243-1255.

[109] Huang Y, Evans D, Katz J, et al. Faster secure two-party computation using garbled circuits[C]//USENIX Security Symposium. 2011, 201(1): 331-335.

[110] Huang Y, Evans D, Katz J. Private set intersection: Are garbled circuits better than custom protocols?[C]//NDSS. 2012.

[111] Dong C, Chen L, Wen Z. When private set intersection meets big data: an efficient and scalable protocol[C]//Proceedings of the 2013 ACM SIGSAC conference on Computer & communications security. 2013: 789-800.

[112] Pinkas B, Schneider T, Zohner M. Faster private set intersection based on {OT} extension[C]//23rd {USENIX} Security Symposium ({USENIX} Security 14). 2014: 797-812.

[113] OrrùM, Orsini E, Scholl P. Actively secure 1-out-of-N OT extension with application to private set intersection[C]//Cryptographers'Track at the RSA Conference. Springer, Cham, 2017: 381-396.

[114] Pinkas B, Schneider T, Weinert C, et al. Efficient circuit-based PSI via cuckoo hashing[C]//Annual International Conference on the Theory and Applications of Cryptographic Techniques. Springer, Cham, 2018: 125-157.

[115] Nagy M, De Cristofaro E, Dmitrienko A, et al. Do i know you? Efficient and privacy-preserving common friend-finder protocols and applications[C]//Proceedings of the 29th Annual Computer Security Applications Conference. 2013: 159-168.

[116] Huberman B A, Franklin M, Hogg T. Enhancing privacy and trust in electronic communities[C]//Proceedings of the 1st ACM conference on Electronic commerce. 1999: 78-86.

[117] Even S, Goldreich O, Lempel A. A randomized protocol for signing contracts[J]. Communications of the ACM, 1985, 28(6): 637-647.

[118] Kilian J. Founding crytpography on oblivious transfer[C]//Proceedings of the twentieth annual ACM symposium on Theory of computing. 1988: 20-31.

[119] Ishai Y, Prabhakaran M, Sahai A. Founding cryptography on oblivious transfer–efficiently[C]//Annual international cryptology conference. Springer, Berlin, Heidelberg, 2008: 572-591.

[120] Pinkas B, Schneider T, Zohner M. Faster private set intersection based on {OT} extension[C]//23rd {USENIX} Security Symposium ({USENIX} Security 14). 2014: 797-812.

[121] Pinkas B, Schneider T, Weinert C, et al. Efficient circuit-based PSI via cuckoo hashing[C]//Annual International Conference on the Theory and Applications of Cryptographic Techniques. Springer, Cham, 2018: 125-157.

[122] Ishai, Y., Kilian, J., Nissim, K., and Petrank, E. Extending oblivious transfers efficiently. In Annual International Cryptology Conference (2003), Springer, pp. 145–161.

[123] 崔泓睿，劉天怡，郁昱，程越強，張煜龍，韋韜. 多方安全計算熱點：隱私保護集合相交技術 (PSI) 分析研究報告. https://anquan.baidu.com/upload/ue/file/20190814/1565763561975581.pdf. Accessed 2020/3/17.

[124] Gentry C. A fully homomorphic encryption scheme[M]. Stanford: Stanford university, 2009.

[125] Craig Gentry, Amit Sahai, and Brent Waters. Homomorphic encryption from learning with errors: Conceptually-simpler, asymptotically-faster, attribute-based. Cryptology ePrint Archive, Report 2013/340, 2013. https://eprint.iacr.org/2013/340.

[126] Chen H, Laine K, Rindal P. Fast private set intersection from homomorphic encryption[C]//Proceedings of the 2017 ACM SIGSAC Conference on Computer and Communications Security. 2017: 1243-1255.

[127] https://eprint.iacr.org/2020/300.pdf

[128]   https://eprint.iacr.org/2008/289.pdf

[129]   https://encrypto.de/papers/DSZ15.pdf

[130]   https://eprint.iacr.org/2018/403.pdf

[131]   https://eprint.iacr.org/2020/1225.pdf

[132]   https://github.com/data61/MP-SPDZ

[133]   https://github.com/KULeuven-COSIC/SCALE-MAMBA

[134]   https://eprint.iacr.org/2011/535.pdf

[135]   Keller, Marcel & Pastro, Valerio & Rotaru, Dragos. (2018). Overdrive: Making SPDZ Great Again. 10.1007/978-3-319-78372-7_6.

[136]   Araki, Toshinori & Furukawa, Jun & Lindell, Yehuda & Nof, Ariel & Ohara, Kazuma. (2016). High-Throughput Semi-Honest Secure Three-Party Computation with an Honest Majority. 805-817. 10.1145/2976749.2978331.

[137]   N.P.Smart and F.Vercauteren. Fully homomorphic simd operations. IACR Cryptology ePrint Archive. 2011:133,2011.

[138]   Brakerski, Zvika, Craig Gentry, and Vinod Vaikuntanathan." (Leveled) fully homomorphic encryption without bootstrapping." ACM Transactions on Computation Theory (TOCT) 6.3.

[139]   D. Beaver, S. Micali, and P. Rogaway. The round complexity of secure protocols. In 22nd STOC, pages 503–513, 1990.

[140]   Ben-David, A., Nisan, N., Pinkas, B.: FairplayMP: A system for secure multi-party computation. In: 15th ACM Conf. on Computer and Communications Security, pp. 257–266. ACM Press (2008)

[141] M. Ben-Or, S. Goldwasser and A. Wigderson. Completeness Theorems for Non-Cryptographic Fault-Tolerant Distributed Computation. In 20th STOC, pages 1–10, 1988.

[142] P. Feldman and S. Micali. An optimal probabilistic protocol for synchronous byzantine agree- ment. SIAM Journal on Computing, 26(4):873–933, 1997.

[143] Lindell Y , Pinkas B , Smart N P , et al. Efficient Constant-Round Multi-party Computation Combining BMR and SPDZ[J]. Journal of Cryptology, 2019.

[144] ZHOU, Jing, HUANG, et al. A dynamic logistic regression for network link prediction[J]. Science China(Mathematics), 2017, 01(v.60):171-182.

[145] Yajuan, Huo, Huazhou, et al. Research on Personal Credit Assessment Based on Neural Network-Logistic Regression Combination Model[J]. Open Journal of Business and Management, 2017, 05(2):244-252.

[146] Westgaard S , Nico V D W . Default probabilities in a corporate bank portfolio: A logistic model approach[J]. European Journal of Operational Research, 2001, 135.

[147] Sahin Y , Duman E . Detecting Credit Card Fraud by Decision Trees and Support Vector Machines[J]. lecture notes in engineering & computer science, 2011.

[148] Kim, Kiyeon, Joonyoung, et al. Logistic regression model for sinkhole susceptibility due to damaged sewer pipes[J]. Natural Hazards, 2018.

[149]   Chen Y , Jin C , Yu B . Stability and Convergence Trade-off of Iterative Optimization Algorithms[J]. 2018.

[150]   Mohassel P , Zhang Y . SecureML: A System for Scalable Privacy-Preserving Machine Learning[C]// Security & Privacy. IEEE, 2017:19-38.

[151]   Beaver D . Efficient Multiparty Protocols Using Circuit Randomization[J]. 1991.

[152]   Chen Z , Jia Z , Wang Z , et al. GCSA Codes with Noise Alignment for Secure Coded Multi-Party Batch Matrix Multiplication[J]. 2020.

[153]   Privacy-preserving logistic regression outsourcing in cloud computing[J]. International Journal of Grid & Utility Computing, 2013, 4(2/3):144-150.

[154]   Kim M , Song Y , Wang S , et al. Secure Logistic Regression Based on Homomorphic Encryption: Design and Evaluation[J]. JMIR Medical Informatics, 2017, 6(2).

[155]   Zhang J , Zhang Z , Xiao X , et al. Functional Mechanism: Regression Analysis under Differential Privacy[J]. Proceedings of the VLDB Endowment, 2012, 5(11):1364-1375.

[156]   Friedman J H. Greedy function approximation: a gradient boosting machine[J]. Annals of statistics, 2001: 1189-1232.

[157]   Cheng K, Fan T, Jin Y, et al. Secureboost: A lossless federated learning framework[J]. arXiv preprint arXiv:1901.08755, 2019.

[158]   Fang W, Chen C, Tan J, et al. A hybrid-domain framework for secure gradient tree boosting[J]. arXiv preprint arXiv:2005.08479, 2020.

[159] Beaver D. Efficient multiparty protocols using circuit randomization[C]//Annual International Cryptology Conference. Springer, Berlin, Heidelberg, 1991: 420-432.

[160] Ke G, Meng Q, Finley T, et al. Lightgbm: A highly efficient gradient boosting decision tree[J]. Advances in neural information processing systems, 2017, 30: 3146-3154.

[161] Chen T, Guestrin C. Xgboost: A scalable tree boosting system[C]// Proceedings of the 22nd acm sigkdd international conference on knowledge discovery and data mining. 2016: 785-794.

[162] Liu J, Juuti M, Lu Y, et al. Oblivious neural network predictions via minionn transformations[C]//Proceedings of the 2017 ACM SIGSAC Conference on Computer and Communications Security. 2017: 619-631.

[163] Liu Z, Chen C, Yang X, et al. Heterogeneous graph neural networks for malicious account detection[C]//Proceedings of the 27th ACM International Conference on Information and Knowledge Management. 2018: 2077-2085.

[164] Liu Z, Chen C, Li L, et al. Geniepath: Graph neural networks with adaptive receptive paths[C]//Proceedings of the AAAI Conference on Artificial Intelligence. 2019, 33(01): 4424-4431.

[165] Li L, Liu Z, Chen C, et al. A Time Attention based Fraud Transaction Detection Framework[J]. arXiv preprint arXiv:1912.11760, 2019.

[166] Zhu F, Wang Y, Chen C, et al. A deep framework for cross-domain and cross-system recommendations[J]. arXiv preprint arXiv:2009.06215, 2020.

[167] Zhu F, Chen C, Wang Y, et al. DTCDR: A framework for dual-

target cross-domain recommendation[C]//Proceedings of the 28th ACM International Conference on Information and Knowledge Management. 2019: 1533-1542.

[168] Chen C, Liu Z, Zhou J, et al. How Much Can A Retailer Sell? Sales Forecasting on Tmall[C]//Pacific-Asia Conference on Knowledge Discovery and Data Mining. Springer, Cham, 2019: 204-216.

[169] McMahan B, Moore E, Ramage D, et al. Communication-efficient learning of deep networks from decentralized data[C]//Artificial Intelligence and Statistics. PMLR, 2017: 1273-1282.

[170] Hard A, Rao K, Mathews R, et al. Federated learning for mobile keyboard prediction[J]. arXiv preprint arXiv:1811.03604, 2018.

[171] Zhou J, Li X, Zhao P, et al. Kunpeng: Parameter server based distributed learning systems and its applications in alibaba and ant financial[C]//Proceedings of the 23rd ACM SIGKDD International Conference on Knowledge Discovery and Data Mining. 2017: 1693-1702.

[172] Kairouz P, McMahan H B, Avent B, et al. Advances and open problems in federated learning[J]. arXiv preprint arXiv:1912.04977, 2019.

[173] Bonawitz K, Ivanov V, Kreuter B, et al. Practical secure aggregation for privacy-preserving machine learning[C]//proceedings of the 2017 ACM SIGSAC Conference on Computer and Communications Security. 2017: 1175-1191.

[174] Geyer R C, Klein T, Nabi M. Differentially private federated learning: A client level perspective[J]. arXiv preprint arXiv:1712.07557, 2017.

[175] Mohassel P, Zhang Y. Secureml: A system for scalable privacy-preserving machine learning[C]//2017 IEEE Symposium on Security and Privacy (SP). IEEE, 2017: 19-38.

[176] Zhang Q, Wang C, Wu H, et al. GELU-Net: A Globally Encrypted, Locally Unencrypted Deep Neural Network for Privacy-Preserved Learning[C]//IJCAI. 2018: 3933-3939.

[177] Xie P, Wu B, Sun G. Bayhenn: combining bayesian deep learning and homomorphic encryption for secure dnn inference[J]. arXiv preprint arXiv:1906.00639, 2019.

[178] Bian S, Wang T, Hiromoto M, et al. Ensei: Efficient secure inference via frequency-domain homomorphic convolution for privacy-preserving visual recognition[C]//Proceedings of the IEEE/CVF Conference on Computer Vision and Pattern Recognition. 2020: 9403-9412.

[179] Wu B, Chen C, Zhao S, et al. Characterizing Membership Privacy in Stochastic Gradient Langevin Dynamics[C]//Proceedings of the AAAI Conference on Artificial Intelligence. 2020, 34(04): 6372-6379.

[180] Vepakomma P, Gupta O, Swedish T, et al. Split learning for health: Distributed deep learning without sharing raw patient data[J]. arXiv preprint arXiv:1812.00564, 2018.

[181] Gupta O, Raskar R. Distributed learning of deep neural network over multiple agents[J]. Journal of Network and Computer Applications, 2018, 116: 1-8.

[182] Hu Y, Niu D, Yang J, et al. Fdml: A collaborative machine learning framework for distributed features[C]//Proceedings of the 25th ACM

SIGKDD International Conference on Knowledge Discovery & Data Mining. 2019: 2232-2240.

[183] Gu Z, Huang H, Zhang J, et al. Securing input data of deep learning inference systems via partitioned enclave execution[J]. arXiv preprint arXiv:1807.00969, 2018.

[184] Osia S A, Shamsabadi A S, Sajadmanesh S, et al. A hybrid deep learning architecture for privacy-preserving mobile analytics[J]. IEEE Internet of Things Journal, 2020, 7(5): 4505-4518.

[185] Wagh S, Gupta D, Chandran N. SecureNN: Efficient and Private Neural Network Training[J]. IACR Cryptol. ePrint Arch., 2018, 2018: 442.

[186] Demmler D, Schneider T, Zohner M. ABY-A framework for efficient mixed-protocol secure two-party computation[C]//NDSS. 2015.

[187] Mohassel P, Rindal P. ABY3: A mixed protocol framework for machine learning[C]//Proceedings of the 2018 ACM SIGSAC Conference on Computer and Communications Security. 2018: 35-52.

[188] Wagh S, Tople S, Benhamouda F, et al. Falcon: Honest-majority maliciously secure framework for private deep learning[J]. Proceedings on Privacy Enhancing Technologies, 2021, 2021(1): 188-208.

[189] Li Y, Duan Y, Yu Y, et al. PrivPy: Enabling Scalable and General Privacy-Preserving Machine Learning[J]. arXiv preprint arXiv:1801.10117, 2018.

[190] Rachuri R, Suresh A. Trident: efficient 4PC framework for privacy

preserving machine learning[J]. arXiv preprint arXiv:1912.02631, 2019.

[191] Byali M, Chaudhari H, Patra A, et al. FLASH: fast and robust framework for privacy-preserving machine learning[J]. Proceedings on Privacy Enhancing Technologies, 2020, 2020(2): 459-480.

[192] Rouhani B D, Riazi M S, Koushanfar F. Deepsecure: Scalable provably-secure deep learning[C]//Proceedings of the 55th Annual Design Automation Conference. 2018: 1-6.

[193] Chandran N, Gupta D, Rastogi A, et al. EzPC: programmable, efficient, and scalable secure two-party computation for machine learning[J]. ePrint Report, 2017, 1109.

[194] Riazi M S, Weinert C, Tkachenko O, et al. Chameleon: A hybrid secure computation framework for machine learning applications[C]//Proceedings of the 2018 on Asia Conference on Computer and Communications Security. 2018: 707-721.

[195] Chaudhari H, Choudhury A, Patra A, et al. Astra: High throughput 3pc over rings with application to secure prediction[C]//Proceedings of the 2019 ACM SIGSAC Conference on Cloud Computing Security Workshop. 2019: 81-92.

[196] Li T, Li J, Chen X, et al. NPMML: A framework for non-interactive privacy-preserving multi-party machine learning[J]. IEEE Transactions on Dependable and Secure Computing, 2020.

[197] Gilad-Bachrach R, Dowlin N, Laine K, et al. Cryptonets: Applying neural networks to encrypted data with high throughput and accuracy[C]//International Conference on Machine Learning. PMLR, 2016: 201-210.

[198]   Juvekar C, Vaikuntanathan V, Chandrakasan A. {GAZELLE}: A low latency framework for secure neural network inference[C]//27th {USENIX} Security Symposium ({USENIX} Security 18). 2018: 1651-1669.

[199]   Chen C, Liu Z, Zhao P, et al. Distributed collaborative hashing and its applications in ant financial[C]//Proceedings of the 24th ACM SIGKDD International Conference on Knowledge Discovery & Data Mining. 2018: 100-109.

[200]   Chen C, Zeng J, Zheng X, et al. Recommender system based on social trust relationships[C]//2013 IEEE 10th International Conference on e-Business Engineering. IEEE, 2013: 32-37.

[201]   Zhang Z, Chen C, Zhou J, et al. An industrial-scale system for heterogeneous information card ranking in alipay[C]//International Conference on Database Systems for Advanced Applications. Springer, Cham, 2018: 713-724.

[202]   Chen C, Zheng X, Wang Y, et al. Context-Aware Collaborative Topic Regression with Social Matrix Factorization for Recommender Systems[C]//AAAI. 2014, 14: 9-15.

[203]   Chen C, Zheng X, Zhou C, et al. Making recommendations on microblogs through topic modeling[C]//International Conference on Web Information Systems Engineering. Springer, Berlin, Heidelberg, 2013: 252-265.

[204]   Zheng X L, Chen C C, Hung J L, et al. A hybrid trust-based recommender system for online communities of practice[J]. IEEE Transactions on Learning Technologies, 2015, 8(4): 345-356.

[205]   Burke R. Hybrid recommender systems: Survey and experiments[J].

User modeling and user-adapted interaction, 2002, 12(4): 331-370.

[206]　Wei S, Zheng X, Chen D, et al. A hybrid approach for movie recommendation via tags and ratings[J]. Electronic Commerce Research and Applications, 2016, 18: 83-94.

[207]　Su X, Khoshgoftaar T M. A survey of collaborative filtering techniques[J]. Advances in artificial intelligence, 2009, 2009.

[208]　Goldberg D, Nichols D, Oki B M, et al. Using collaborative filtering to weave an information tapestry[J]. Communications of the ACM, 1992, 35(12): 61-70.

[209]　Linden G, Smith B, York J. Amazon. com recommendations: Item-to-item collaborative filtering[J]. IEEE Internet computing, 2003, 7(1): 76-80.

[210]　Koren Y, Bell R, Volinsky C. Matrix factorization techniques for recommender systems[J]. Computer, 2009, 42(8): 30-37.

[211]　Rendle, S. (2010). Factorization Machines. 2010 IEEE International Conference on Data Mining, 995-1000.

[212]　Xue H J, Dai X, Zhang J, et al. Deep Matrix Factorization Models for Recommender Systems[C]//IJCAI. 2017, 17: 3203-3209.

[213]　He X, Liao L, Zhang H, et al. Neural collaborative filtering[C]// Proceedings of the 26th international conference on world wide web. 2017: 173-182.

[214]　Zhu F, Wang Y, Chen C, et al. A deep framework for cross-domain and cross-system recommendations[C]//IJCAI International Joint Conference on Artificial Intelligence. 2018.

[215] Zhu L, Liu Z, Han S. Deep leakage from gradients[C]//Advances in Neural Information Processing Systems. 2019: 14747-14756.

[216] Elnabarawy I, Jiang W, Wunsch II D C. Survey of Privacy-Preserving Collaborative Filtering[J]. arXiv preprint arXiv:2003.08343, 2020.

[217] A. Bilge, I. Gunes, and H. Polat, "Robustness analysis of privacypreserving model-based recommendation schemes," Expert Systems with Applications, vol. 41, no. 8, pp. 3671–3681, 2014.

[218] J. Canny, "Collaborative filtering with privacy," in Proceedings - IEEE Symposium on Security and Privacy, vol. 2002-Janua, 2002, pp. 45–57.

[219] J. Canny, "Collaborative Filtering with Privacy via Factor Analysis," in Proceeding SIGIR '02 Proceedings of the 25th annual international ACM SIGIR conference on Research and development in information retrieval, no. i, 2002, pp. 238–245.

[220] W. Ahmad and A. Khokhar, "An architecture for privacy preserving collaborative filtering on web portals," in Proceedings - IAS 2007 3rd Internationl Symposium on Information Assurance and Security, IEEE. Ieee, aug 2007, pp. 273–278.

[221] H. Kikuchi, H. Kizawa, and M. Tada, "Privacy-preserving collaborative filtering schemes," in Proceedings - International Conference on Availability, Reliability and Security, ARES 2009. IEEE, mar 2009, pp. 911–916.

[222] H. Kikuchi, Y. Aoki, M. Terada, K. Ishii, and K. Sekino, "Accuracy of privacy-preserving collaborative filtering based on quasi-homomorphic similarity," in Proceedings - IEEE 9th International Conference on Ubiquitous Intelligence and Computing and IEEE

9th International Conference on Autonomic and Trusted Computing, UIC-ATC 2012. IEEE, sep 2012, pp. 555–562.

[223] A. Basu, J. Vaidya, H. Kikuchi, and T. Dimitrakos, "Privacy-preserving collaborative filtering for the cloud," in Proceedings - 2011 3rd IEEE International Conference on Cloud Computing Technology and Science, CloudCom 2011. IEEE, nov 2011, pp. 223–230.

[224] A. Basu, J. Vaidya, H. Kikuchi, and T. Dimitrakos, "Privacy-preserving collaborative filtering on the cloud and practical implementation experiences," in IEEE International Conference on Cloud Computing, CLOUD. IEEE, jun 2013, pp. 406–413.

[225] A. Jeckmans, Q. Tang, and P. Hartel, "Privacy-preserving collaborative filtering based on horizontally partitioned dataset," in Proceedings of the 2012 International Conference on Collaboration Technologies and Systems, CTS 2012. IEEE, may 2012, pp. 439–446.

[226] B. Memis and I. Yakut, "Privacy-preserving collaborative filtering on overlapped ratings," in Proceedings of the Workshop on Enabling Technologies: Infrastructure for Collaborative Enterprises, WETICE. IEEE, jun 2013, pp. 166–171.

[227] Y. Mochizuki and Y. Manabe, "A privacy-preserving collaborative filtering protocol considering updates," in 2015 10th Asia-Pacific Symposium on Information and Telecommunication Technologies, APSITT 2015. IEEE, aug 2015, pp. 142–144.

[228] Q. Wang, W. Zeng, and J. Tian, "Compressive sensing based secure multiparty privacy preserving framework for collaborative data-

mining and signal processing," in Multimedia and Expo (ICME), 2014 IEEE International Conference on, jul 2014, pp. 1–6.

[229] D. Tanaka, T. Oda, K. Honda, and A. Notsu, "Privacy preserving fuzzy co-clustering with distributed cooccurrence matrices," in 2014 Joint 7th International Conference on Soft Computing and Intelligent Systems, SCIS 2014 and 15th International Symposium on Advanced Intelligent Systems, ISIS 2014, dec 2014, pp. 700–705.

[230] "Privacy-preserving collaborative filtering using randomized perturbation techniques," in Data Mining, 2003. ICDM 2003. Third IEEE International Conference on. IEEE Comput. Soc, nov 2003, pp. 625–628.

[231] H. Kikuchi and A. Mochizuki, "Privacy-Preserving Collaborative Filtering Using Randomized Response," Innovative Mobile and Internet Services in Ubiquitous Computing (IMIS), 2012 Sixth International Conference on, vol. 21, no. 4, pp. 671–676, jul 2012.

[232] R. Parameswaran and D. M. Blough, "Privacy Preserving Collaborative Filtering Using Data Obfuscation," in Granular Computing, 2007. GRC 2007. IEEE International Conference on. IEEE, nov 2007, p. 380.

[233] T. Kandappu, A. Friedman, R. Boreli, and V. Sivaraman, "PrivacyCanary: Privacy-Aware Recommenders with Adaptive Input Obfuscation," in Modelling, Analysis Simulation of Computer and Telecommunication Systems (MASCOTS), 2014 IEEE 22nd International Symposium on, sep 2014, pp. 453–462.

[234] J. Zhu, P. He, Z. Zheng, and M. R. Lyu, "A Privacy-Preserving QoS Prediction Framework for Web Service Recommendation," in

Proceedings - 2015 IEEE International Conference on Web Services, ICWS 2015, jun 2015, pp. 241–248.

[235] Z. Luo, S. Chen, and Y. Li, "A distributed anonymization scheme for privacy-preserving recommendation systems," in Proceedings of the IEEE International Conference on Software Engineering and Service Sciences, ICSESS, may 2013, pp. 491–494.

[236] F. Casino, J. Domingo-Ferrer, C. Patsakis, D. Puig, and A. Solanas, "Privacy Preserving Collaborative Filtering with k-anonymity through microaggregation," in Proceedings - 2013 IEEE 10th International Conference on e-Business Engineering, ICEBE 2013. IEEE, sep 2013, pp. 490–497.

[237] R. Chow, M. A. Pathak, and C. Wang, "A practical system for privacy-preserving collaborative filtering," in Proceedings - 12th IEEE International Conference on Data Mining Workshops, ICDMW 2012. IEEE, dec 2012, pp. 547–554.

[238] T. Zhu, G. Li, Y. Ren, W. Zhou, and P. Xiong, "Differential privacy for neighborhood-based Collaborative Filtering," in Advances in Social Networks Analysis and Mining (ASONAM), 2013 IEEE/ACM International Conference on, ser. ASONAM '13. New York, New York, USA: ACM Press, aug 2013, pp. 752–759.

[239] J. W. Ahn and X. Amatriain, "Towards fully distributed and privacypreserving recommendations via expert collaborative filtering and restful linked data," in Proceedings - 2010 IEEE/WIC/ACM International Conference on Web Intelligence, WI 2010, vol. 1. IEEE, aug 2010, pp. 66–73.

[240] T. Nakamura, S. Kiyomoto, R. Watanabe, and Y. Miyake, "P3MCF: Practical privacy-preserving multi-domain collaborative filtering," in Proceedings - 12th IEEE International Conference on Trust, Security and Privacy in Computing and Communications, TrustCom 2013. IEEE, jul 2013, pp. 354–361.

[241] M. Tada, H. Kikuchi, and S. Puntheeranurak, "Privacy-preserving collaborative filtering protocol based on similarity between items," in Proceedings - International Conference on Advanced Information Networking and Applications, AINA. IEEE, apr 2010, pp. 573–578.

[242] J. Zou, A. Einolghozati, and F. Fekri, "Privacy-preserving item-based collaborative filtering using semi-distributed belief propagation," in 2013 IEEE Conference on Communications and Network Security, CNS 2013. IEEE, oct 2013, pp. 189–197.

[243] J. Zou and F. Fekri, "A belief propagation approach to privacypreserving item-based collaborative filtering," IEEE Journal on Selected Topics in Signal Processing, vol. 9, no. 7, pp. 1306–1318, oct 2015.

[244] Chen C, Li L, Wu B, et al. Secure social recommendation based on secret sharing[J]. arXiv preprint arXiv:2002.02088, 2020.

[245] Ling, Q.; Xu, Y.; Yin, W.; and Wen, Z. 2012. Decentralized low-rank matrix completion. In IEEE International Conference on Acoustics, Speech and Signal Processing (ICASSP), 2925–2928. IEEE.

[246] Yun, H.; Yu, H.-F.; Hsieh, C.-J.; Vishwanathan, S.; and Dhillon, I. 2014. Nomad: Non-locking, stochastic multimachine algorithm for asynchronous and decentralized matrix completion. Proceedings of the VLDB Endowment 7(11):975–986.

[247] Chen C, Liu Z, Zhao P, et al. Distributed collaborative hashing and its applications in ant financial[C]//Proceedings of the 24th ACM SIGKDD International Conference on Knowledge Discovery & Data Mining. 2018: 100-109.

[248] Wang J, Arriaga A, Tang Q, et al. CryptoRec: Privacy-preserving recommendation as a service[J]. arXiv preprint arXiv:1802.02432, 2018.

[249] Bassily R, Smith A. Local, private, efficient protocols for succinct histograms[C]//Proceedings of the forty-seventh annual ACM symposium on Theory of computing. 2015: 127-135.

[250] McMahan H B, Moore E, Ramage D, et al. Communication-efficient learning of deep networks from decentralized data[J]. arXiv preprint arXiv:1602.05629, 2016.

[251] Chen C, Zheng X, Zhu M, et al. Recommender system with composite social trust networks[J]. International Journal of Web Services Research (IJWSR), 2016, 13(2): 56-73.

[252] Lu H, Chen C, Kong M, et al. Social recommendation via multi-view user preference learning[J]. Neurocomputing, 2016, 216: 61-71.

[253] Shen, Youren, et al. "Occlum: Secure and efficient multitasking inside a single enclave of intel sgx." Proceedings of the Twenty-Fifth International Conference on Architectural Support for Programming Languages and Operating Systems. 2020.

[254] McKeen, Frank, et al. "Intel®software guard extensions (intel®sgx) support for dynamic memory management inside an enclave." Proceedings of the Hardware and Architectural Support for Security and Privacy 2016. 2016. 1-9.

[255] Hunt, Tyler, et al. "Chiron: Privacy-preserving machine learning as a service." arXiv preprint arXiv:1803.05961 (2018).

[256] Hunt, Tyler, et al. "Ryoan: A distributed sandbox for untrusted computation on secret data." ACM Transactions on Computer Systems (TOCS) 35.4 (2018): 1-32.

[257] Kunkel, Roland, et al. "TensorSCONE: a secure TensorFlow framework using Intel SGX." arXiv preprint arXiv:1902.04413 (2019).

[258] Arnautov, Sergei, et al. "SCONE: Secure linux containers with intel SGX." 12th USENIX Symposium on Operating Systems Design and Implementation (OSDI 16). 2016.

[259] Dillon, Joshua V., et al. "TensorFlow distributions" arXiv preprint arXiv:1711.10604 (2017).

[260] Dierks, Tim, and Eric Rescorla. "The transport layer security (TLS) protocol version 1.2." (2008): 5246.

[261] Chen, Tianqi, and Carlos Guestrin. "Xgboost: A scalable tree boosting system." Proceedings of the 22nd acm sigkdd international conference on knowledge discovery and data mining. 2016.

[262] Nilsson, Alexander, Pegah Nikbakht Bideh, and Joakim Brorsson. "A survey of published attacks on intel SGX." arXiv preprint arXiv:2006.13598 (2020).

[263] Liu, Fangfei, et al. "Last-level cache side-channel attacks are practical." 2015 IEEE symposium on security and privacy. IEEE, 2015.

[264] Moghimi, Ahmad, Gorka Irazoqui, and Thomas Eisenbarth. "Cachezoom: How SGX amplifies the power of cache attacks." International Conference on Cryptographic Hardware and Embedded Systems. Springer, Cham, 2017.

[265] Brasser, Ferdinand, et al. "Software grand exposure:SGX cache attacks are practical." 11th USENIX Workshop on Offensive Technologies (WOOT 17). 2017.

[266] Xu, Yuanzhong, Weidong Cui, and Marcus Peinado. "Controlled-channel attacks: Deterministic side channels for untrusted operating systems." 2015 IEEE Symposium on Security and Privacy. IEEE, 2015.

[267] Van Bulck, Jo, et al. "Telling your secrets without page faults: Stealthy page table-based attacks on enclaved execution." 26th USENIX Security Symposium (USENIX Security 17). 2017.

[268] Rane, Ashay, Calvin Lin, and Mohit Tiwari. "Raccoon: Closing digital side-channels through obfuscated execution." 24th USENIX Security Symposium (USENIX Security 15). 2015.

[269] Batcher, Kenneth E. "Sorting networks and their applications." Proceedings of the April 30--May 2, 1968, spring joint computer conference. 1968.

[270] Shih, Ming-Wei, et al. "T-SGX: Eradicating Controlled-Channel Attacks Against Enclave Programs." NDSS. 2017.

[271] Chen, Sanchuan, et al. "Detecting privileged side-channel attacks in shielded execution with DéjáVu." Proceedings of the 2017 ACM on Asia Conference on Computer and Communications Security. 2017.

[272] Costan, Victor, Ilia Lebedev, and Srinivas Devadas. "Sanctum: Minimal hardware extensions for strong software isolation." 25th USENIX Security Symposium (USENIX Security 16). 2016.

[273] Samee Zahur and David Evans. Obliv-C: A language for extensible data-oblivious computation. IACR Cryptology ePrint Archive 2015/1153, 2015.

[274] Chang Liu, Xiao Shaun Wang, Kartik Nayak, Yan Huang, and Elaine Shi. ObliVM: A programming framework for secure computation. In Proceedings of the 2015 IEEE Symposium on Security and Privacy, SP'15, pages 359–376, Washington, DC,USA, 2015. IEEE Computer Society.

[275] Xiao Wang, Alex J. Malozemoff, and Jonathan Katz. EMP toolkit: Efficient MultiParty computation toolkit. https://github.com/emp-toolkit, 2016.

[276] Ebrahim M. Songhori, Siam U. Hussain, Ahmad-Reza Sadeghi,Thomas Schneider, and Farinaz Koushanfar. TinyGarble: Highly Compressed and Scalable Sequential Garbled Circuits. In IEEE S&P, 2015.

[277] B. Mood, D. Gupta, H. Carter, K. Butler, and P. Traynor. Frigate: A validated, extensible, and efficient compiler and interpreter for secure computation. In 2016 IEEE European Symposium on Security and Privacy (Euro S&P), pages 112–127, March 2016.

[278] M. Hastings, B. Hemenway, D. Noble and S. Zdancewic, "SoK: General Purpose Compilers for Secure Multi-Party Computation," 2019 IEEE Symposium on Security and Privacy (SP), San Francisco, CA, USA, 2019, pp. 1220-1237, doi: 10.1109/SP.2019.00028.

[279]   Andreas Holzer, Martin Franz, Stefan Katzenbeisser, and Helmut Veith. Secure Two-party Computations in ANSI C. CCS'12, pages 772–783, New York, NY, USA, 2012. ACM.

[280]   Buescher N , Holzer A , Weber A , et al. Compiling Low Depth Circuits for Practical Secure Computation[J]. 2016.